JN302753

造船幾何学
造船設計の基礎知識

慎 燦益 著

KAIBUNDO

はしがき

　船は，水の星・地球の表面を7割も覆っている海面において，最も活躍する輸送機関として建造される。船は，本来，単に人や物を乗せて運ぶことが目的であったが，大量の物資の海上輸送が可能なことから，世界の政治・経済にとって必要不可欠な物流を支えるために建造される。従って，船は，その前身である人工的な浮体として作り始められた古代より，人々の生活と用途に合致するよう，様々な形態の変遷を経ながら，時代の要求に応えて最適な形状へ発達してきた。

　船は，主として浮力を利用して人や物を乗せるために，乗せる人員や貨物の量によって，その大きさは一人乗りの小さな船から数十万トンの巨大船まで，多種多様な形態をしている。船は，小型船ほど厳しい風波浪中における航行時の横安定性の確保が要求されるものの，船体構造や強度はあまり問題にされない。しかし，船が大型になるにつれ，厳しい風波浪中での横安定性の確保も要求されるが，特に，構造的な安全性を確保するための船体構造や強度が強く要求される。そのため，船の建造方法は，小型船と大型船では当然異なり，小型船と大型船の造船現場の技術においては，全く異なるところも多々ある。故に，「造船」を支える技術は非常に幅広く，奥深いものを有するといえる。造船技術の特徴は，船の種類や大きさに無関係に，海上（水上）に浮揚し，物を積載して，江湖や大海原を航行するための最適な性能と構造を有するように計画・設計し，建造するところにある。

　船の大小にかかわらず，「船主」の利用目的に沿って造船所に発注された船は，造船所が持っている造船技術の全てを駆使して船主の要求通りに建造される。船主が造船所に発注する船は，浮体構造物としての安定性・安全性および輸送機関としての最適な運動性能と適量な積載機能が要求されるため，造船所は「船主」の要求に合致した船型と構造を検討し，最適な船を建造することになる。故に，造船所で建造される新しい船は，最新の造船技術に基づく，全くオリジナルな海上（水上）輸送機関であると言っても過言ではない。

　建造される新船は，それまで造船所が培ってきた独自の造船技術と造船技術者個々のノウハウが活かされ，そして，建造過程で新しい技術を生み出しながら建造されるため，造船所の造船技術と新船建造に携わる技術者個々の技術の総合的な結晶であるともいえる。故に，船の建造に携わる全ての造船技術者は，新船を計画・設計，そして造り上げていく過程で，技術者としての自負心と誇りを自然に抱き，そして，自信を持つことになる。

　一方，造船所での船の建造に携わる造船技術者は，多くが一部の工業高校や大学に設置された「船舶工学科」あるいは「造船学科」で造船学と造船技術を学んだ卒業生である。また，彼らは，学んだ学理と造船所内の技術を結びつけて，技術的なリーダーの役割を十分に果たすことで，これまでの造船産業を支え発展させてきたと断言できる。

しかし，次代を担うべき造船技術者を育成するための「船舶」や「造船」を冠した学科が大学の専門学科名から姿を消し，私立大学である長崎総合科学大学（旧長崎造船大学）のみが一貫して「船舶工学科」を堅持し，造船技術コースを設置して体系的に造船学と造船技術について教育しているのが日本における教育現場の現況である．一部の国立大学法人でも教育コースとして造船学と造船技術について教育しているものの，全体的な教育基盤の弱体化は否めない．

大学における「船舶工学科」あるいは「造船学科」の衰退は，優秀な若者の造船離れのみならず造船技術者を教育する専門教員の減少，そして造船学や造船技術の体系的な維持・発展に大きな陰りを落としている．このような「造船」を取り巻く教育あるいは造船現場の現況の中で，現在，造船に関わる大学教員の使命は，教育・研究で優れた技術者を育成し，新しい技術の基盤を構築することはもちろんであるが，これまで諸先達によって蓄積してきた「造船学」の学問体系を維持・発展させるために注力することであると考える．

平成24年に，学校法人長崎総合科学大学（旧長崎造船大学）は創立70周年を迎えたが，まさに，旧大学名が示すように造船技術者を育成し始めて70周年ということになる．その間，船舶工学科が社会に送り出した造船技術者は二千数百人に及び，全国津々浦々で日本の造船産業を支え，発展させてきた．

その長崎造船大学船舶工学科に著者が入学したのは昭和41年（1966年）であり，最初に専門科目として学んだのが「造船幾何」である．

「造船幾何」は，当時の大学に設置された船舶工学科あるいは造船学科では指定科目として位置づけられていた主要な科目であった．「造船幾何」は造船学の基礎科目であるため，船体主要寸法から「船体線図」までの造船技術の最も基礎的な内容になっており，大学に入学して最初に専門科目として受講したときからこれまで常に専門科目であるとの認識で，記憶の中から消えることはなかった．

しかし，この間，大学の「船舶」や「造船」を冠した学科での専門教育が，総称して「船舶」や「海洋」といった研究重視のカリキュラムへ移行し，直接「造船」に関わる製図や設計等に関する科目の時間数が減少していく中で，造船技術の最も基礎的な専門科目の「造船幾何」という科目もカリキュラムから姿を消してしまう．著者も，また，個人的な専門分野が「造船幾何」と直接的には関係のない「復原性」や「波浪中船体運動」であったため，当時はさほど気にとめる程のことでも無いように思っていた．ところが，ここ十数年ほど前から若い造船技術者，特に造船所基本設計部の「船体線図」担当者等との技術談義の中で，「知っているつもり」の造船技術の最も基礎的なところを学生時代に教えておくことの必要性を痛感してきた．

「船体線図」は船の大きさにかかわらず造船設計の根幹を成す図面であるが，その概念や描き方については造船に関する専門書の中でも断片的な記述しかない．従って，大学での製図教育や初心者に対する設計教育において，「船体線図」の概念から描き方までを体系的に説明し教えることは，熟練した設計者であっても難しい．

著者は，平成17年度から，長崎総合科学大学工学部船舶工学科で将来の造船技術者を目指して造船学を学ぶ学生向けに「造船幾何」を再開講し，平成27年3月の退職（4月より有限会社実用技術研究所所長）まで講義を担っていたが，科目担当の最初に気付かされたのが「船体線図」に関する体系的な書

籍がなかったことである。

　従って本書は，まず，造船技術者を目指す学生あるいは船体基本設計の初心者が「船体線図」の概略を理解し，その描き方の大まかな流れを理解できるよう，「造船幾何」についてできるだけ図示しながら平易な文章にまとめている。また，排水量等の計算式には微分積分学の知識を必要とするが，ここでも数学的な記述だけでなく実際的な計算式として平易に表し，計算方法の流れやその結果と排水量等曲線との関係が理解できるよう努めた。

　すなわち，本書は，船体形状を表示する主要寸法の定義，「船体線図」の特徴・役割，船体の形状・肥瘠，「船体線図」の描き方および排水量等の計算法と曲線図についてできるだけ図示して詳細に説明し，造船学を学ぶ上で，あるいは造船設計を行う上で知っておくべき基礎的知識について記述していることから，「造船幾何学」とした。

　本書を学ぶことで，船毎に個々の曲線美を持つ船体がいかなる幾何学的な思考に基づいて設計されたかが分かる。また，設計時に図面化された「船体線図」において，全ての点と線が互いに寸分の狂いもなく整合性の取れたものになっていることが分かる。更に，与えられた条件の下で「船体線図」の描き方を知り，得られた「船体線図」の曲線群が与える値を用いて，船の排水量を含む必要な諸量を計算する方法を理解することができる。そして，計算式を用いた計算結果を排水量等曲線として表示し，諸曲線の持つ意味を理解することで，船体の持つ流体静力学的な性質が分かる。

　本書は，造船設計の根幹を成す「船体線図」の概念とその描き方および排水量等計算法を理解して頂くための入門書としてまとめたものであり，これから造船技術者を目指す若い学生や造船所での設計初心者の教育に役に立ち，造船学の学問体系の維持・発展に貢献できればこの上ない幸いである。

　本書の出版に当たり，海文堂出版株式会社および編集部の臣永　真氏には，一方ならぬご尽力を頂いた。ここに，心より謝意を表する。

本書の構成と用語の定義

　船の建造は，船の大きさにかかわらず建造する船の形状を表す**船体線図**という縮尺図を製図することから本格的に始まる。
　単に**線図**（せんず）あるいは **Lines**（ラインズ）ともいう。
　本書では，船の形状を表す線図あるいはラインズの総称として表すときは**船体線図**と称するが，その他の部分的な図として表すときには〇〇線図と称する。
　建造する船の積載機能，航海中の運動性能および復原性能等の諸性能は，船体線図により定まってしまう。従って，どの造船所においても，自社独自の船型と諸性能でもって優秀性をアピールすることに最も神経を使い，船主（ふなぬし，せんしゅ）の要求条件を満足させる船体線図に仕上げるために，設計者は最善を尽くしている。
　船体線図は船体独特の曲線群から構成されているため，従来通りの手描きによる製図は，熟練の設計者をもってしても多大な時間を必要とする。また，船体線図は縮尺図として描かれるため，熟練の設計者であっても縮尺から生じる誤差を無くすことはできない。
　設計時には，できるだけ誤差を無くし，縮尺図としての船体線図に描かれる交点や曲線間の整合性をとり，曲線を滑らかになるよう整える作業を常に行うが，これを設計室での**船体線図のフェアリング**（Fairing）という。
　また，近年まで造船所では，設計室で描きあげた縮尺図の船体線図を現図場という所の床上に実物大に拡大して再度描き表し，この現尺現図に表すことで現れる船体線図の誤差を補正するための作業を行っていた。この作業を現尺現図による**現図場のフェアリング**（**Fairing in Mold Loft**）という。現尺現図に代わって 1/5 や 1/10 の縮尺図でフェアリングの作業を行う造船所もあった。
　1/5 や 1/10 の縮尺図あるいは現尺現図によるフェアリングを施した後に原寸の船体線図が得られるが，これから船体の実寸法通りの**船体寸法表**（**Table of Offsets**：オフセット表）が求められ，建造する船の船型が確定する。
　以上のような設計室での船体線図の製図と 1/5 や 1/10 の縮尺図あるいは現尺現図による船体線図のフェアリングは，近年まで造船所において建造する船の船型を確定していく上で欠かすことのできない重要な過程であった。
　一方，最近の船体線図用のコンピュータ・ソフトは，船体線図の製図と現尺現図のフェアリングが可能であるため，縮尺図としての船体線図の製図と，それを基にした現尺現図のフェアリングというこれまでのような二通りの作業を必要としない。また，ほとんどの場合，排水量等の計算や復原性計算等の諸計算ソフトが含まれており，手描きによる船体線図の製図に比べれば時間的にも労力的にも楽である。従って，現在，ほとんどの造船所では船体線図用のコンピュータ・ソフトを用いて「船体線図」の製図

とフェアリングおよび排水量等の諸計算を行っている。

　造船所では，建造する船の現尺の船型が確定すれば，現尺の船体線図あるいは船体寸法表を基にして排水量等の諸計算を行う。しかも，それらの計算書や計算結果を示した図表等は，船体完成後の諸性能成績書と共に完成図書として作成される。従って，これらの過程は，船を建造する上で最も重要な過程であるといえる。

　従って，本書は，船体線図の幾何学的な理解と設計方法を知り，排水量等の諸計算方法や計算結果の図示について理解するために，以下の内容となっている。

　　　第1章　主要寸法と船体線図
　　　第2章　船の肥瘠
　　　第3章　船体線図（ラインズ）の描き方
　　　第4章　排水量等計算と曲線図

　第1章は，規則等に基づく船体の主要寸法と船体線図の幾何学的な意味や概念について示している。

　第2章は，船体設計時に考慮すべき船の肥瘠係数について，例示も含め具体的な説明をしている。

　第3章は，船体線図（ラインズ）を初めから設計する場合の描き方について，できるだけ詳細かつ具体的に示している。

　第4章は，排水量等の諸量について，従来の近似積分方法ではなく，台形公式を用いた計算方法を示すと共に，排水量等曲線の持つ意味について詳細に説明している。

本書での「船体線図」に関する基本的用語の定義

　「船体線図」は，船舶建造の根幹を成す図面であるため，造船所においては新造船毎に製図される。従って，これまで，「船体線図」の中の直線や曲線あるいは記号等は明確に定義され，しかも，正しいものであると認識して取り扱われてきた。しかも，これらの定義がどうであれ，「船体線図」は製図され，それを基に船が建造されるので，特に問題になることもなかった。

　しかし，本書において「船体線図」を詳細に記述していく中で，これまで正しいと認識していた定義，特に用語を用いては，説明する上で本来の意味とは異なることも生じると分かり，用語の語源について調べてみた。

　「船体線図」について書かれている書籍を調べてみると，約一世紀前[1]から半世紀程前[2]の書籍に描かれている「船体線図」と，[3][4]の書籍や造船所での「船体線図」とでは，直線や曲線の定義あるいは記号等が明らかに異なった概念・意味で用いられていることが分かる。

　同じ船に関して，[1][2]の書籍に従った「船体線図」を図-1に，現在一般的に用いられているものを図-2に示す。

　[1][2]の書籍に従った「船体線図」を示す図-1は，次のことを示している。

① 　正面線図（Body Plan）での各スクエアステーションにおける船体横断面は，側面線図（Sheer Plan）と半幅線図（Half-Breadth Plan）で横断面を表す直線として示されている。

② 　側面線図における船首曲線（Bow Line）と船尾曲線（Buttock Line）は，正面線図と半幅線図での船首尾曲線が示す縦断面を表す直線 BL と一致する(注)。

(注) 約半世紀以前の書籍には，船首曲線（Bow Line）と船尾曲線（Buttock Line）あるいは BL と定義されておらず，A，B・・の記号で示されているが，ここでは，現在の「船体線図」に合わせるために，A，B・・の記号の代わりに BL を用いた。

③ 半幅線図での水線 WL は，正面線図と側面線図での水線面を表す直線 WL と一致する。

すなわち，船体線図を表示する直線と曲線および記号等が完全に統一していることが分かる。

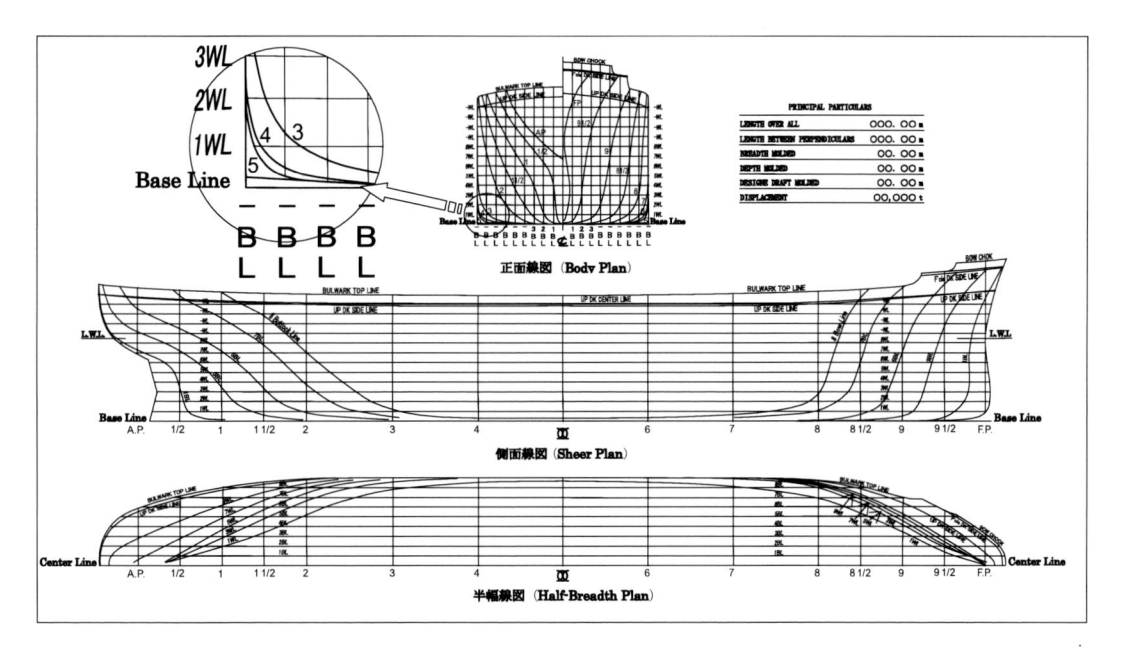

図-1 約一世紀前から約半世紀前の線図表示に従った「船体線図」

そして，現在一般的に用いられている「船体線図」が，図-2 である。

図-2 は，次のように解釈することができる。

① 正面線図（Body Plan）での各スクエアステーションにおける船体横断面は，側面線図（Sheer Plan）で高さを示すための縦線上のある高さからある高さまでの直線と，半幅線図（Half-Breadth Plan）で半幅を示すための縦線上のある半幅までの直線として示されている。

② 側面線図における船首曲線と船尾曲線は，正面線図で BL で定義されている直線上のある高さからある高さまでの直線と，半幅線図で BL で定義されている直線上の船首尾部の水線間の直線として示されている。このことは，現在の正面線図と半幅線図に表示されている直線 BL は，過去の「船体線図」で表示された船首尾曲線（BL：Bow and Buttock Line）そのものを意味していないことを示している。

従って，現在一般的に用いられている**「船体線図」において，BL で定義されている直線は，船体中心線面（Logitudinal Center Plane）に平行で船体縦断面形状（船首尾曲線）を求めるための縦平面を表す直線を意味している。**

③ 半幅線図での水線 WL は，正面線図と側面線図で WL で定義されている直線上の一部として示されている。このことは，現在の正面線図と側面線図に表示されている直線 WL は，過去の「船体線図」

において水線（Waterline）を示していた WL ではないことを意味する。

現在の「船体線図」で WL で定義されている直線は，静水面に平行で船体水線面形状（水線）を求めるための水平面を表す直線を意味している。

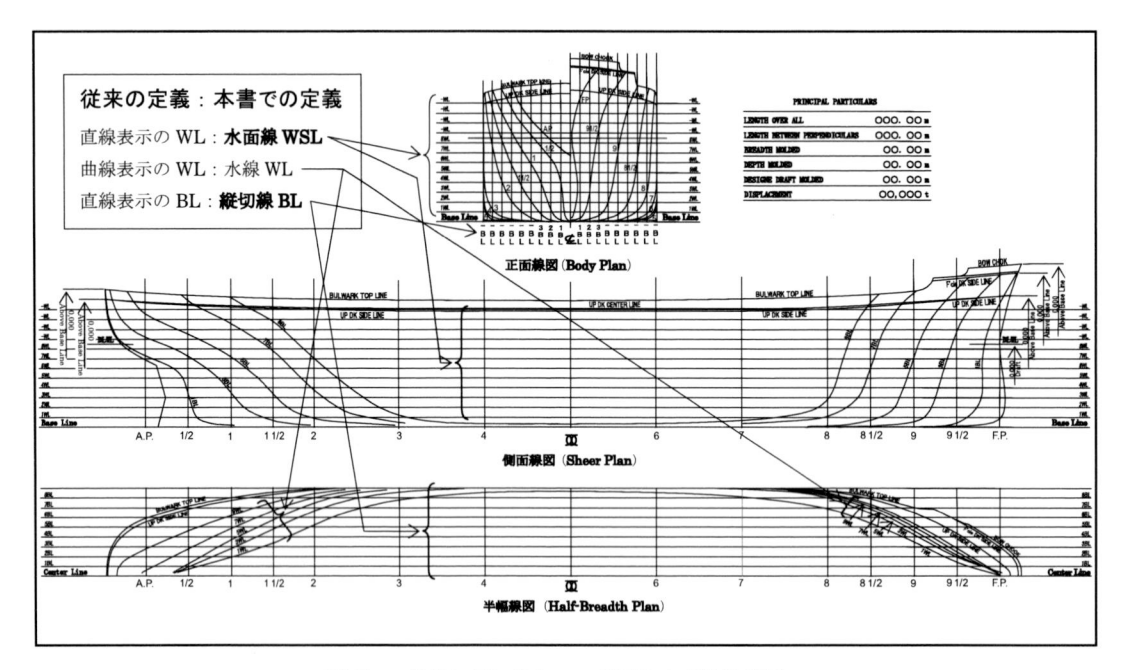

図-2　一般的に用いられている現在の「船体線図」

従って，本書では次のように定義し，それに基づいて全編を記述した。

(1)　「船体線図」において，現在，正面線図と側面線図で**直線表示の WL（Waterline：水線）を水面線 WSL（Water Surface Line）と称する。**

　　水線 WL は，これまでと同様に半幅線図での水線表示に用いる。

(2)　正面線図と半幅線図で**直線表示の BL** を，船体中心線面に平行な切断平面である縦平面を表す直線を示していることから，**縦切線**と称する。但し，その記号は，これまで使い慣れた BL とするが，船体中心線（Center Line）に対する支線（**Branch Line**）的意味を持たせた **BL** として，**縦切線 BL** と称する。従って，船首尾曲線 BL とは異なる意味で用いる。

　　船首尾曲線 BL は，これまでと同様に側面線図での船首尾曲線表示に用いる。

その他，**船底勾配**と**キャンバー（Camber）**についての解釈と説明は，本文中に記述しているので参考にして頂きたい。

【参考文献】

[1]　E. L. Attwood："Text-book of Theoretical Naval Architecture", Longmans, Green & Co（1919）
[2]　E. L. Attwood, H. S. Pengelly & A. J. Sims："Theoretical Naval Architecture", Longmans, Green & Co（1962）
[3]　全国造船教育研究会編：造船工学，海文堂出版（1981）
[4]　橋本進ほか：船体関係図面の見方，成山堂書店（1981）

目　次

第 1 章　主要寸法と船体線図　　　1

  1.1　船体線図の概略　*1*
  1.2　水線，中央部と中心線，基線　*5*
      1.2.1　水線　*5*
      1.2.2　中央部と中心線　*6*
      1.2.3　基線　*7*
  1.3　船の長さ　*9*
      1.3.1　全長　*10*
      1.3.2　船首尾垂線と垂線間長さ　*10*
      1.3.3　水線長さ　*12*
      1.3.4　船舶法による長さ；登録長さ　*12*
      1.3.5　船舶構造規則による長さ　*13*
      1.3.6　NK の鋼船規則による長さ　*13*
      1.3.7　満載喫水線規則による長さ　*13*
      1.3.8　NK の鋼船規則による船の乾舷用長さ　*13*
      1.3.9　「船の長さ」の定義の図示　*14*
  1.4　スクエアステーション・縦線　*16*
  1.5　甲板線　*18*
  1.6　船の幅　*20*
      1.6.1　全幅　*20*
      1.6.2　型幅　*20*
      1.6.3　船舶法による幅　*21*
      1.6.4　満載喫水線規則による幅　*21*
      1.6.5　船舶区画規程による幅　*21*
      1.6.6　NK の鋼船規則による幅　*21*
  1.7　船の深さ　*22*
      1.7.1　基線の取り方　*22*
      1.7.2　型深さ　*23*

1.7.3 船舶法による深さ　*24*
1.7.4 満載喫水線規則による深さ　*24*
1.7.5 NK の鋼船規則による深さ　*25*
1.7.6 各国船級協会の乾舷用深さの定義　*25*

1.8 船の乾舷　*25*
1.8.1 乾舷　*25*
1.8.2 乾舷甲板　*26*
1.8.3 乾舷指定　*26*
1.8.4 フリーボードマーク　*26*

1.9 船の喫水　*29*
1.9.1 喫水　*29*
1.9.2 喫水とキールの関係　*31*
1.9.3 最大喫水と型喫水　*31*
1.9.4 満載喫水線　*31*
1.9.5 計画喫水と計画満載喫水線　*32*
1.9.6 満載喫水線と計画最大満載喫水線　*32*
1.9.7 満載喫水線と計画満載喫水線　*32*
1.9.8 船舶法による喫水：喫水標　*32*
1.9.9 船舶区画規程による喫水　*33*
1.9.10 NK の鋼船規則による満載喫水　*33*
1.9.11 喫水とトリムの関係　*33*

1.10 船体線図　*34*
1.10.1 正面線図　*34*
1.10.2 水線，水線面と半幅線図　*36*
1.10.3 船首曲線，船尾曲線と側面線図　*38*
1.10.4 その他の曲線　*40*
1.10.5 平面，側面の平行部曲線　*40*
1.10.6 斜平面線　*42*
1.10.7 船体線図の特徴　*44*

第 2 章　船の肥瘠　*49*

2.1 船の形状と肥瘠　*49*
2.2 方形係数　*51*
2.3 中央横断面積係数　*58*

2.4 柱形係数　*58*
2.5 水線面積係数　*62*
2.6 堅柱形係数　*63*
2.7 肥瘠係数相互間の関係　*64*

第3章　船体線図（ラインズ）の描き方　*67*

3.1 計画船と基準船　*67*
3.2 プリズマティック曲線の特徴　*69*
3.3 プリズマティック曲線の描き方　*72*
　3.3.1 関西造船協会の方法　*73*
　3.3.2 基準船のプリズマティック曲線を利用する方法　*76*
　3.3.3 縦方向浮力中心の位置（lcb）の変化に伴うプリズマティック曲線の修正方法　*78*
　3.3.4 C_p と縦方向浮力中心の位置（lcb）の変化に伴うプリズマティック曲線の修正方法　*80*
　3.3.5 プリズマティック曲線と船首部バルブとの関係　*81*
3.4 船体線図（ラインズ）の描き方　*81*
　3.4.1 前準備の検討事項　*81*
　3.4.2 計画満載喫水線以下の中央横断面形状　*82*
　　3.4.2.1 船底勾配が小さいか無い場合　*82*
　　3.4.2.2 船底勾配が大きい場合　*84*
　3.4.3 キャンバー形状の描き方　*85*
　　3.4.3.1 二次曲線を用いたキャンバー形状の描き方　*85*
　　3.4.3.2 正円弧キャンバー形状の描き方（その1）　*86*
　　3.4.3.3 正円弧キャンバー形状の描き方（その2）　*87*
　　3.4.3.4 擬円弧キャンバー形状の描き方（その1）　*88*
　　3.4.3.5 擬円弧キャンバー形状の描き方（その2）　*88*
　　3.4.3.6 直線キャンバー形状の描き方　*90*
　　3.4.3.7 各スクエアステーションにおけるキャンバー形状の描き方　*90*
　3.4.4 舷弧と上甲板船側線の描き方　*92*
　　3.4.4.1 満載喫水線規則による舷弧の描き方　*92*
　　3.4.4.2 二次曲線を用いた舷弧の描き方　*94*
　　3.4.4.3 放物線舷弧の描き方　*94*
　　3.4.4.4 舷弧高さと上甲板船側線の関係　*95*
　3.4.5 上甲板船側線，ブルワークトップライン，船首尾楼甲板船側線とバウチョックの描き方　*96*

3.4.6　正面線図の輪郭の描き方　96
3.4.7　上甲板中心線の描き方　98
　　3.4.7.1　計算による上甲板中心線の求め方　98
　　3.4.7.2　図による上甲板中心線の描き方　98
3.4.8　計画満載状態での水線面形状　99
3.4.9　船体線図の輪郭　100
3.4.10　プリズマティック曲線と各スクエアステーションにおける横断面形状の関係　101
3.4.11　各スクエアステーションにおける横断面曲線の描き方　105
　　3.4.11.1　等価幅を用いた横断面曲線の描き方　105
　　3.4.11.2　基準船の横断面曲線を利用した描き方　106
3.4.12　正面線図の描き方　110
3.4.13　半幅線図の描き方　112
　　3.4.13.1　正面線図と半幅線図の関係　113
　　3.4.13.2　半幅線図のフェアリング　114
3.4.14　側面線図の描き方　114
　　3.4.14.1　正面線図と側面線図の関係　115
　　3.4.14.2　側面線図のフェアリング　116
3.4.15　設計室における船体線図（ラインズ）の仕上げ　118
3.4.16　初期の船体寸法表の作成　118
3.4.17　船体線図の現尺現図フェアリングと最終の船体寸法表　122
3.4.18　船体線図の役割と船舶建造の特徴　122
3.4.19　ラインズのためのコンピュータ・ソフト　123

第4章　排水量等計算と曲線図　*125*

4.1　船の重さと浮力　125
4.2　アルキメデスの原理　125
　4.2.1　アルキメデスの原理の概念　125
　4.2.2　水中の圧力とアルキメデスの原理　128
　4.2.3　アルキメデスの原理と浮体と排水量　130
4.3　船体線図と幾何学的諸量　133
　4.3.1　面積と関連諸量の計算法　134
　　4.3.1.1　船体の横断面積　135
　　4.3.1.2　ボンジャン曲線　137
　　4.3.1.3　船体の水線面積　140

- 4.3.1.4 肥脊係数 C_m, C_w の計算 *141*
- 4.3.1.5 毎 cm 排水トン *141*
- 4.3.2 面積モーメントと関連諸量の計算法 *142*
  - 4.3.2.1 横断面の基線回りのモーメントと重心位置 *143*
  - 4.3.2.2 水線面の船体中央部 ⚏ 回りのモーメントと重心位置 *144*
- 4.3.3 面積の慣性モーメントと関連諸量の計算法 *146*
  - 4.3.3.1 水線面の船体中心線 ₵ 回りの慣性モーメント *147*
  - 4.3.3.2 水線面の船体中央部 ⚏ 回りの慣性モーメント *147*
  - 4.3.3.3 水線面の浮面心回りの慣性モーメント *148*
- 4.3.4 容積と関連諸量の計算法 *149*
  - 4.3.4.1 横断面積を用いた船体容積の計算 *151*
  - 4.3.4.2 水線面積を用いた船体容積の計算 *151*
  - 4.3.4.3 型形状の排水量の計算 *151*
  - 4.3.4.4 肥脊係数 C_b, C_p, C_{vp} の計算 *151*
  - 4.3.4.5 横メタセンター半径 BM と縦メタセンター半径 BM_L の計算 *152*
- 4.3.5 容積モーメントと関連諸量の計算法 *152*
  - 4.3.5.1 任意喫水下船体の基線回りの容積モーメントと基線からの浮心高さ KB *154*
  - 4.3.5.2 基線からの横メタセンター高さ KM と縦メタセンター高さ KM_L *154*
  - 4.3.5.3 任意喫水下船体の船体中央部 ⚏ 回りの容積モーメントと容積中心の前後位置 ⚏ B *154*
- 4.3.6 毎 cm トリムモーメント *155*
- 4.3.7 毎 cm トリム修正トン *157*
- 4.3.8 曲線の長さおよび曲面の面積と関連諸量の計算法 *158*
  - 4.3.8.1 ガースの求め方 *161*
  - 4.3.8.2 浸水表面積と外板排水量等の計算 *161*
  - 4.3.8.3 外板を含む排水量の計算 *162*

4.4 排水量等曲線図 *162*
- 4.4.1 排水量等曲線図の座標 *163*
- 4.4.2 水線面積 $A_w(j)$ の曲線 *164*
- 4.4.3 方形係数 $C_b(j)$, 中央横断面積係数 $C_m(j)$, 柱形係数 $C_p(j)$, 水線面積係数 $C_w(j)$ および竪柱形係数 $C_{vp}(j)$ の曲線 *165*
- 4.4.4 毎 cm 排水トン TPC(j) の曲線 *165*
- 4.4.5 ⚏ F(j) と ⚏ B(j) の曲線 *165*
- 4.4.6 型形状の排水量と全排水量の曲線 *166*
- 4.4.7 基線からの浮心高さ KB(j) の曲線 *167*
- 4.4.8 基線からの横メタセンターの高さ KM(j) と縦メタセンター高さ $KM_L(j)$ の曲線 *167*

- 4.4.9 毎 cm トリムモーメント MTC(j)の曲線　*168*
- 4.4.10 毎 cm トリム修正トンの曲線　*168*
- 4.4.11 浸水表面積 Aws(j)の曲線　*168*
- 4.5 排水量等曲線図のチェックポイント　*168*

あとがき　*171*
参考文献　*173*
索引　*175*

第 1 章

主要寸法と船体線図
(PRINCIPAL DIMENSIONS and LINES of the SHIP)

1.1 船体線図の概略

　船体形状は，投影図法の方法を船体設計用に応用して「**船体線図**」と呼ばれる縮尺図で描かれる。図 1-1 に一般的な商船の船体線図を，図 1-2 に小型船の船体線図をそれぞれ示す。

　船体線図は 3 平面，言い換えれば，3 方向から見た図から成っている。すなわち，船体を正面から見た**正面線図**（しょうめんせんず：**Body Plan**），真横から見た**側面線図**（そくめんせんず：**Sheer Plan, Profile or Side Elevation**）および真上から見下ろして見た平面図である**半幅線図**（はんはばせんず：**Half-Breadth Plan or Waterplane**）である。

　正面線図，側面線図および半幅線図で示される船体線図は，造船所の基本設計部で計画している船体の**型表面**（かたひょうめん：**Moulded**（英語）or **Molded**（米語）**Surface**，ここでは米語を用いる）を正面，側面および水平面にそれぞれ平行な幾通りかの平面で切断した場合の切断面形状の曲線を示している。船体の型表面とは，実際に目にする船体表面から船体を覆う外板を取り除いた表面，言い換えれば，船体表面を形成する外板の内側の面をいう。

　船体線図は船体の型表面を 3 方向の平面で切断することによって得られる切断面形状を曲線群として示しているため，切断する平面を増やせばそれだけ多くの切断面形状の曲線を描き表すことになる。船首部と船尾部の曲率の大きい所で切断平面を多くとるのは，そこでの形状をより詳細に知るためである。このようにして得られた船体線図が示す船体形状を，**型（骨組）形状**（かたけいじょう：**Molded Form**）という。

　鋼船の場合，船体を覆う外板は相対的には薄く，また板厚の異なるところもあるが，船体線図はこれらとは無関係に完全に滑らかに描くことができる。

　船体線図の製図において，それぞれ相対的な関係にある 3 つの図面を適切に配置することは，大変重要である。一般的には図 1-1 や図 1-2 のように，図面の上の方から下の方へ正面線図，側面線図そして半幅線図を配置する。製図をコンパクトに行うために，側面線図と半幅線図を重ねて描くこともある。

　船体線図は船体が縦方向（長さ方向）の中心面に対して左右対称であるため，一般的には船体の半分のみを描いている。

また，側面線図は通常，船体を船首方向に対して右側から見た図になっているが，描かれている側面線図は半幅線図からも分かるように，船体の左側の縦切断面を示している。

　船体線図の3面の図は，船体形状に関するあらゆる点と線を関連付けた「関連図」として示しているので，船体線図を用いれば，船体のあらゆる点と線の相対的な位置と関係を知ることができる。

　船体の型表面の切断面曲線を表す船体線図は，船体を構成するあらゆる部材の正確な位置の基準線でもあり，この基準線を**モールデッド・ライン**（**Molded Line**）という。

　木船や外板の外側を滑らかにしている小型船の場合，船体線図そのものが船体の表面形状を示しているため，外板の板厚の外側を示していることになる。しかしながら，構造設計のためには型形状を取り扱わなければならない。

第1章 主要寸法と船体線図

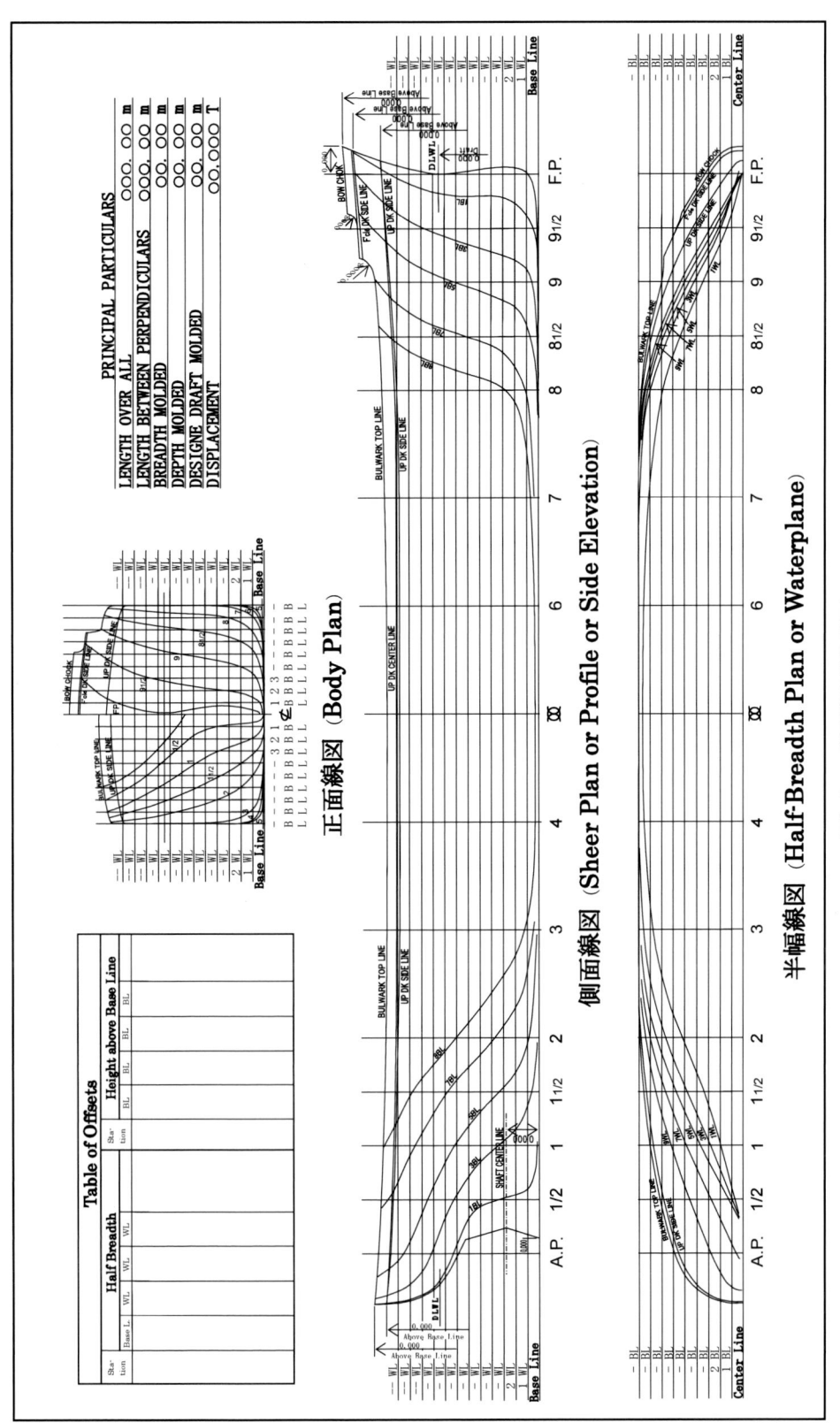

図1-1 一般商船の船体線図

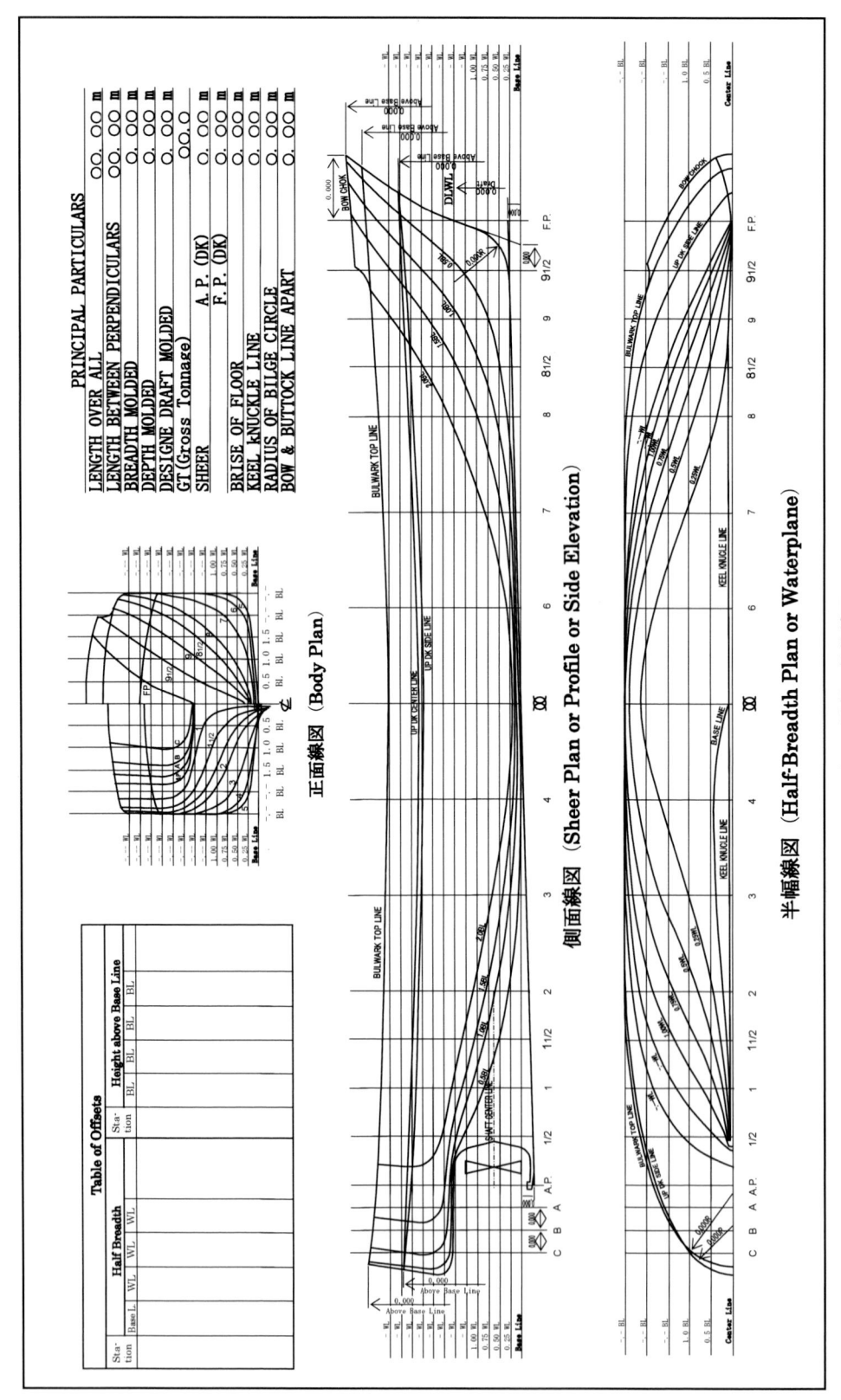

PRINCIPAL PARTICULARS

LENGTH OVER ALL	00.00 m
LENGTH BETWEEN PERPENDICULARS	00.00 m
BREADTH MOLDED	0.00 m
DEPTH MOLDED	0.00 m
DESIGNE DRAFT MOLDED	0.00 m
GT (Gross Tonnage)	00.0
SHEER　　　　A.P. (DK)	0.00
F.P. (DK)	0.00
BRISE OF FLOOR	0.00
KEEL KNUCKLE LINE	0.00
RADIUS OF BILGE CIRCLE	0.00
BOW & BUTTOCK LINE APART	0.00

Table of Offsets

Sta-tion	Half Breadth			Height above Base Line		
	WL	WL	WL	BL	BL	BL
Base L						

正面線図 (Body Plan)

側面線図 (Sheer Plan or Profile or Side Elevation)

半幅線図 (Half-Breadth Plan or Waterplane)

図1-2　小型船の船体線図

1.2 水線，中央部と中心線，基線

1.2.1 水線

船体線図は，図 1-3 に示すように，船体が貨客等を満載にした**計画状態**（Designed Condition）で水上に自由に浮いている時の静水面との相対的な位置関係で示されている．従って，船体線図で描かれている船体は，計画時の**満載状態**（まんさいじょうたい：Full Load Condition）で静水面に浮いていることになる．この計画時の満載状態における静水面を表しているのが**正面線図**と**側面線図**での**計画満載喫水線**（Designed Load Waterline：DLWL or DWL）である．単に**満載喫水線**（まんさいきっすいせん：Load Waterline：LWL）とも称する．

満載喫水線や計画満載喫水線等の定義については「1.9 船の喫水」で詳細に述べるが，一般に設計時においては**計画満載喫水線**（DLWL）を用いる．

船体線図において，いわゆる，満載喫水線の表示には，これまで，LWL（満載喫水線）を用いていたが，近年，「1.3.3 水線長さ」で示す水線長さ（L_{WL}）を LWL で表示することもあり，本書では計画時の満載喫水線であることを明確に示すために，DLWL（計画満載喫水線）を用いることにする．

正面線図と側面線図には，この静水面を表す計画満載喫水線（DLWL）に平行な等間隔の多数の直線が引かれているが，これらは静水面に平行な多数の**水平面**（すいへいめん：Horizontal Plane）を示している．これらの水平面による船体の**型形状**（Molded Form）の切断面を**水線面**（すいせんめん：Waterplane）といい，これら水線面形状を表している曲線，すなわち，船体の**型表面**（Molded Surface）と水平面として表している水面が交わる曲線を**水線**（Waterline）という．これらの水線は，正面線図と側面線図では直線であるが，半幅線図では真の船体型形状を示す曲線群として描き表している．

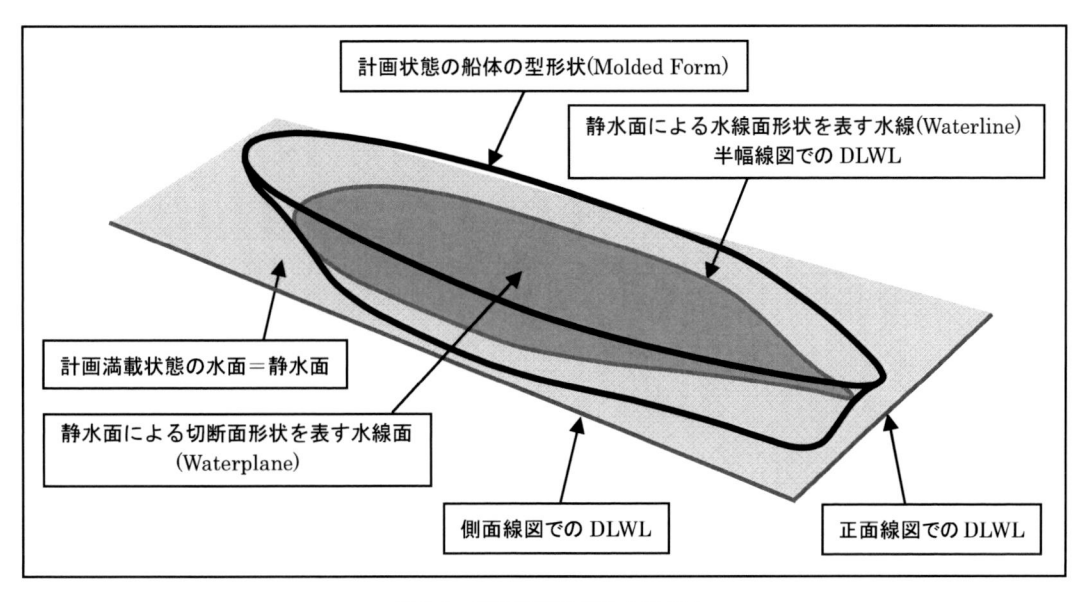

図 1-3 計画状態の船体と静水面

1.2.2 中央部と中心線

船体の中央部と中心線は，船体線図を描く上で基準となるものである。

船体中央部（Midship）は，船体線図において垂線間長さ（次節で定義する）のちょうど半分の所をいう。この船体中央部において，船体の長さ方向に対して直角で鉛直な船体横方向の平面を**船体中央横平面**（せんたいちゅうおうおうへいめん：**Transverse Plane at Midship**）という。この船体中央横平面による切断面形状を図示したものが，**中央横断面（図）**（ちゅうおうおうだんめん（ず）：**Midship Section**）である。

一般に，図 1-4 に示すように，船体中央部および中央横断面を ⊗ の記号で表示する。

また，図 1-4 に示すように，**船体中心線**（Center Line）は，中央横断面で横断面形状が左右対称となる鉛直線をいい，この線を通り船体を左右に切断する面を**船体中心線面**（**Longitudinal Center (Line) Plane**）という。この船体中心線面による船体の縦切断面形状を図示したものが，**船体中心線縦断面（図）**（せんたいちゅうしんせんじゅうだんめん（ず）：**Inboard Profile**）である。また，船体中心線面は，正面線図および半幅線図では船体中心線として直線で表わされている。船体線図の中で船体中心線は ℄ の記号で表される。

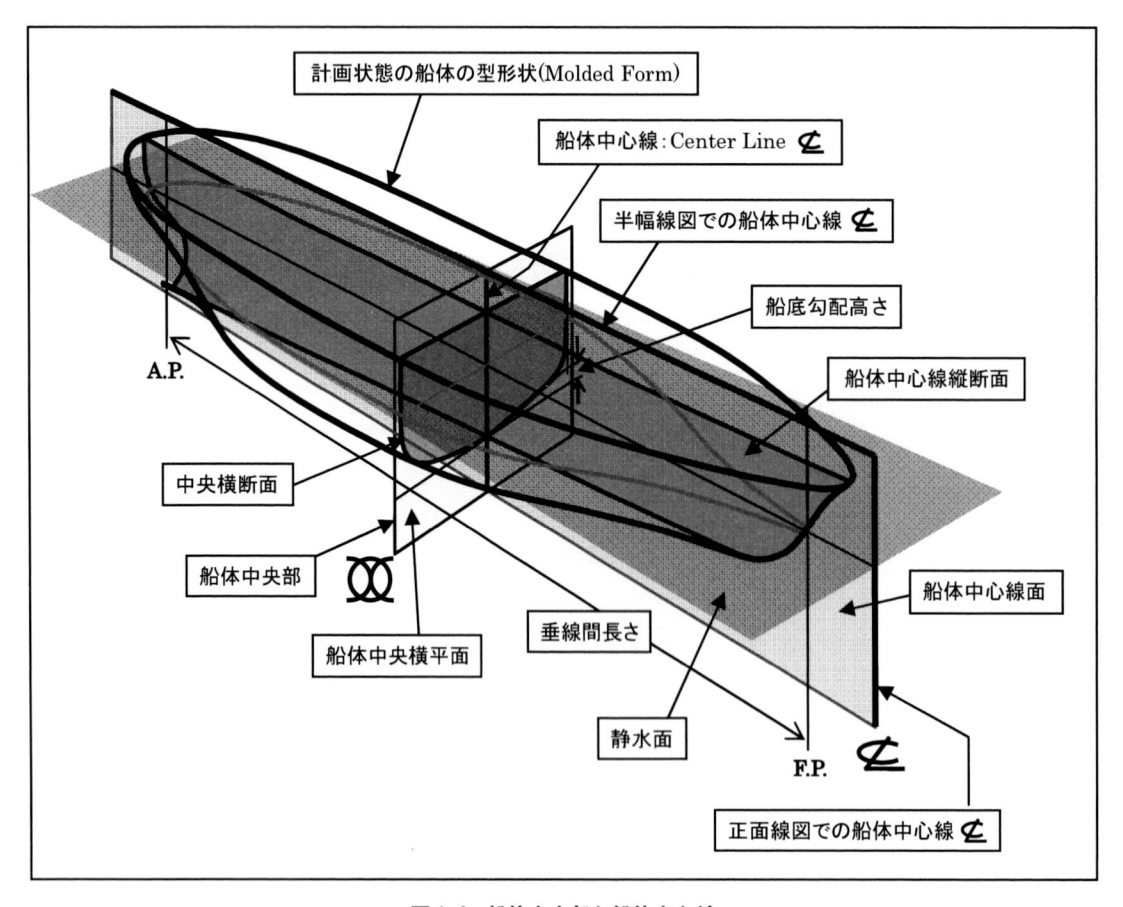

図 1-4 船体中央部と船体中心線

一般商船の船底は，図 1-4 のような船体中央横平面による船体の切断面形状（中央横断面）が示すように，その中心線の近傍から船側に向かって上向きに傾斜している。この船底傾斜（**Inclined Bottom**）の度合いを**船底勾配**（せんていこうばい：**Bottom Gradient**）という。この船底勾配を表す線を船底線（せんていせん：**Floor Line**）といい，その延長線が船側での垂線と交わる点と基線（「1.2.3　基線」参照）との垂直距離を**船底勾配高さ**（せんていこうばいたかさ：**Rise of Floor or Dead Rise**）という（図 1-19 参照）。

1.2.3　基線

一般に，船体の船底中心部は縦方向（長さ方向）の船底部材である**キール**（**Keel**：**竜骨**）から成っており，このキールは船底中心部を船首材から船尾骨材まで縦通している船体の背骨に相当する重要材のことである。

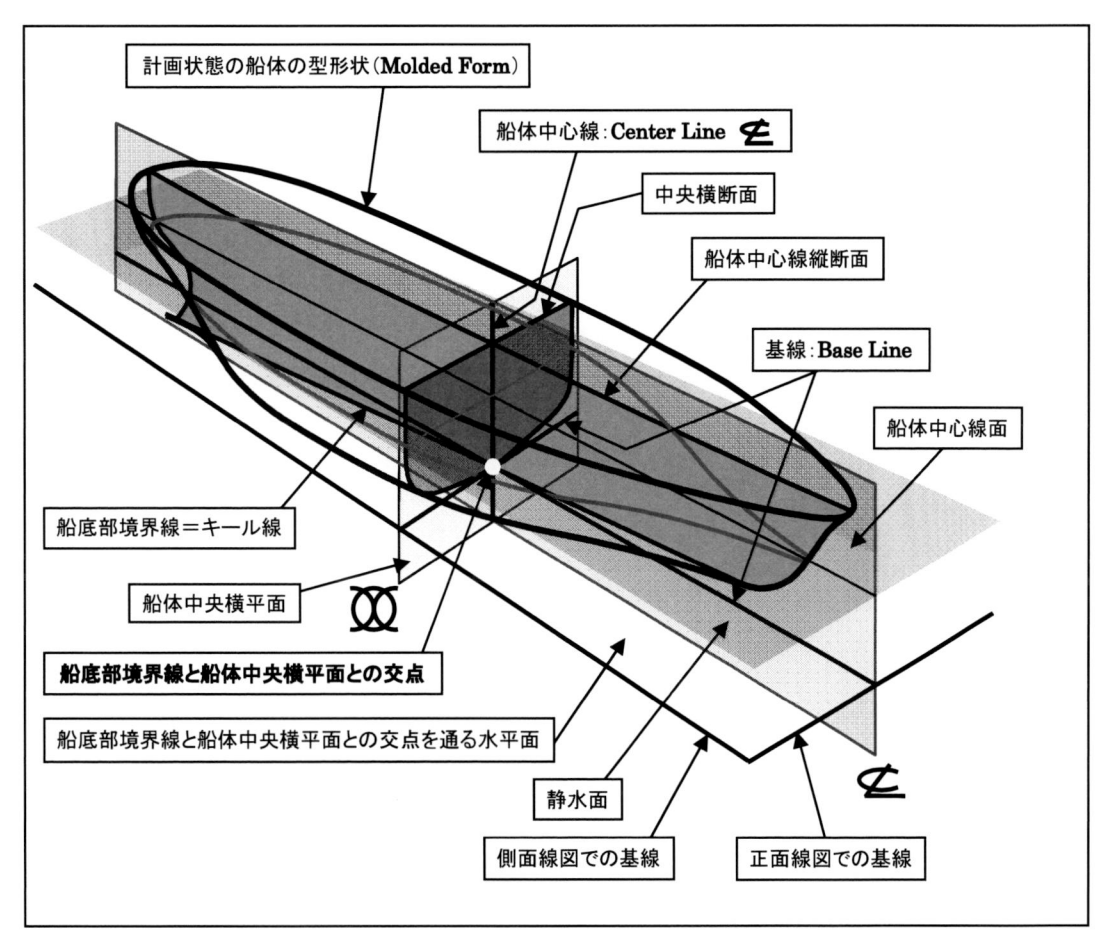

図 1-5　基線の定義

図 1-1 に示すような側面線図では，船体の型形状（Molded Form）における船底の境界を表している**船底部境界線**（**Lowest Boundary Line of Molded Surface**）が船体計画時の計画満載喫水線（DLWL）

に平行に描かれている。しかし，図1-2からも分かるように，船底部境界線が計画満載喫水線（DLWL）に平行でない場合もある。この船底部境界線はキールの上面を通る中心線である**キール線**（**Keel Line**）を表しているものの，キールそのものを表してはいない。ここでいう「キール線」とは，船の長さ（「1.3.7 満載喫水線規則による長さ」参照）の中央において，船体中心線におけるキールの上面を通り，キールの傾斜に平行な線をいう（船舶区画規程第2条15参照）。

図1-5に示すように，船底部境界線（またはキール線）が計画満載喫水線（DLWL）に平行であるか否かにかかわらず，船体中央部 ⊠ の船体中央横平面と交差する点をとり，この点を通る水平面を与えれば，この水平面と船体中央横平面および船体中心線面との交線が得られる。

これらの交線は正面線図および側面線図でそれぞれ水平線として表示され，この水平線を一般に**基線**（きせん：**Base Line**）という。これを**型基線**（**Molded Base Line**）ということもある。この基線は船体建造期間中に用いられる諸計算において最も重要な**基準線**（**Molded Line**）となる。また，基線の取り方については船の種類によるキールの構造により異なるため，「1.7 船の深さ」で詳細に述べる。

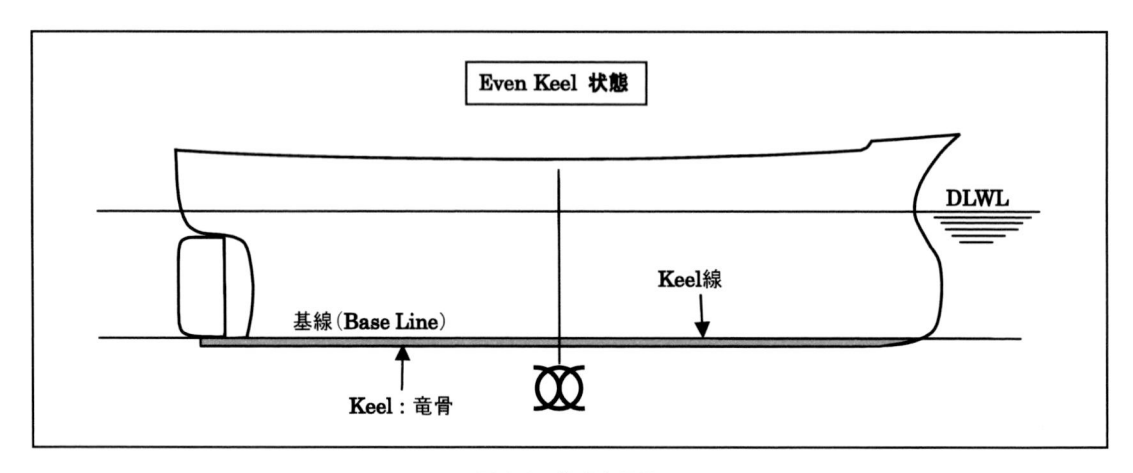

図1-6 等喫水状態

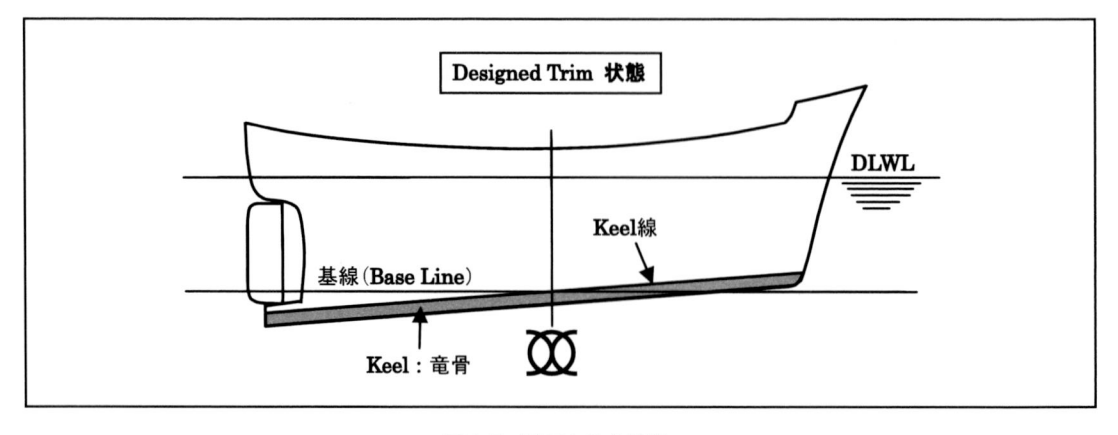

図1-7 計画トリム状態

図 1-1 に示されている側面線図や図 1-6 のように，船体の船底部境界線（またはキール線）と計画満載喫水線(DLWL)が平行な船は比較的に大型船に多く，このように船体の船底部境界線と計画満載喫水線が平行なことを**等喫水**（とうきっすい：Even Keel）という。この場合，基線は船底部境界線と一致する。

一方，小型船では図 1-2 のように，船底部境界線（またはキール線）が船首から船尾に向かって下向きに傾斜したトリム状態での航行を計画し，設計する場合がある。設計当初から船底部境界線を傾斜させている小型船では，図 1-7 のように基線は船体型形状における船底部境界線と一致しない。このように，計画当初から船底部境界線を傾斜させてトリム状態にしていることを**計画トリム**（Designed Trim）という。

1.3 船の長さ（Length：L）

船体形状やその他の諸性能を検討する場合に，船の長さや他の寸法等が共通の方法によって定義されていれば，新しい船の基本計画やあるいは他の船と比較する時に大変都合がよい。

そこで，「船の長さ」は図 1-8 に示すように，いくつもの「長さ」に規定されているが，その詳細について解説する。

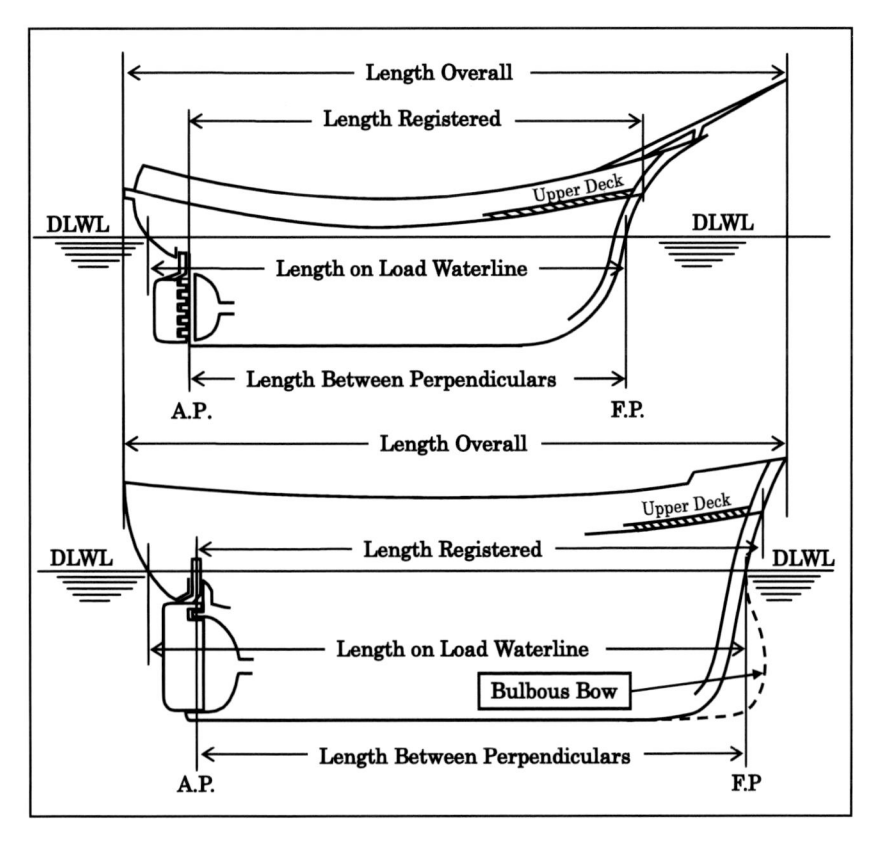

図 1-8　「船の長さ」を規定する概念図

1.3.1 全長

図 1-8 に示すように，**全長**（ぜんちょう：**Length Overall**：**L$_{OA}$**）は，船の船首最先端から船尾最後端までの水平距離をいう。一般に，ほとんどの船について表示されるが，単なる船の前後端間の長さを表しており，船体の容積等とは無関係であるため，造船学上はさほど重視されない。しかし，全長は，港湾や運河の施設上の制限あるいは海上衝突予防法等に関係するため，船体線図の製図時には計画値を超えないよう注意を要する。

1.3.2 船首尾垂線と垂線間長さ

図 1-1，図 1-2 における側面線図（sheer plan or side elevation or profile）は，船体を真横から見た図であるが，この側面線図には船体線図を製図するための基準となる，船首尾での**垂線**（すいせん：**Perpendicular**）が立てられている。この船首尾におけるそれぞれの垂線は，次のような定義に従って立てられる。

まず，図 1-8 および図 1-9 に示すように，設計満載喫水線（DLWL）と船首材の前部との交点を通る鉛直線を**船首垂線**（せんしゅすいせん：**Forward or Fore Perpendicular**）といい，**F.P.** として表示される。

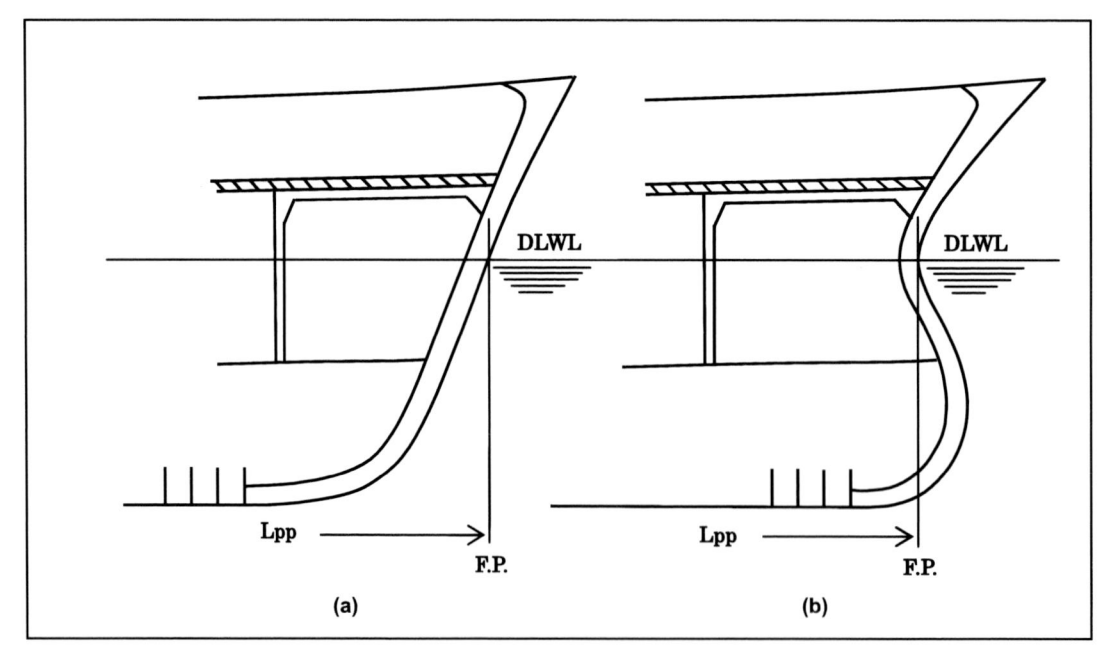

図 1-9　船首垂線

ちなみに，船首形状は，図 1-8 の上図のように水面上の船首部が前方へ大きく湾曲しているものをクリッパー船首（Clipper Stem），図 1-9(a)のように直線状の船首部が前方へ傾いているものを傾斜船首（Raked Stem），図 1-8 の下図の船首部破線表示や図 1-9(b)のように水面下の船首部が丸みを帯びた凸

状のものを球状船首（Bulbous Bow）という。また，近年建造される船は，水面上の船首部がクリッパー船首や傾斜船首とは異なり，満載喫水線よりやや上から上端まで，上になるほど丸みを大きくする形状になっている。このような船首形状をファッション船首（Fashion Stem）という。

次に，図 1-8 の上図と図 1-10 に示すように，**舵柱**（だちゅう：**Rudder Post**）を有する船の場合，Rudder Post の後部が鉛直線であれば，これを**船尾垂線**（せんびすいせん：**After Perpendicular**）といい，Rudder Post の後部が傾斜していれば，傾斜直線と計画満載喫水線（DLWL）との交点を通る鉛直線を船尾垂線という。

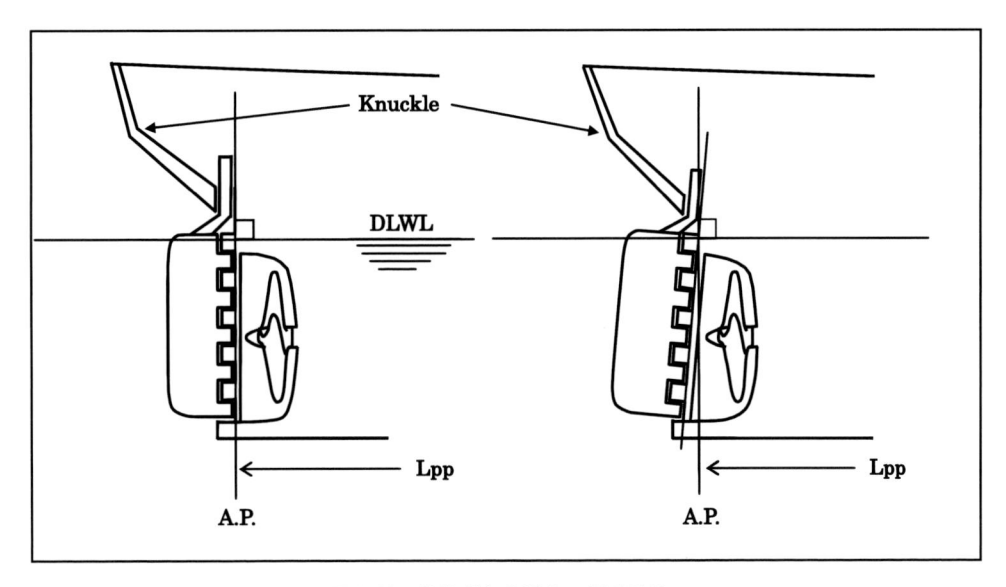

図 1-10　舵柱がある場合の船尾垂線

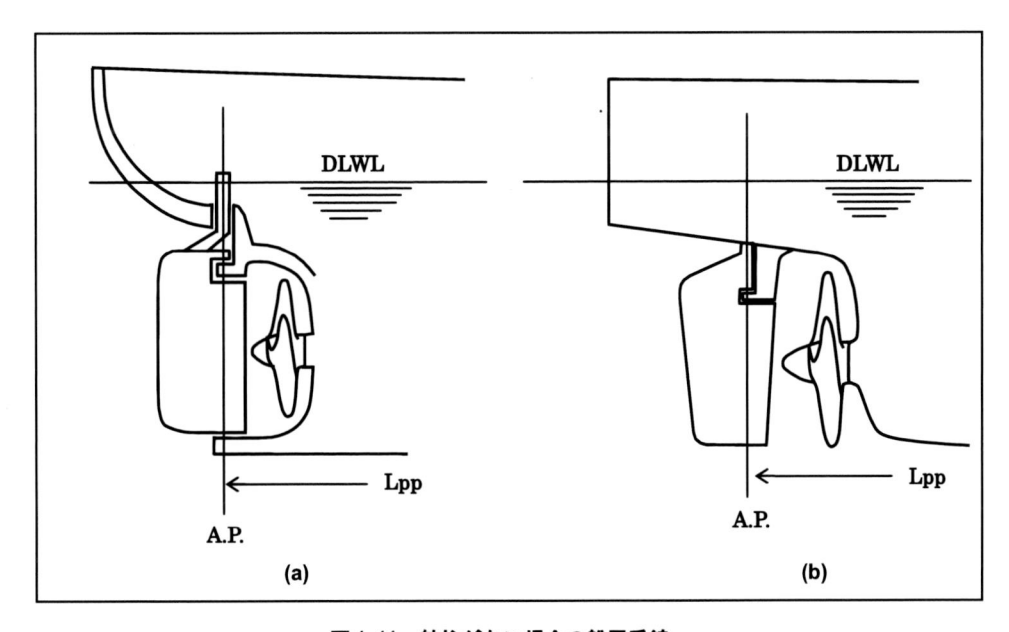

図 1-11　舵柱がない場合の船尾垂線

また，図 1-8 の下図や図 1-11 のように舵柱のない船にあっては，**舵頭材**（だとうざい：Rudder Stock）の中心を通る鉛直線を船尾垂線（After Perpendicular）といい，**A.P.** として表示される。

以上のように定義された船首尾部における垂線 F.P. と A.P. との間の水平距離を，**垂線間長さ**（すいせんかんながさ：Length Between Perpendiculars：L_{pp} or L_{BP}）という。また，**垂線間長**（すいせんかんちょう）ともいう。垂線間長さは，船体の主要部分を表しており，船体線図や排水量計算等の基準となる船の長さを示している。

また，図 1-12 に示すような艦艇の船尾においては，DLWL と船尾形状の後部との交点を通る鉛直線を船尾垂線 A.P. として定義され，垂線間長さも，F.P. とここで定義された A.P. との間の水平距離（この場合は水線長に等しい）として定義される。

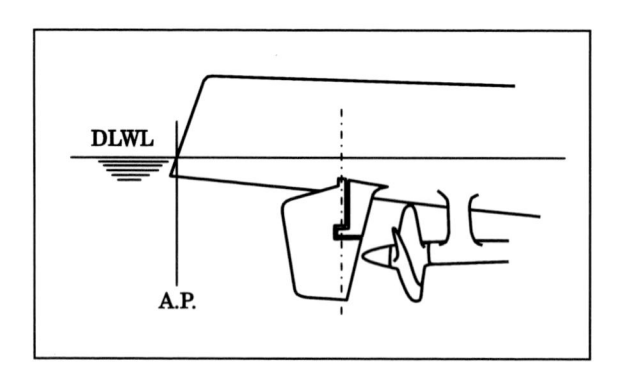

図 1-12　艦艇の船尾

ちなみに，図 1-8 と図 1-11 に示すような，舵および舵取機を水線下になるよう船尾突出部（Counter）の下部を水面下に沈めた船尾形状を，**クルーザスターン（Cruiser Stern：巡洋艦型船尾）**」という。また，船尾形状は，図 1-10 のように船尾突出部に折れ角（Knuckle）があるか，図 1-11(a) のように無いかにかかわらず，半幅線図（上から見て）において円みを帯びたものを**楕円型船尾（Elliptical Stern）**，図 1-11(b) のように船尾突出部を鉛直面かあるいは平らな形状にしたものを**トランサムスターン（Transom Stern：角型船尾）**という。

1.3.3　水線長さ

水線長さ（すいせんながさ：Length on Load Waterline：L_W）は，計画満載喫水線（DLWL）における船首材前面より船尾外形の後面間での水平距離をいう。**水線長**（すいせんちょう）ともいう。近年では，**計画水線長さ**（けいかくすいせんながさ：Length on Design Waterline：L_{WL}）として用いられている。**水線長さ**あるいは**計画水線長さ**を LWL と標示している場合もあり，従来の**満載喫水線**の標示 **LWL** との区別が必要である。

1.3.4　船舶法による長さ；登録長さ（船舶法施行細則第 17 条の 2）

船舶法による「船の長さ」は，上甲板の下面において船首材の前面より船尾材の後面に至る水平距離をいい，船舶国籍証書に記載される長さで，**登録長さ**（とうろくながさ：**Length Registered or Register**

Length：L_R）という。**登録長**（とうろくちょう）ともいう。船舶法でいう船尾材の後面とは，一般的に船尾垂線として取り扱われている。

1.3.5　船舶構造規則による長さ（船舶構造規則第1条第3項）

　船舶構造規則は，「船の長さ」として，計画満載喫水線の全長（水線長）の96％又は計画満載喫水線上の船首材の前端から舵頭材の中心までの距離（すなわち，垂線間長さ：Length Between Perpendiculars：Lpp）のうちいずれか大きいものと規定している。

1.3.6　NKの鋼船規則による長さ
（鋼船規則　A編　総則　2章 定義　2.1.2 船の長さ）

　NK（日本海事協会）の鋼船規則は，「船の長さ」を，計画最大満載喫水線における船首材の前面から，舵柱のある船ではその後面まで，また，舵柱のない船舶では舵頭材の中心までの距離（すなわち，垂線間長さ：Lpp）とし，巡洋艦型船尾（Cruiser Stern）の場合は，この長さと計画最大満載喫水線における船の全長（水線長）の96％のいずれか長い方をとるものと規定している。

1.3.7　満載喫水線規則による長さ（満載喫水線規則第4条）

　満載喫水線規則は，「船の長さ」を，次のように規定している。
　「船の長さとは，最小の型深さの85％の位置における計画喫水線に平行な喫水線の全長の96％又はその喫水線上の船首材の前端から舵頭材の中心までの距離のうちいずれか大きいもの（最小の型深さの85％の位置における計画喫水線に平行な喫水線より上方の船首材の前端の全部又は一部が当該喫水線上の船首材の前端より後方にある船舶にあっては，当該喫水線より上方の船首材の前端のうち最も後方にある前端における垂線と当該喫水線との交点から当該喫水線上の船尾外板の後端面までの距離の96％又は当該交点から当該喫水線上の舵頭材の中心までの距離のうちいずれか大きいもの）をいう。」

1.3.8　NKの鋼船規則による船の乾舷用長さ
（鋼船規則　A編 総則　2章 定義　2.1.3 船の乾舷用長さ）

　NKの鋼船規則は，**船の乾舷用長さ**（L_f）を，キール（竜骨）の上面から測った最小型深さの85％の位置における喫水線上で，船首材の前面（図1-13(a) 参照）から船尾外板の後面まで測った距離の96％，又はその喫水線上における船首材の前面から舵頭材の中心線まで測った距離のうちの大きい方の値と規定している。ただし，最小型深さの85％の位置における喫水線より上方の船首形状が凹入している船舶では，凹入部の最後端における船首材の前面（図1-13(b) 参照）から同喫水線へ下した垂線と同喫水線の交点を船の乾舷用長さの前端とみなしている。また，舵頭材を有しない場合は，キールの上面から測った最小型深さの85％の位置における喫水線上で，船首材の前面から船尾外板の後面まで測った距離の96％とすると規定している。なお，乾舷用長さを測るための喫水線は，計画満載喫水線（DLWL）に平行なものとしている。
　また，キールが傾斜している場合の乾舷用長さを測るための喫水線は，図1-14 に示すように，乾舷

甲板（「1.8.2　乾舷甲板」参照）の**型舷弧線**（「1.5　甲板線」参照）に接し，キール線（スケグを含む）に平行な線を引いて求められる最小型深さ（D_{min}）の85%の位置における喫水線に平行なものと規定している。ここで，最小型深さ（D_{min}）はキールの上面から，接線の点における船側の乾舷甲板の梁の上面までを測った垂直距離をいう（NKの「鋼船規則　A編　総則　A2 定義　A 2.1.3 船の乾舷用長さ-2」参照）。

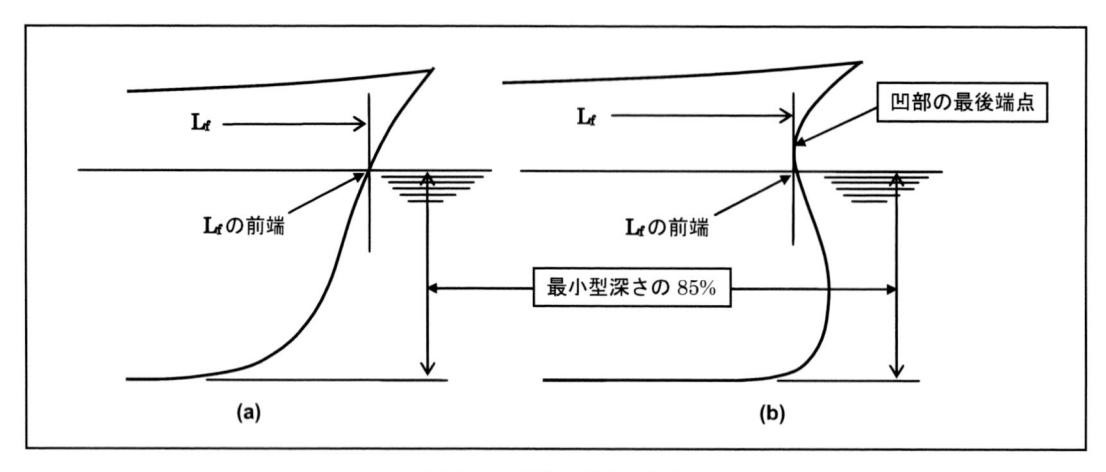

図1-13　乾舷用長さの前端

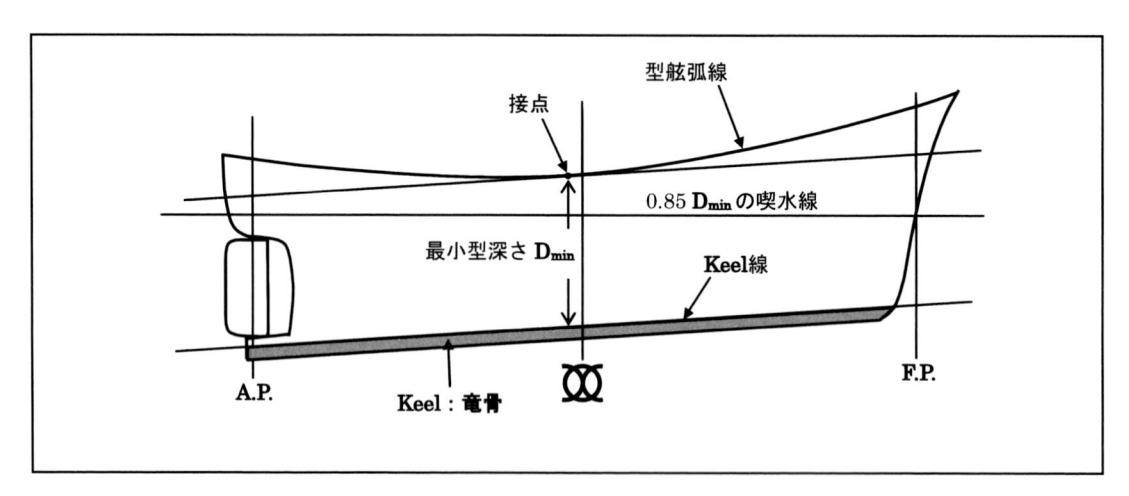

図1-14　乾舷用長さを測るための喫水線

1.3.9　「船の長さ」の定義の図示

　一般に「船の長さ」といっても，前節まで見てきたように見かけ上の長さ（L_{OA}），水線面上の長さ（L_W），諸性能の計算に用いる長さ（L_{pp}），積荷の容積に関わる長さ（L_R）やその他にも国や船級協会の規則等にその目的によって様々に定義されている。

　「船の長さ」の中で最も代表的に定義され，一般的に周知のものを図示したのが図1-15である。

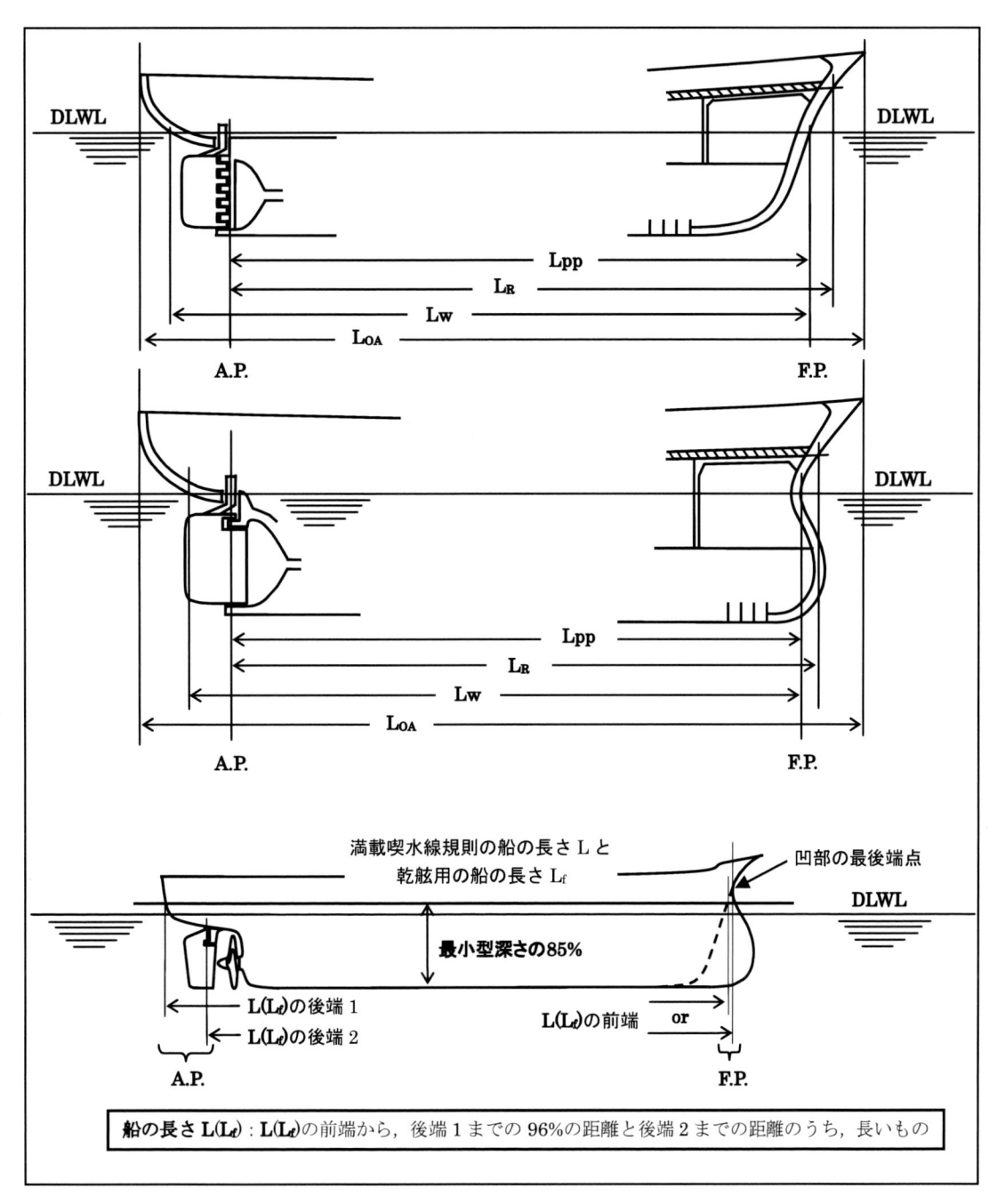

図1-15 「船の長さ」の図示

商船のLpp (Length Between Perpendiculars)や艦船の計画満載喫水線（DLWL）上での長さは，通常，ヨットや特殊な形状の船を除けば，船の基本計画に用いられる長さで，船体線図の製図，排水量等の計算や諸性能計算の基準となっている。

1.4 スクエアステーション (Square Station)・縦線 (Ordinate)

　船の垂線間長さは，船体線図の製図あるいは排水量等やその他の諸計算の基準になっている。船体線図の製図では，船の長さ方向の基準となる位置として，垂線間長さを等間隔で10等分した箇所を用いる。船体線図では，これらの箇所を**スクエアステーション（Square Station）**という。船体線図の模式図を図1-16に示す。

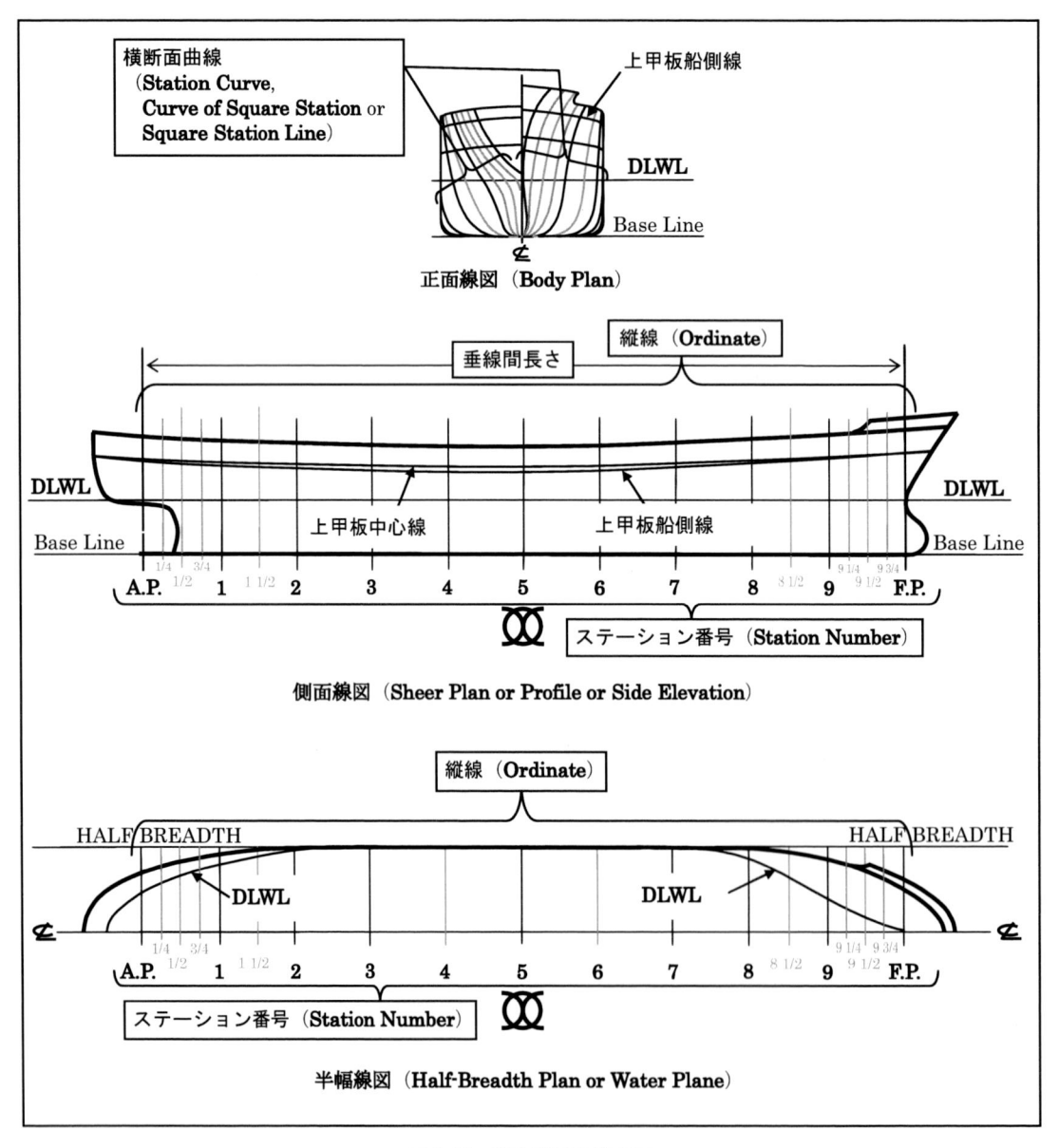

図1-16　船体線図の模式図

　図1-16のように，側面線図においては，それぞれのスクエアステーションを表す線として基線に対

して垂直な線を立てるが，これを**縦線**（**Ordinate**）という。このことから，側面線図においてはこの縦線を立てた位置を**縦線箇所**（**Ordinate Station**）ともいう。この縦線箇所は半幅線図にも移され，それぞれの位置で船体中心線 ℄ に対して垂直な縦線を立てる。このようなことから，スクエアステーションを単に**ステーション**（**Station**）ともいう。

　本書でスクエアステーションという場合は，垂線間長さを等間隔で 10 等分した箇所を基準とし，側面線図と半幅線図において，この基準とした箇所での縦線を通る平面を含めて，船の長さ方向における所定の位置を示す。

　側面線図と半幅線図において，各縦線を通る平面は，船体の長さ方向に対して直角で鉛直な船体横方向の平面を表す**横平面**（**Transverse Plane**）となっている。この横平面は船体の型表面（Molded Surface）を横方向に遮ることになり，その切断面形状は曲線で表すことができる。これが各スクエアステーションでの横平面による船体の**横断面**（**Transverse Section or Station Section**）を表す曲線であり，これらを表した曲線群が**正面線図**（**Body Plan**）である。

　また，図 1-16 に示すように，正面線図に表した曲線を**横断面曲線**（**Station Curve，Curve of Square Station or Square Station Line**）と称する。

　10 等分された点にはそれぞれに番号が付されており，船尾から船首に向かって 0（zero）から順に 10 までの番号となっている。これを**スクエアステーション番号**（**Square Station Number**）あるいは単に**ステーション番号**（**Station Number**）や**縦線番号**（**Number of Ordinate**）という。但し，船体線図では 0（zero）が A.P. で 10 が F.P. で示されている。また，5 の番号の所は船の垂線間長さの中央，すなわち ⊠ で表される**船体中央部**（**Midship**）である。

　船首尾形状において曲率が大きな図形になる所は，一般的に，10 等分して得られたスクエアステーション間の半分または 4 等分点に新しいスクエアステーションをとる。また，これらの番号は最初に 10 等分して得られた番号に加算することにより得られる。例えば，船尾の所で A.P. から 1 までを 4 等分したならば，図 1-16 に示すように，A.P.，1/4，1/2，3/4，1，2，3，・・・となる。また，9 から F.P. までを 4 等分したならば，・・・7，8，9，9 1/4，9 1/2，9 3/4，F.P. となる。

　船体線図の製図において，垂線間長さを等間隔で 10 等分することや，曲率が大きくなる船首尾形状の所で，スクエアステーション間の半分または 4 等分のように偶数に分割するのは，製図上の幾何学的な制約ではない。このような分割方法によって求まるオフセット表を用いれば，排水量等計算に近似積分法を容易に用いることができ，しかも，実用上非常に有効な結果が得られるためである。

　一方，最近のコンピュータ・ソフトを用いた船体線図の製図では，スクエアステーションの取り方に大きな共通の制約はない。このようなコンピュータ・ソフトを用いれば，曲率が大きくなる船首尾形状の所でスクエアステーション間を限られた数に分割することが，従来の船体線図製図のように重要な意味を持たず，任意に多数の分割が可能であり，しかも，計算精度は非常に高くなる。

　しかし，コンピュータ・ソフトを用いたとしても，船体線図の製図においては基準となるスクエアステーションが必要であり，このことは，今後，船体線図をデータベース化していく上でも重要である。

1.5 甲板線（Deck Line）

　基線と垂線間長さを定義する船首尾の形状が決まれば，船体にとって最も重要な甲板である**上甲板**（じょうこうはん：**Upper Deck**，**主甲板**（**Main Deck**）ともいう）を示す**甲板線**（**Deck Line**）を側面線図に描き入れる。この場合の甲板線は，上甲板下面の線（あるいは上甲板梁上面を結ぶ線）をとる。従って，各スクエアステーションにおいて上甲板の下面と船側外板の内面の交点をとり，この点を結んだ上甲板の船側における**上甲板船側線**（じょうこうはんせんそくせん：**Upper Deck Side Line**）を，図1-16に示すように，側面線図に示すことで真横から見た船体の基本外形はほとんど定まる。

　また，船体の上甲板は船側よりも船体中心線面の所が上向きに反っているので，側面線図に船体中心線面上の甲板線である**上甲板中心線**（**Upper Deck Center Line**）を描き入れる（図1-1，図1-2と図1-16参照）。船体中央横断面の甲板線において，船体中心線の所で上甲板を上向きに反らしているのは，甲板上の水はけをよくする目的であり，この反りを**キャンバー**（**Camber**）という。また，この反らした曲がり形状を**キャンバー形状**（**Camber Curve or Curve of the Deck Beam**）という。

　図1-17に示すように，上甲板梁上面を表す線（**Molded Deck Line**）が船体の最広部両船側において**肋骨**（フレーム：**Frame**）外面を表す線（**Molded Frame Line**）と交わる点を通る線（型深さ線：**Molded Depth Line**）から船体中心線上での上甲板梁上面までの高さを一般的に「キャンバー」と表記することもあるが，反りを示すキャンバーと区別するために，ここでは**キャンバー高さ**（**Height of Camber**）と称する。

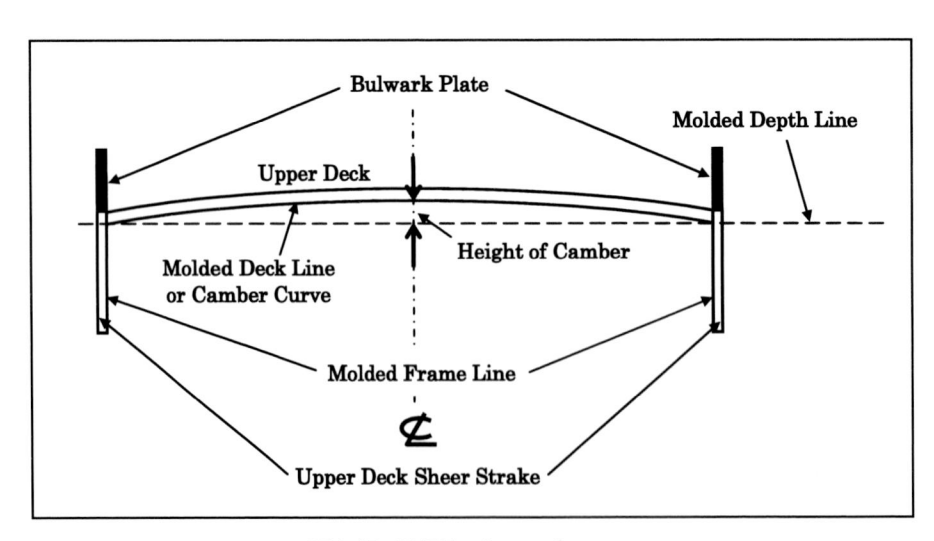

図 1-17　甲板線－キャンバー

　一方，図1-18に示すように，上甲板は船体縦方向に対して船体中央部よりも船首尾が上向きに反っており，この反りを**舷弧**（げんこ：**Sheer**）といい，一般的に船首部が船尾部よりも反りが大きくなっている。舷弧は船が風波浪中でも安全に航行できる**凌波性**（りょうはせい：**Sea Kindliness**）を保つために設けられている。

この他にも船体線図には，**船首楼甲板**（せんしゅろうこうはん：**Forecastle or F"cle Deck**），**船橋甲板**（せんきょうこうはん：**Bridge Deck**）及び**船尾楼甲板**（せんびろうこうはん：**Poop Deck**）の船側線（side line）や上甲板下のその他の甲板を描き入れている。

従って，これらの**全ての線は船体の型表面（Molded Surface）を表す型形状（Molded Form）を示している**ことになる。故に，上甲板船側線と上甲板中心線は船体型形状を表す船側および船体中心線面での**型舷弧線**（かたげんこせん：**Molded Sheer Line**）であるといえる。

```
          Poop DK                                            Forecastle DK
          Side Line              Upper Deck Center Line      Side Line
              Bulwark top Line                Bulwark Top Line
                              Bridge DK
    ┌─2─┐ ②                                                         ① ┌─1─┐
                                                                 DLWL
              Molded Depth Line        Upper Deck Side Line
    Base Line                                                      Base Line
         A.P.                          ⊗⊗                          F.P.

              DLWL : Designed Load Waterline
              1. Height of Sheer at Stem    2. Height of Sheer at Counter
              ①. Height of Sheer Forward    ②. Height of Sheer Aft
```

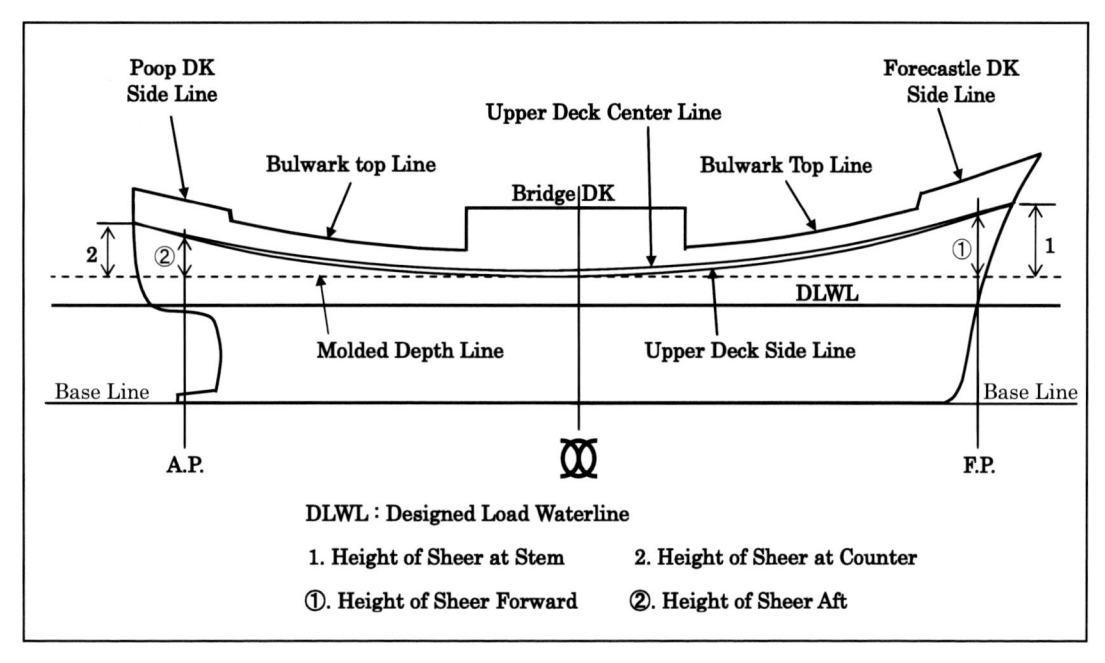

図 1-18　甲板線－舷弧

図 1-18 に示すように，船体中央部 ⊗⊗ において上甲板船側線（Upper Deck Side Line）と船体中央横平面の交点を通る水平線（図 1-18 の破線）を引けば，各スクエアステーションにおいて，この水平線から上甲板船側線までの垂直距離を，そこでの**舷弧高さ（Height of Sheer）**という。船首端でのこの垂直距離を**船首端舷弧高さ（Height of Sheer at Stem）**，船尾端でのこの垂直距離を**船尾端舷弧高さ（Height of Sheer at Counter）**と称する。従って，当然のことながら船体中央部 ⊗⊗ における甲板の舷弧は 0（zero）である。また，大型船のように船体中央平行部で甲板線が DLWL に平行な所は甲板の舷弧は 0（zero）である。

標準舷弧は満載喫水線規則が定める船の長さを用いた分長点の位置での高さでもって表される（「第3章　3.4.4　舷弧と上甲板船側線の描き方」参照）が，ここでは，F.P.における舷弧の水平線（図 1-18 の破線）からの高さ（図 1-18 の①）を**船首舷弧高さ（Height of Sheer Forward）**，A.P.における高さ（図 1-18 の②）を**船尾舷弧高さ（Height of Sheer Aft）**と称する。

1.6 船の幅（Breadth：B）

1.6.1 全幅

図 1-19 に示すように，**全幅**（ぜんはば or ぜんぷく）または**最大幅**（さいだいはば：**Breadth Extreme**（**Bex** or **Bext**））は，船体の最広部における船側外板の外面から他方の外面までの水平距離をいう。

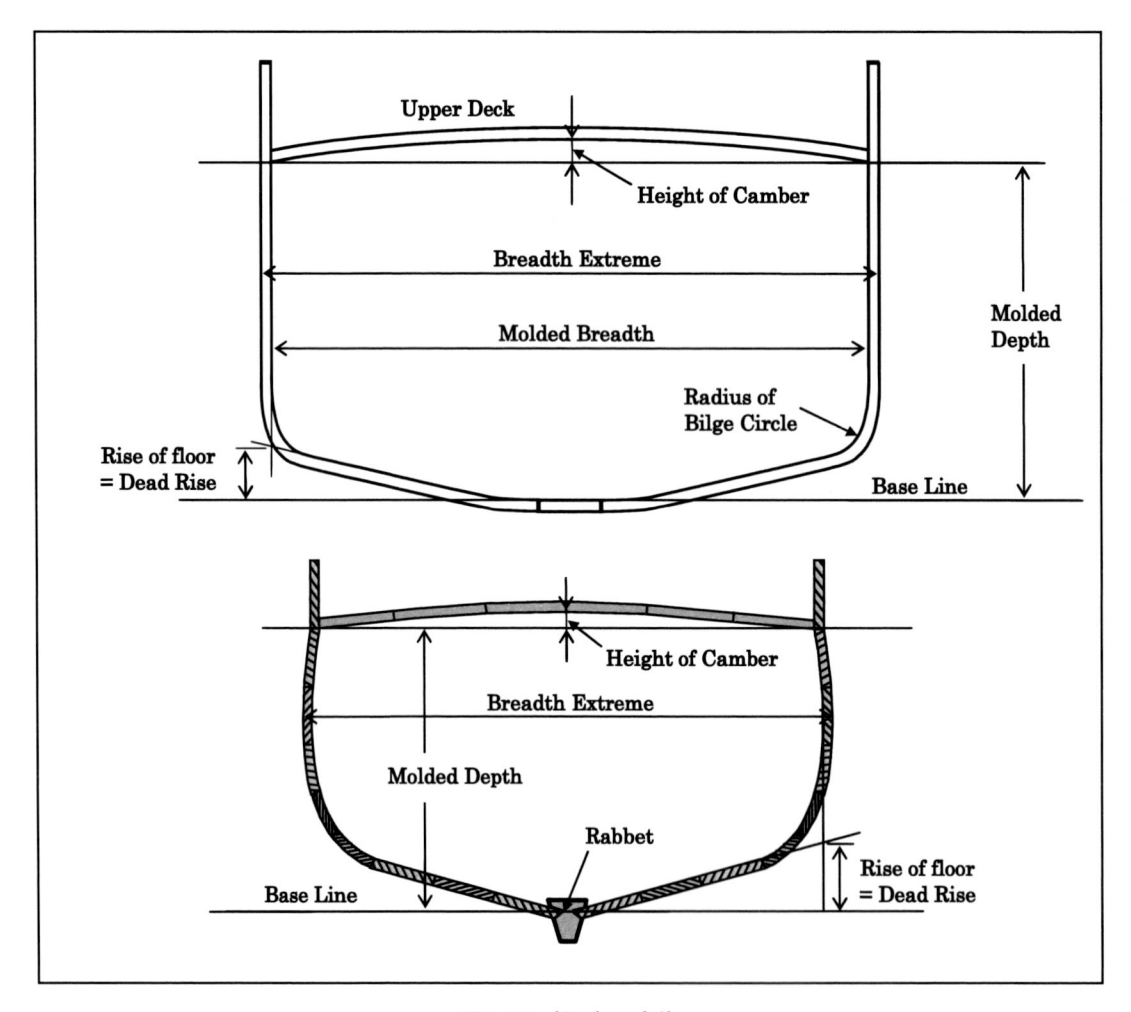

図 1-19　船の幅の定義

1.6.2 型幅

図 1-19，図 1-20(a)に示すように，**型幅**（かたはば：**Molded Breadth or Breadth Molded**（B_{mld}））は，船体の最広部における船側外板の内面から他方の内面までの水平距離をいう。言い換えれば，船体の最広部における**肋骨**（フレーム：**Frame**）外面から他方の肋骨外面まで，すなわち，両船側の **Molded Frame Line** の間の水平距離を型幅という。

外板をリベットで重ね継ぎしていた時は，図1-20(b)に示すように，型幅を船側外板の内側外板の内面から他方の内側外板の内面までの水平距離をとっていた。

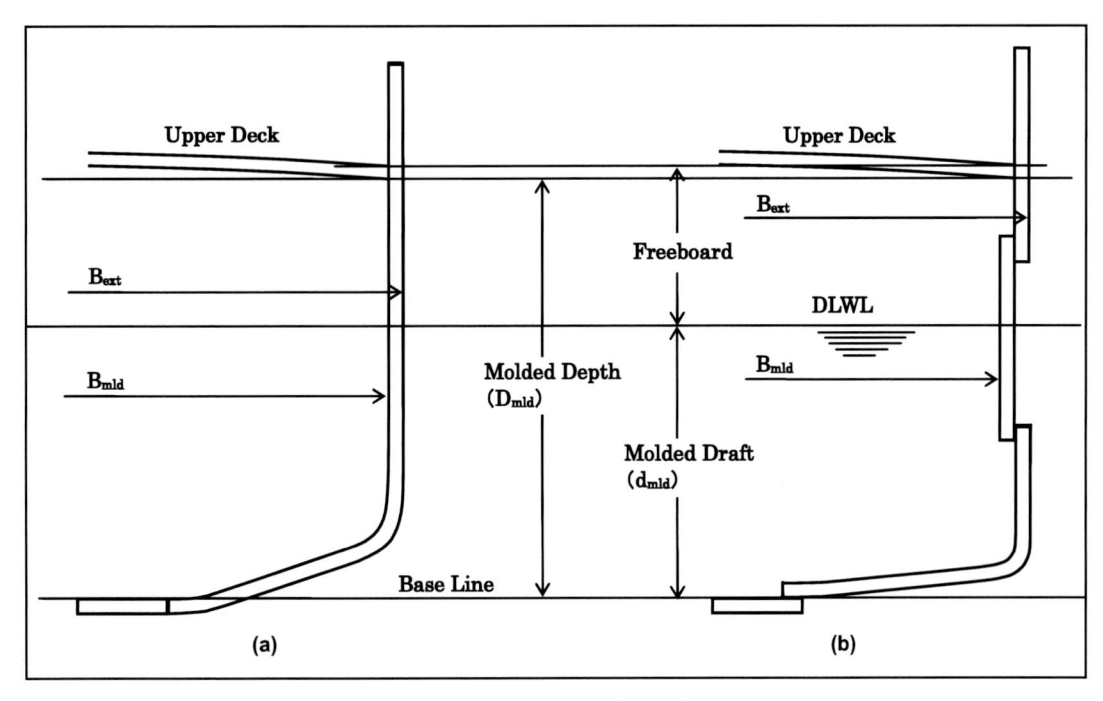

図1-20　船側外板と船の幅との関係

1.6.3　船舶法による幅（船舶法施行細則第17条の2）

船体最広部において，フレームの外面より他方のフレームの外面に至る幅を**船舶法による幅**という。すなわち，型幅が船舶法による幅と規定されており，船舶国籍証書に記載される幅となっている。

1.6.4　満載喫水線規則による幅（満載喫水線規則第7条）

満載喫水線規則は，金属製外板を有する船舶にあっては船の中央における相対するフレームの外面間の最大幅を，金属製外板以外の外板を有する船舶にあっては船の中央における船体の外面間の最大幅を船の幅として規定している。

1.6.5　船舶区画規程による幅（船舶区画規程第2条）

船舶区画規程は，最高区画喫水線（夏期満載喫水線）またはその下方における相対するフレームの外面間の最大幅を幅として規定している。

1.6.6　NKの鋼船規則による幅
　　　　（鋼船規則　A編　総則　2章　定義　2.1.4　船の幅）

NKの鋼船規則は，船の幅を船体最広部におけるフレームの外面から他方のフレームの外面までの水

平距離として規定している。すなわち，型幅が NK の鋼船規則による幅と規定されている。

1.7 船の深さ (Depth：D)

1.7.1 基線の取り方

　船体線図を製図する場合と船体の型深さや型喫水を定義する場合，**基線**（**Base Line**）が基準線となるため，その定義と取り方が重要である。

　船体を船体中心線面で切断した場合，側面線図に描き表される**キール**（**Keel**：竜骨）の上面線である**キール線**（**Keel Line**）は，「1.2.3 基線」で述べたように，大型船では計画満載喫水線（DLWL）に平行であるが，小型船では**計画トリム**（**Designed Trim**）をとる場合もあり，平行であるとは限らない。

　従って一般的には，図 1-5 に示すように，**キール線**（または船底部境界線）が DLWL に平行であるか否かにかかわらず，キール線と船体中央部 ⊗ の船体中央横平面とが交差する点をとり，この点を通る水平面を与えれば，この面が正面線図および側面線図では水平線として表示され，この水平線を**基線**（きせん：**Base Line**）として定義される。

　基線は船体中央部 ⊗ では船体の型形状の船底部境界線との交点を通っているため，中央横断面でのキールは必ず基線の下に置かれる。従って，基線の取り方としては，船の種類による船体構造上の違いからキールの構造により次のように定義される。

① **方形キール**（**Bar Keel**）の場合は，図 1-21 のようにその上面を基線にとる。

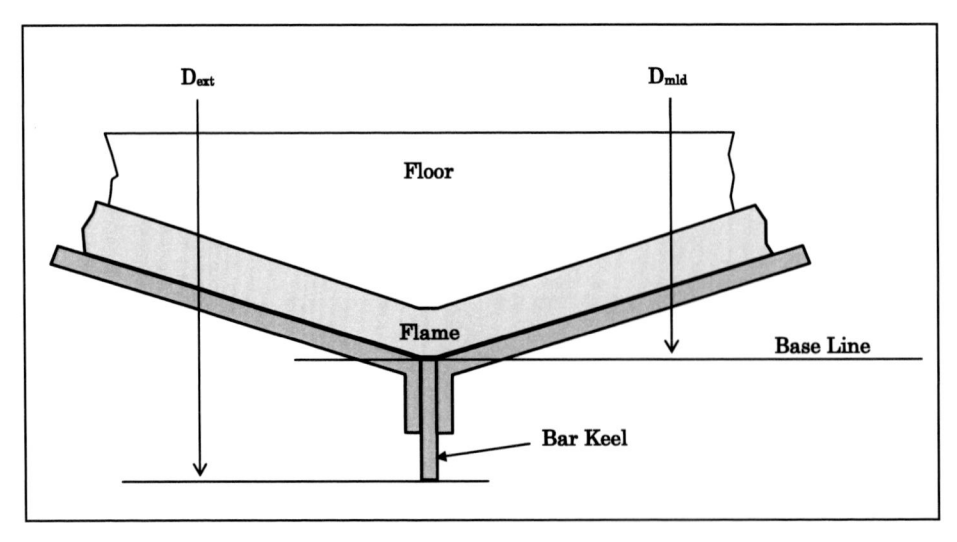

図 1-21　方形キールの場合の基線の取り方

② **平板キール**（**Flat Plate Keel**）の場合，**NK**（Nippon Kaiji Kyokai）と **LR**（Lloyd's Register of Shipping）は，図 1-22 のようにキールとガーボード板（Garboard Strake）が突き合わせ継手かあるいはキールとガーボード板が重ね継手のいずれの状態でも，平板キールの平坦部上面を通る水平線を

基線としている。これに対して**ABS**（American Bureau of Shipping）は，キールと隣接するガーボード板が重ね継手の場合，キールの平坦部上面からガーボード板の厚さだけ上方の点を通る水平線を基線としている。ガーボード板（Garboard Strake）は，キールと隣接した前後方向の船底外板のことである。

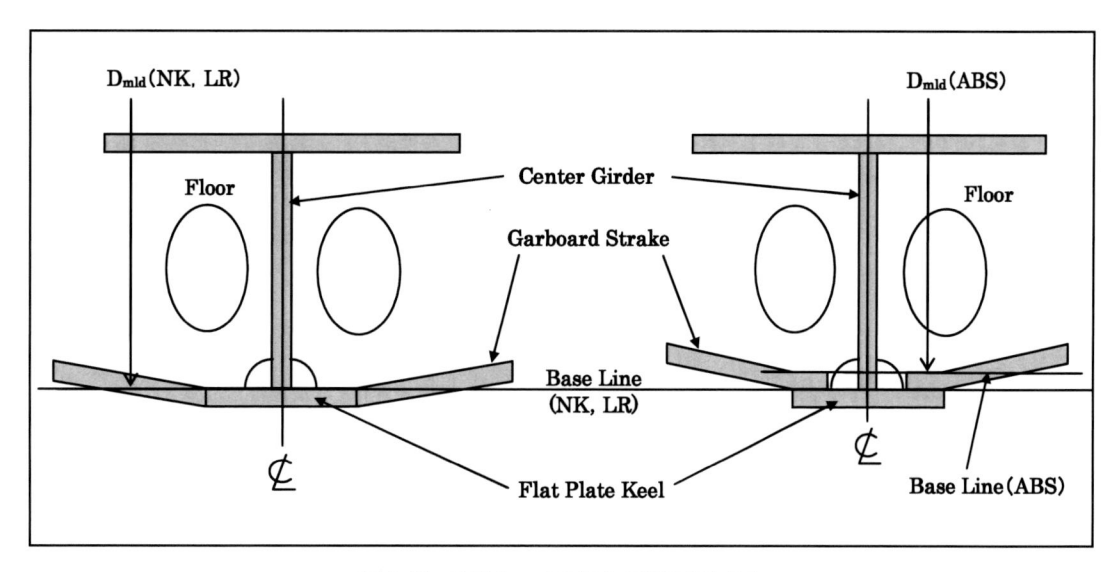

図1-22　方形キールの場合の基線の取り方

③　木船の場合は，図1-23に示すようにラベット（Rabbet）の下縁を通る水平線をとる。

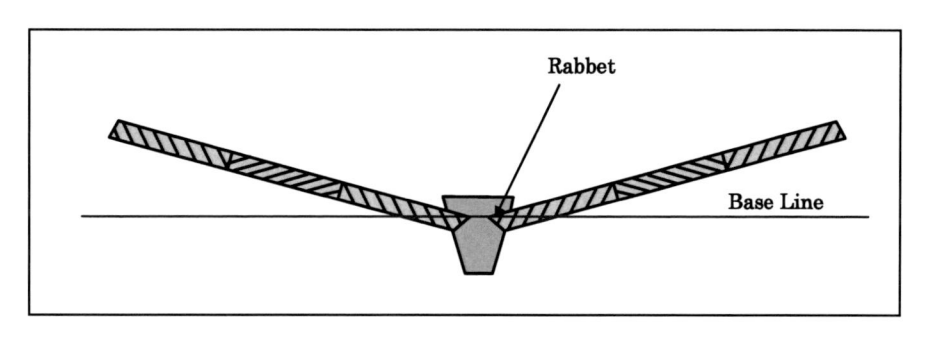

図1-23　木船の場合の基線の取り方

1.7.2　型深さ

船の**型深さ**（かたふかさ：**Molded Depth or Depth Molded**（D_{mld}））は，側面線図では船体中央部㋝における基線（Base Line）から上甲板船側線（Upper Deck Side Line）までの垂直距離をいう。中央横断面では，図1-24のType 1に示すように（図1-19，図1-20(a)(b)も参照）基線から上甲板下面かあるいは上甲板梁上面を表す線（Molded Deck Line）と船体外板の内面（フレームの外面）を表す線（Molded Frame Line）の交点までの垂直距離をいう。また，この型深さを示す線を**型深さ線**（かたふかさせん：**Molded Depth Line**）と称する。

一般に，上甲板（Upper Deck）と船側の結合部分あるいは甲板縁（こうはんえん：Deck Edge）をガンネル（Gunwale or Gunnel）あるいは舷縁（げんえん）というが，大型船のように上甲板の船側部がラウンドガンネル（Round Gunwale）のようになっている場合は，図 1-24 の Type 2 に示すように，基線から上甲板下面を表す線の延長線と船側外板の内面を表す線の延長線との交点までの垂直距離を上甲板の型深さという。この型深さは，予備復原力を考える場合の乾舷深さではないので注意を要する。

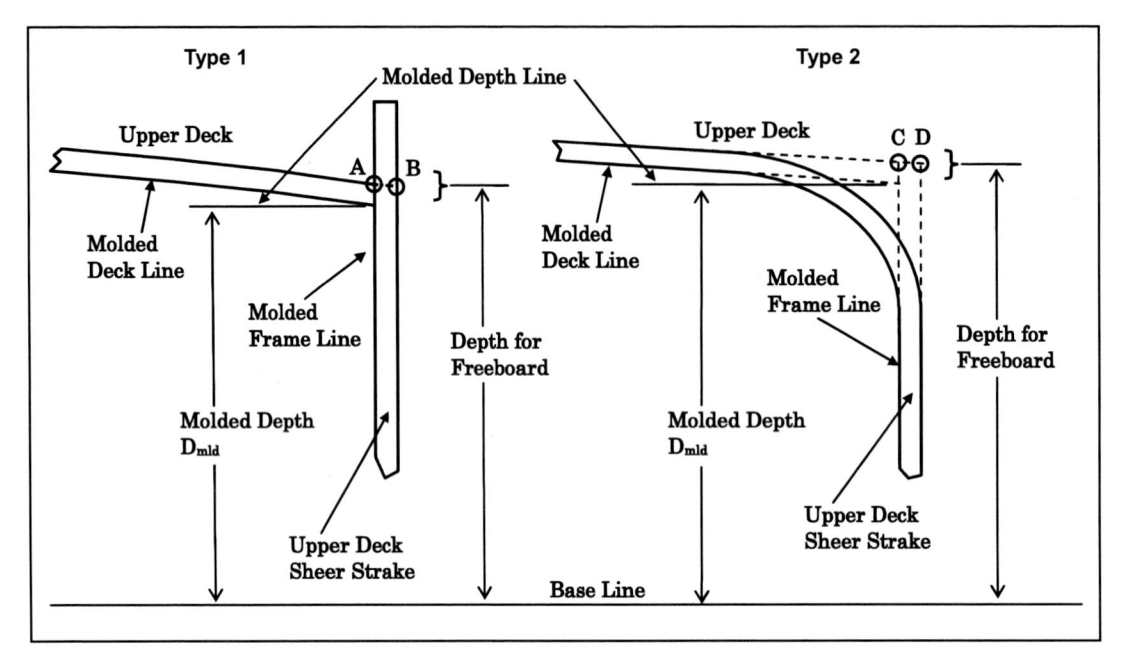

図 1-24　船の深さの定義

1.7.3　船舶法による深さ（船舶法施行細則第 17 条の 2）

船舶法は，「船の深さ」を船体中央（「1.3.4　船舶法による長さ；登録長さ（船舶法施行細則第 17 条の 2）」参照）においてキール上面より船側における上甲板の下面に至る垂直距離と規定しており，これが船舶国籍証書に記載される深さである。すなわち，型深さをとっている。

1.7.4　満載喫水線規則による深さ

a) 型深さ（D_{mld}）（満載喫水線規則第 3 条）

鋼船の場合：「型深さ」とは，基線（図 1-20，図 1-21，図 1-22 参照）から船側における**乾舷甲板（Freeboard Deck）**のビーム（梁）の上面までの垂直距離をいい，**丸型ガンネル（Round Gunwale）**を有する船舶にあっては，ガンネルが角型となるように甲板及び船側のモールデッド・ラインをそれぞれ延長して得られる交点（図 1-24 参照）までの垂直距離をいう。

木船の場合：キールの**ラベット（Rabbet）**下縁から船側における乾舷甲板梁の上面までの垂直距離をいう（図 1-19，図 1-23 参照）（満載喫水線規則の一部改正に伴う経過措置）。

b) **乾舷用深さ**（満載喫水線規則第 8 条）

「乾舷用深さ」とは，船の中央（「1.3.7 満載喫水線規則による長さ」参照）における**型深さ**（D_{mld}）に，船側における乾舷甲板の厚さを加えた深さをいう（図 1-24 の A と C 参照）。

1.7.5 NK の鋼船規則による深さ
（鋼船規則　A 編　総則　2 章　定義　2.1.6 船の深さ）

NK の鋼船規則は，「船の深さ」を船の中央（「1.3.6 NK の鋼船規則による長さ」参照）においてキールの上面から乾舷甲板梁の船側における上面までの垂直距離と規定している。すなわち，型深さをとっている。

1.7.6 各国船級協会の乾舷用深さの定義

船の乾舷用深さは，乾舷用長さ（L_f）の中央における型深さ（D_{mld}）に，船側における乾舷甲板の厚さを加えた深さをいうが，各国船級協会によってその定義が異なる。

図 1-24 において，Type 1 の船の場合，上甲板上面と船体外板の内面（フレームの外面）を表す線の交点を A，上甲板上面を表す線の延長線と船体外板の外面を表す線の交点を B 点とする。また，ラウンドガンネルを有する Type 2 の船の場合，上甲板上面を表す線の延長線と船側外板の内面を表す線の延長線との交点を C，上甲板上面を表す線の延長線と船側外板の外面を表す線の延長線との交点を D とする。

各国船級協会の乾舷用深さは，乾舷用長さ（L_f）の中央における型深さ（D_{mld}）に A 点，B 点，C 点あるいは D 点までの板厚さを加えた深さとして定義されており，いずれの点の板厚さを加えるかは次の表の通りである。

	NK	LR	ABS	NV
Type 1	A	A	B	A
Type 2	C	C	D	C

但し，NK は日本海事協会
LR は Lloyd's Resister of Shipping
ABS は American Bureau of Shipping
NV は Det Norske Veritas

1.8 船の乾舷（Freeboard）

1.8.1 乾舷

船の**乾舷**（かんげん：**Freeboard**）は，「満載喫水線規則」第 9 条に「乾舷用深さの上端から満載喫水線までの垂直距離をいう」と規定されている。一般的には，乾舷用深さの上端と満載喫水線が既知でそ

の間の垂直距離を示していると解釈されるが，「満載喫水線規則」においては，建造する船に適用される航行の帯域あるいは区域と季節期間に対応する乾舷の大きさを決定し，その大きさを持って乾舷用深さの上端からの垂直距離にある水面位置を満載喫水線と定めることを規定している。

すなわち，船の乾舷は，通常の運行状態で遭遇すると予想される風波浪中において，安全に航行しうる**予備浮力**（Reserve Buoyancy）を確保するために，船体中央部 ✕ の船側において乾舷甲板（Freeboard Deck：通常閉鎖装置のある最上層の全通甲板）の上面（図 1-24 参照）から，満載喫水線を示す水面までの垂直距離として決定される。但し，図 1-20 および図 1-24 の上甲板（Upper Deck）は乾舷甲板として描いている。

このように，乾舷は船の予備浮力を確保するものであるため，船の安全性を考える上では重要な要素の一つであり，従って「満載喫水線規則」で規定されている。ここで，乾舷により確保される予備浮力は，満載喫水線から上部の船体水密部分の容積（満載喫水線から乾舷甲板上面までの容積）に関わる浮力のことをいい，全容積あるいは全浮力に対する比率で表される。

予備浮力は乾舷が大きくなるにつれ増加し，それによって船の**復原力**（ふくげんりょく：**Restoring Force or Stability**）も増加するため，船の安全性に大きく寄与する。また，船の凌波性（りょうはせい：Sea Kindliness）にも寄与する。

1.8.2　乾舷甲板（満載喫水線規則第 2 条）

「満載喫水線規則」において，船の乾舷を測るために定めた甲板を**乾舷甲板**（Freeboard Deck）といい，船体の主要部を構成する通常閉鎖装置のある最上層の全通甲板をいう。

1.8.3　乾舷指定

船の完成が近づき甲板下のトン数が確定し，船楼その他の構造が完成すると，「満載喫水線規則」によって船の形状や強度によりその船の乾舷を算定し，管海官庁や船級協会によってその船の満載喫水線が指定され，**フリーボードマーク**が船腹に標示される。

1.8.4　フリーボードマーク（Freeboard Mark：乾舷標）

船内に無制限に荷物を積み込むと，あるところで船は満載喫水線より沈むことになり，所定の予備浮力を損なうことになる。予備浮力は船の安全を確保するためのものであるため，荷物の積み過ぎは非常に危険である。

フリーボードマークは，図 1-25，図 1-26 に示すように，円環の中心が満載喫水線規則による「船の長さ」あるいは船の乾舷用長さ（L_f）の中央になるように標示する。またこれは，直立状態の船に積載できる限度を示す最大喫水線を標示するものである。

第 1 章 主要寸法と船体線図　27

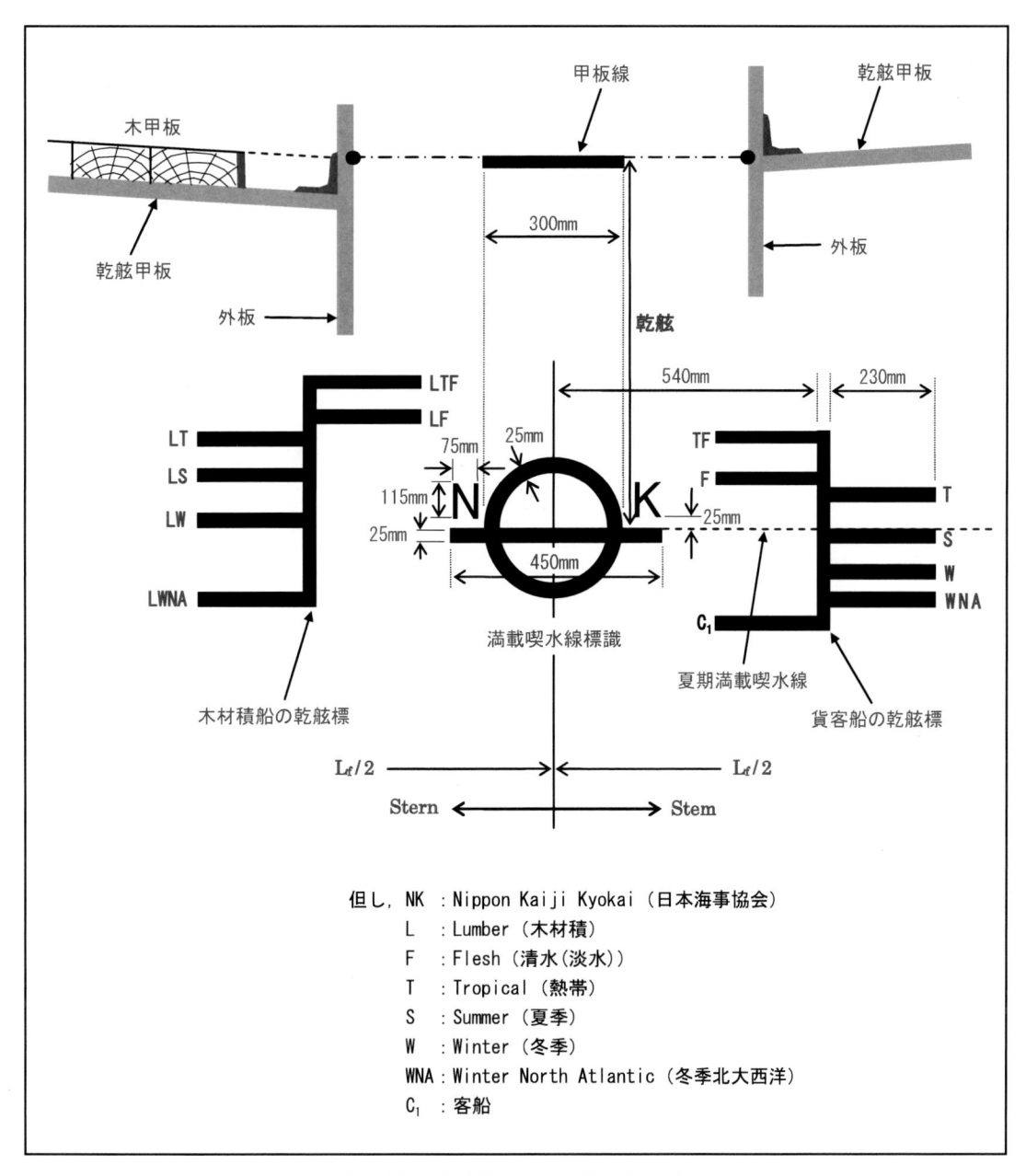

図 1-25　一般商船のフリーボードマーク

但し，NK ：Nippon Kaiji Kyokai（日本海事協会）
　　　L　：Lumber（木材積）
　　　F　：Flesh（清水（淡水））
　　　T　：Tropical（熱帯）
　　　S　：Summer（夏季）
　　　W　：Winter（冬季）
　　　WNA：Winter North Atlantic（冬季北大西洋）
　　　C_1　：客船

内航貨物船等
沿海区域を航行区域とする長さが 24 メートル以上の船舶で国際航海に従事しないものに適用される満載喫水線標識

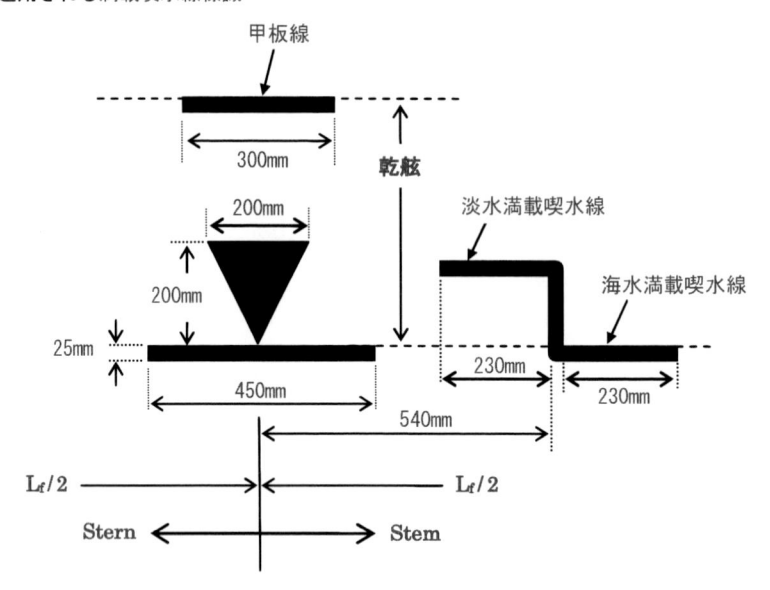

漁船等
総トン数 20 トン以上の漁船（長さが 24 メートル以上の漁船であって，漁獲物の保蔵または製造の設備を有するもの，漁獲物や加工品を運搬するもの，試験・調査・練習・取締りに従事する船舶で漁労設備を有するもののうち国際航海に従事するものを除く）の満載喫水線標識

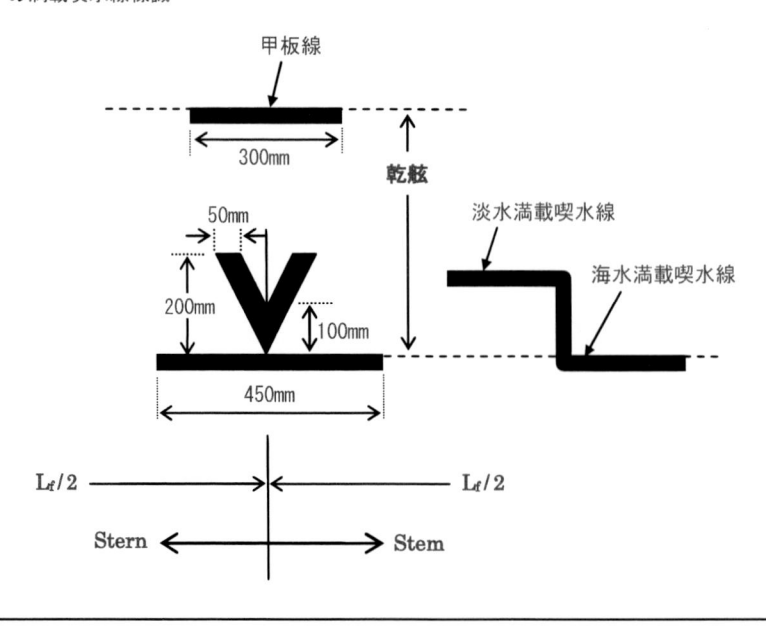

図 1-26 小型船のフリーボードマーク

1.9 船の喫水（Draught(英語) or Draft(米語)：d）

1.9.1 喫水

喫水（きっすい：**Draught**(英語) or **Draft**(米語)：d，ここでは米語を用いる）は，船が水面に浮いている時に，水面からキールの厚さも含めた船体最下部（Bottom of Keel）までの垂直距離をいう。このように，喫水は水面を基準にして水面下の船体の深さを示している。

船体の船首および船尾の外部両側面には，船体が水面に浮いた状態の喫水を明らかにし，その喫水を計測できるように**喫水標**（きっすいひょう：**Draft Marks**）を標示することが義務付けられている（船舶法施行細則第44条参照）。

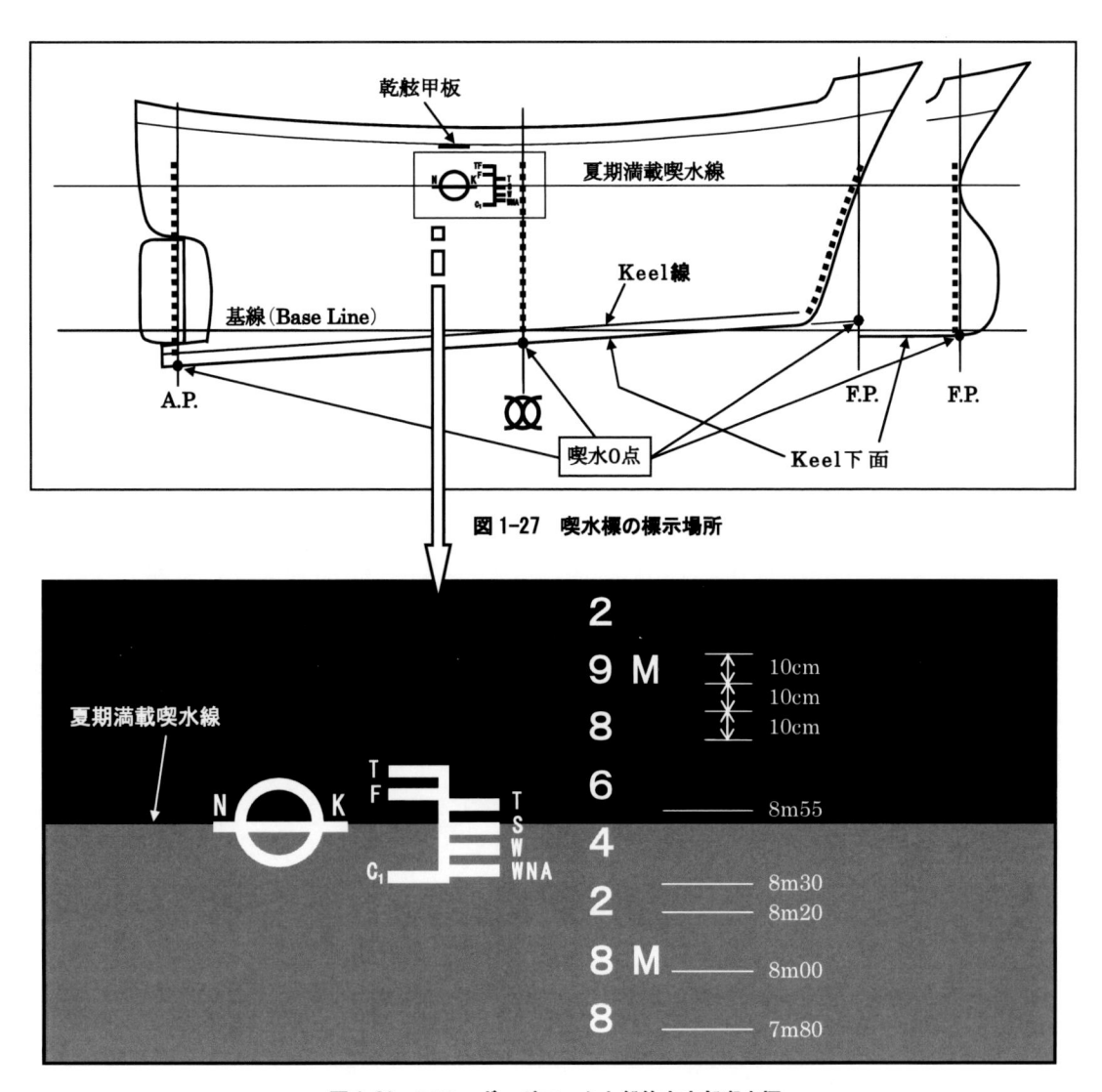

図1-27 喫水標の標示場所

図1-28 フリーボードマークと船体中央部喫水標

喫水標は図 1-27 に示すように，方形キールまたは平板キールの下面あるいはその延長線と **F.P.** および **A.P.** との交点を喫水目盛りの **0**（zero）点に，上方向への垂直距離として船首材および船尾部に目盛りとして標示されている。従って，船型により喫水標が **F.P.** および **A.P.** と大きくかけ離れた位置に標示されている場合は，標示された目盛の読み値に対する正しい喫水の修正値を求めておかなくてはならない。

また，大型船には両舷のフリーボードマーク（**Freeboard Mark**）の他に船体中央部 ⊗ 近傍に喫水標を標示する。ただし，フリーボードマークを標示する船の中央（$L_f/2$ の位置）は，垂線間長さの中央を示す船体中央部 ⊗ と定義が異なる（「1.2.2　中央部と中心線」および「1.8.4　フリーボードマーク（Freeboard Mark：乾舷標）」参照）。

図 1-28 は，船体中央付近の**フリーボードマーク**と**喫水標**を例示している。喫水標は通常，図 1-28 のように高さ 10cm のアラビア数字で 20cm 毎に標示するように義務付けられている（「1.9.8　船舶法による喫水：喫水標（Draft Marks）（船舶法施行細則第 44 条）」参照）。

船首材が傾斜しているような船首部においては，図 1-27 に示すように，**F.P.** での **0**（zero）点から上方向に測った目盛りを基線に平行に船体船首部へ移し，喫水標として標示する。**球状船首**（きゅうじょうせんしゅ：**Bulbous Bow**）の場合は，図 1-28 に示す喫水標のアラビア数字を，図 1-27 ように，**F.P.** の所に喫水 **0**（zero）点から垂直方向に喫水目盛りを標示する。

F.P.，⊗，**A.P.** における喫水をそれぞれ**船首喫水**（Fore Draft：d_f），**中央喫水**（Midship Draft：d_{mid}），**船尾喫水**（Aft Draft：d_a）といい，図示すると図 1-29 に示す通りである。また，これら **A.P.**，⊗，**F.P.** での喫水は，船体中央部での平均喫水と船体縦傾斜が既知であれば，計算で求めることもできる。

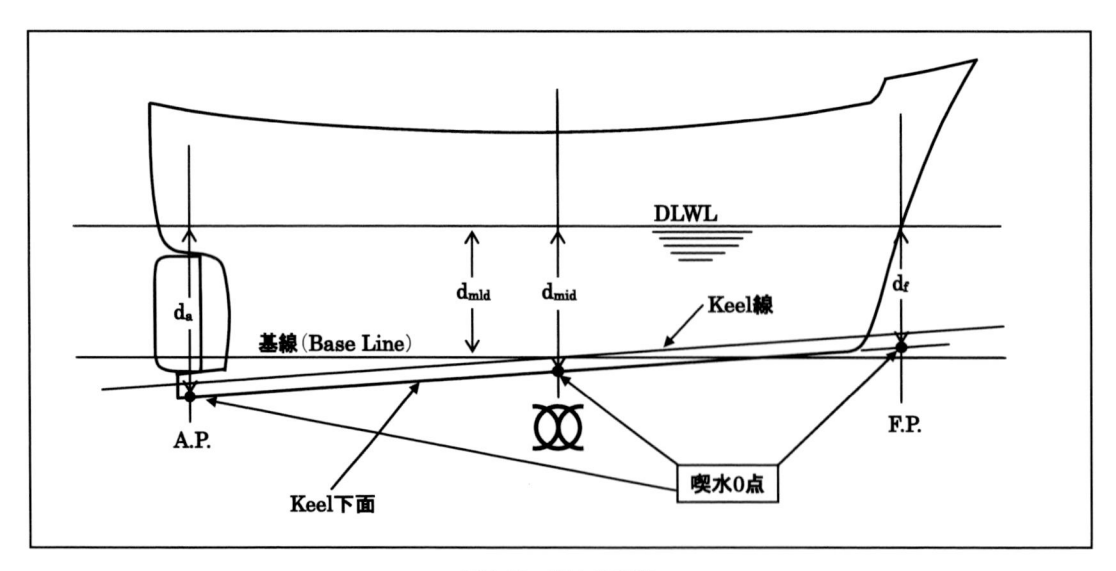

図 1-29　喫水の定義

この時の**平均喫水**（**Mean Draft**）とは，A.P. および F.P. での喫水の平均値のことで，中央喫水（d_{mid}）という。中央喫水は次式で求められる。

$$d_{mid} = (d_f + d_a)/2$$

1.9.2 喫水（Draft）とキール（Keel）の関係

前節で示した喫水は，船が水面に浮いて静止している時の水面から船体最下部までの垂直距離として示しているが，一般に等喫水（Even Keel）船の場合は，キール（竜骨）の下面が船体最下部となる。

計画トリム（Designed Trim）の船の場合は，船底が傾斜しているため，船体最下部は **F.P.**，**A.P.**および船体中央部 ✗ での鉛直線とキール（竜骨）の下面を示す線との交点となる。計画トリムの船の喫水は，水面から **A.P.**，✗，**F.P.**におけるこれらの交点までの垂直距離として標示される（図 1-29 参照）。

従って，方形キールの深さや平板キールの厚さは，計画船の最大喫水（Extreme Draft）を考える場合，また，最大喫水の標示に必要である。一方，船体線図を製図する場合は，船体型表面を取り扱うので，キールの厚さ等を考える必要はない。

1.9.3 最大喫水（Extreme Draft）と型喫水（Molded Draft）

船が水面に浮いている場合，水面から前節で示したキール（竜骨）の下面である船体最下部までの垂直距離を**最大喫水**（**Extreme Draft** : d_{ext}）という。但し，ここでいう水面とは，設計時に船主要求や船種によって異なるが，一般的には満載喫水線あるいは計画満載喫水線のことである。

最大喫水は，港湾を含む喫水制限水域を航行する場合や河川，運河等での航行が可能か否かの判断をしなければならない場合に重要な役割を果たす。従って，主として建造する船の船主側の運航水域に水深の制限がある場合，この水深制限の要求を満足させるものでなければならない。

一方，船体線図は，船体型表面の切断面曲線群による型形状を表しているため，設計に用いる喫水としては設計時の水面（満載喫水線あるいは計画満載喫水線）から基線（Base Line）までの垂直距離をとる。これを**型喫水**（d_{mld}）という。

図 1-20 と図 1-29 の例示は，船体中央部 ✗ における計画満載喫水線（DLWL）から基線までの垂直距離を型喫水（d_{mld}）と示したものである。

1.9.4 満載喫水線（Load Waterline : LWL）

船が通常の運行状態で遭遇すると予想される風波浪中において，安全に航行しうる載貨限度を示す喫水線を，満載喫水線と称する。

満載喫水線（LWL）には，夏期満載喫水線，冬期満載喫水線，冬期北大西洋満載喫水線，熱帯満載喫水線，夏期淡水満載喫水線および熱帯淡水満載喫水線等があり，個々に規定されている（満載喫水線規則第 36 条，「1.8.4 フリーボードマーク（Freeboard Mark : 乾舷標）」参照）。

これらの満載喫水線は，満載喫水線規則において，建造する船に適用される航行の帯域あるいは区域と季節期間に対応する乾舷の決定（満載喫水線規則第 2 章第 2 節）に基づくものであり，従って乾舷用深さの上端から個々に定められた乾舷の深さをとった水面位置を示している。

図 1-25 が示すフリーボードマークは，言い換えれば，個々の満載喫水線の位置を示している。

また，**船側における満載喫水線の標示は，図 1-25，図 1-26，図 1-27 および図 1-28 に示すように，夏期満載喫水線と一致するよう定められている**（満載喫水線規則第 37 条）。

1.9.5 計画喫水 (Design Draft) と計画満載喫水線 (Designed Load Waterline : DLWL)

計画喫水 (d_{des}) は，建造する船が船主要求を満足する満載状態で浮いている場合の，キール線（等喫水船の場合は基線）と A.P.および F.P.との交点，すなわち図 1-29 に示す喫水 0 点から鉛直上向きに垂直距離として設計時に定められる。計画喫水が定まれば，計画満載喫水線（DLWL）は A.P.および F.P.における計画喫水の頂点を結ぶ水平線として得られる。これが，船体線図を製図する上で基準となる喫水線を表す。従って，計画喫水は，計画満載喫水線からキール線（等喫水船の場合は基線）までの垂直距離をいう。

一般的には，これが船の型喫水として表される。

1.9.6 満載喫水線 (LWL) と計画最大満載喫水線 (Designed Max. Load Waterline : DLWL)

鋼船規則検査要領 A 編 A2 定義では，「計画最大満載喫水線とは，一般に『夏期乾玄の計画値に対応する喫水線』をいう。」と規定されている。すなわち，計画最大満載喫水線は，満載喫水線の中の夏期満載喫水線であることを示している。

一般に，満載喫水線が船の安全航行上の載貨限度を示す喫水線であることから，計画最大満載喫水線は，船体の肋骨（フレーム：Frame）や構造強度に対応して，船級協会の要求に従った許容しうる最大の喫水を示す構造喫水（Scantling Draft : d_{scant}）の基準線でもある。従って，構造喫水はほとんどの場合，計画最大満載喫水線から基線までの垂直距離をとっている。但し，構造喫水は，載貨重量（Deadweight）や船体強度との関係から船主要求に従って決定されることもある。

1.9.7 満載喫水線 (LWL) と計画満載喫水線 (DLWL)

以前は，満載喫水線が設計時の計画満載喫水線を示していたため，船体線図での標示を **LWL**（Load Waterline）としていた。近年では，計画喫水と構造喫水の考えに基づく船舶設計の観点から，船体線図においては，従来，一般的に用いられてきた，いわゆる，満載喫水線に代わって **DLWL**（計画満載喫水線）が用いられている。

他方，満載喫水線は，船の安全を確保するための載貨限度を示す喫水線であることから満載喫水線規則において規定されており，鋼船規則においても計画最大満載喫水線と規定され，船体強度上の喫水線として定義されている。

従って，船主要求等によっては以前のように満載喫水線と計画満載喫水線が等しいとして取り扱う場合もあるが，一般的には，満載喫水線（＝計画最大満載喫水線）が構造設計の観点から計画満載喫水線よりも高い位置，すなわち，満載喫水が計画喫水よりも深くなることが多い。

1.9.8 船舶法による喫水：喫水標 (Draft Marks)（船舶法施行細則第 44 条）

船舶法では，船体に表示すべき事項と表示方法について，「船首および船尾の外部両側面において喫

水を示すため船底より最大喫水線以上に至るまで 20cm 毎に 10cm のアラビア数字をもって喫水尺度を記し，数字の下端はこの数字の表示する喫水線と一致させること」と規定されている（図 1-27，図 1-28 参照）。

1.9.9 船舶区画規程による喫水（船舶区画規程第 2 条 16）

船舶区画規程では，「区画についての船の長さ」の中央におけるキール線から喫水線までの垂直距離を，喫水と規定している。

ここでいう「区画についての船の長さ」とは，最高区画喫水（夏期満載喫水線）において，垂直方向の浸水範囲を制限する甲板より下方の船体の前端と後端の間の型長さをいう(船舶区画規程第 2 条 10 参照)。

1.9.10 NK の鋼船規則による満載喫水（鋼船規則　A 編　総則　2 章 定義 2.1.12 満載喫水及び計画最大満載喫水）

乾舷用長さ L_f の中央において，キールの上面から満載喫水線まで測った垂直距離を満載喫水と規定している。また，垂線間長さの中央において，キールの上面から計画最大満載喫水線まで測った垂直距離を計画最大満載喫水と規定している。

1.9.11 喫水とトリムの関係

トリム（Trim） とは，船が水面に浮いているときの縦方向の傾斜を意味する。すなわち，トリムは**等喫水（Even Keel）** 状態で設計された船が水面に浮いているときの船尾喫水と船首喫水の差を表し，次式で示される。

$$t = d_a - d_f$$

ここで，t はトリムの大きさ

d_a は船尾喫水（船尾部喫水標での値）

d_f は船首喫水（船首部喫水標での値）

等喫水状態で設計された船が図 1-30 に示すように縦傾斜すると，船首尾での喫水に差が生じるため，その差を用いて縦傾斜の方向を次のように定めている。

① 船尾喫水が船首喫水より大きい場合：$d_a > d_f$

船尾トリム（Trim by Stern） という（図 1-30 の上図参照）。

② 船尾喫水が船首喫水より小さい場合：$d_a < d_f$

船首トリム（Trim by Stem） という（図 1-30 の下図参照）。

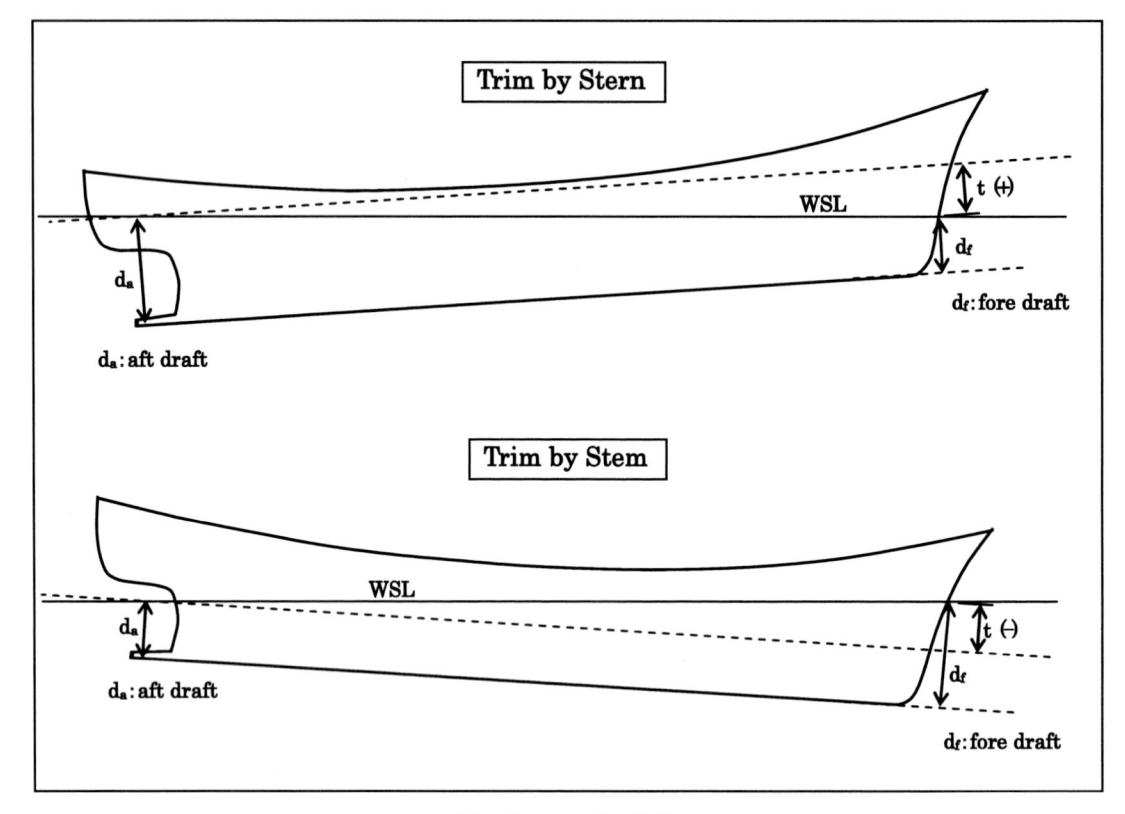

図 1-30　トリムの定義

従って，当然であるが船が縦傾斜していない状態では船尾喫水と船首喫水は等しく $d_a = d_f$ であるため，$t = 0$ である。すなわち，**等喫水（Even Keel）**状態である。

一方，図 1-2 で示したように，漁船や中小型船では，キール線が船首から船尾に向かって下向きに傾斜し，船体中央部 ⊠ で基線と交わるような姿勢で設計する場合がある。このような船は，設計当初から船尾喫水が船首喫水よりも大きく，船尾トリム状態で水面に浮き，そして航走するように設計・建造するもので，このような船を**計画トリム（Designed Trim）**を有するという。計画トリムの有する船を設計・建造するのは，喫水に比べて比較的に大きな直径のプロペラを用いるためである。

1.10　船体線図（Lines）

1.10.1　正面線図（Body Plan）

図 1-31 に示すように，船体の**型表面（Molded Surface）**を各スクエアステーションでの**横平面（Transverse Plane）**で切断すると，その切断面形状はスクエアステーション毎に異なり，個々の曲線として表すことができる。これが各スクエアステーションにおける船体の**横断面（Transverse Section or Station Section）**を表す曲線であり，これらを表した曲線群が**正面線図（Body Plan）**である。また，

正面線図に表した曲線を**横断面曲線**（Station Curve, Curve of Square Station or Square Station Line）と称する。

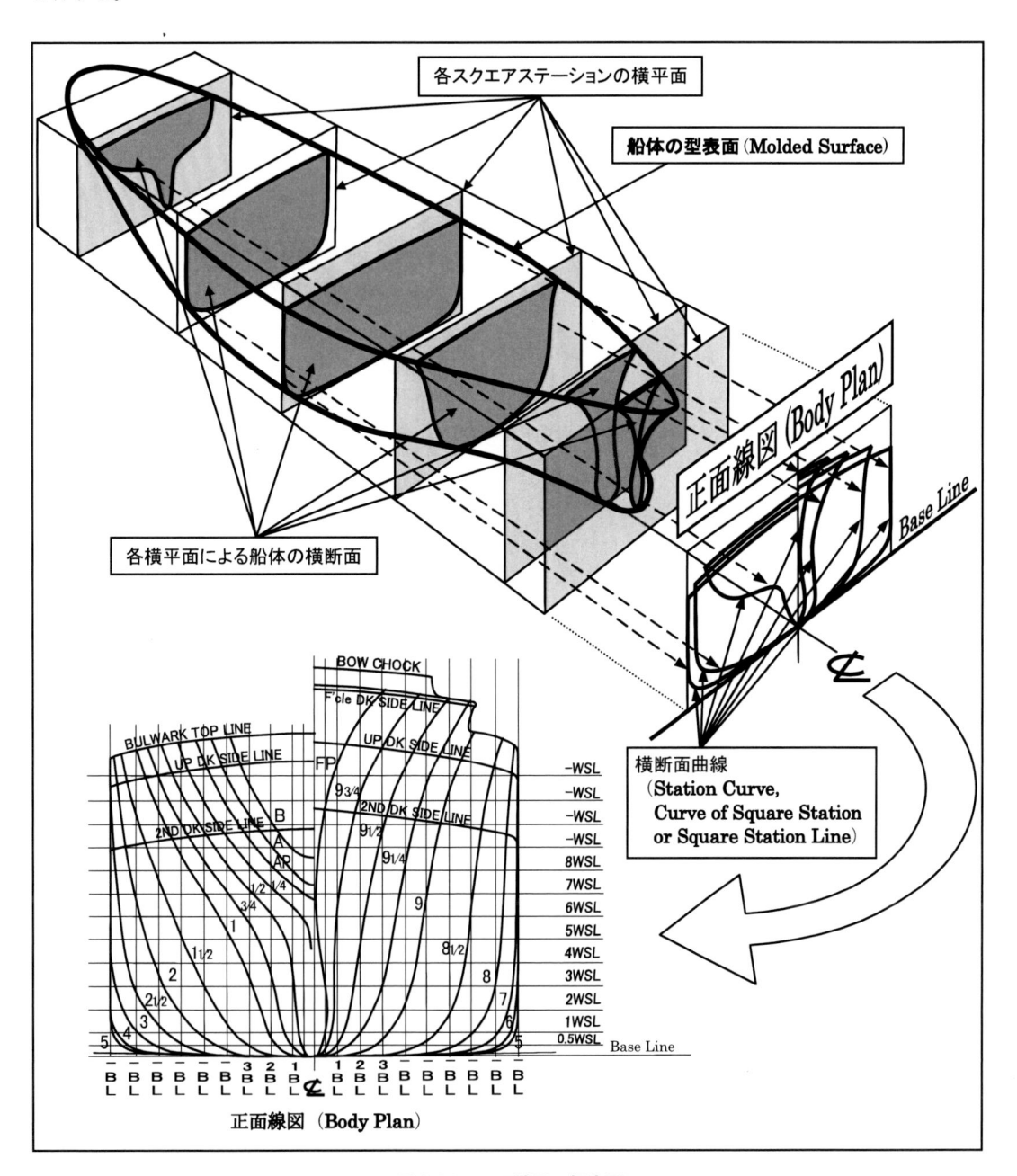

図 1-31　正面線図の概念図

図 1-31 に示すように，正面線図には，**基線**（Base Line）に平行な等間隔の**水面線 WSL**（「1.10.2　水線（Waterline），水線面（Waterplane）と半幅線図」参照）が水平方向に引かれ，水面線 WSL 毎に基線からの高さ 1 WSL，2 WSL，3 WSL，・・・が書き入れられている。

また，**船体中心線**（Center Line）⊄ に平行で基線に垂直な等間隔の直線が引かれており，これも中心線から幅方向への位置 1 BL，2 BL，3 BL，・・・が書き入れられている。**BL** は，船首尾曲線を描き表すための縦平面の位置を示す縦切線 BL である（「1.10.3 船首曲線（Bow Line），船尾曲線（Buttock Line）と側面線図」参照）。

WSL と BL の前に書かれている 1，2・・の数値は，1m，2m・・といった等間隔の線の位置を表しているが，m（メートル）を省略したものである。なお，船底部付近と中心部付近は船体の曲率が大きいため，等間隔の半分の間隔（0.5m）の線を描き入れることもある。等間隔が 1m 以下の場合は，小数点の数値で示す。特に船が小型船になるほど等間隔が狭くなり，0.5m やそれ以下の場合は，いずれも小数点の数値で示す（図 1-2 参照）。

このようにして得られた升目を構成する直線群に，各スクエアステーションにおける横断面を表す曲線を描き入れる。正面線図の右側は船体中央部 ⊗ より船首部の各横断面曲線の右半分を，左側は船体中央部 ⊗ より船尾部の各横断面曲線の左半分を表し，それぞれの曲線には各横断面の位置を表す**スクエアステーション番号**（Square Station Number or Station Number）を書き入れる。

各スクエアステーションでの横平面は，側面線図では基線に直角な**縦線**（Ordinate）として，半幅線図では船体中心線に直角な縦線として直線で表される。

1.10.2 水線（Waterline），水線面（Waterplane）と半幅線図

図 1-32 に示すように，計画満載喫水線を表す静水面で船体の**型表面**（Molded Surface）を切断した場合の切断面を，**計画満載喫水線面**（Designed Load Waterplane）という。この静水面の上下にこれと平行な幾つかの**水平面**（Horizontal Plane）をとり，この水平面で船体の型表面を切断すると，各水平面による切断面形状を得ることができる。これら多数の水平面による切断面形状を**水線面**（すいせんめん：Waterplane）といい，これら水線面形状を表している曲線，すなわち，船体の**型表面**（Molded Surface）と水平面として表している水面が交わる曲線を**水線**（Waterline）という。また，この水線の曲線群をまとめて表した図を**半幅線図**（Half-Breadth Plan or Waterplane）という。

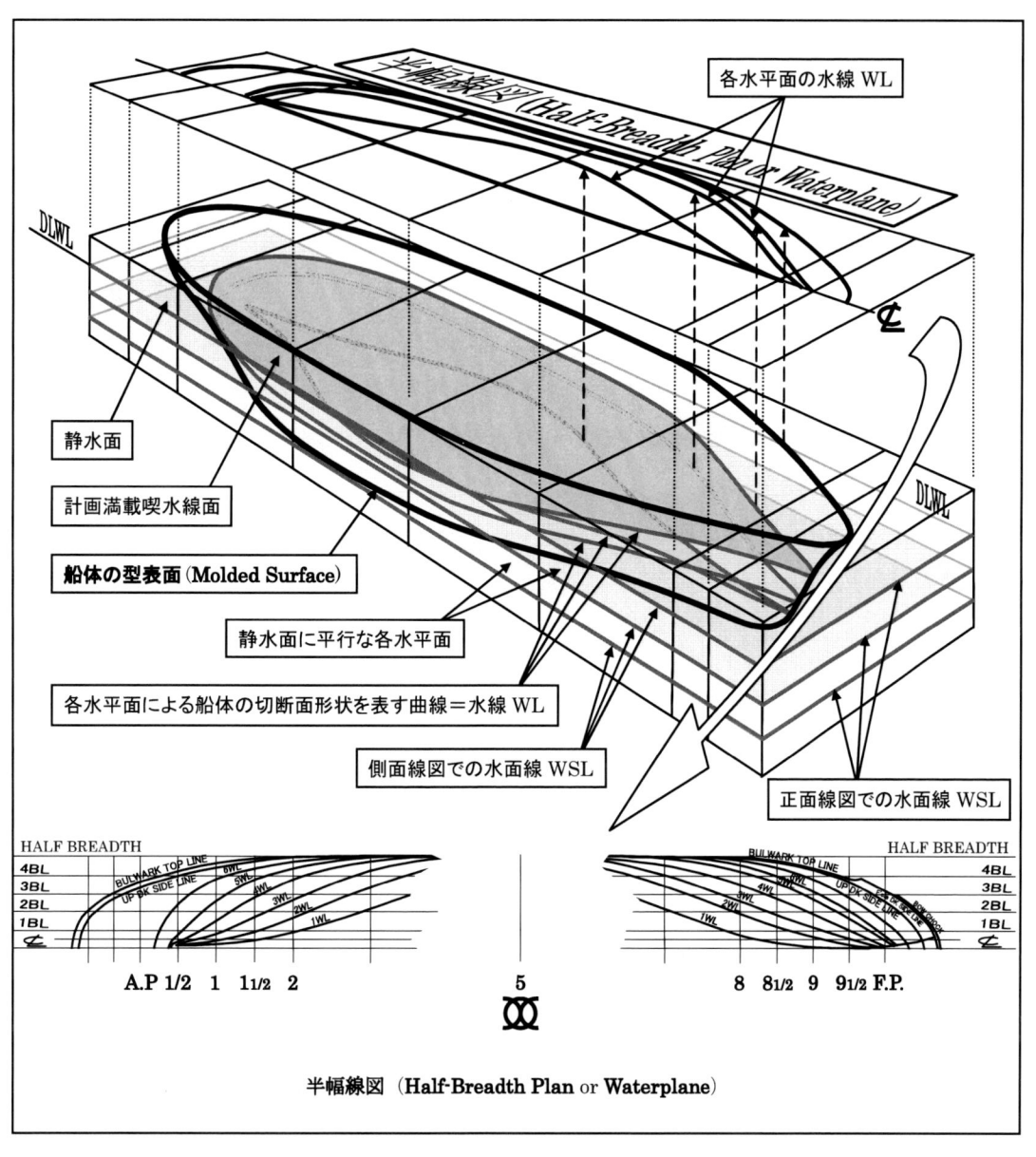

図1-32 半幅線図の概念図

図1-32に示すように，**半幅線図**（Half-Breadth plan）には，**船体中心線**（Center Line）℄に平行な等間隔の直線が引かれており，直線毎に船体中心線℄から半幅方向に向かって1 BL，2 BL，3 BL，・・・と書き入れられている。

各スクエアステーションにおいては，船体中心線℄に垂直な縦線が立てられ，その下に各スクエアステーション番号（・・A.P., 1, ・・・9, F.P.）が書き入れられている。なお，船首尾付近は船体の曲率が大きいため，等間隔の半分あるいは1/4の間隔のスクエアステーションを設ける。

このようにして得られた格子状の直線群に，各水平面による切断面形状を表す曲線の**水線 WL**を描き

入れる。船体は左右対称であるため各水線 WL は左右対称となるが，半幅線図には船体中心線 ℄ から左半分の水線 WL を描き表す。それぞれの水線 WL には基線からの高さを表す 1 WL, 2 WL, 3 WL, ⋯ 等を書き入れる。

　<u>計画トリムの有する船等は，Base Line を通る水平面での切断面である Base Line の曲線を描き入れる</u>（図 1-2 の半幅線図参照）。

　水線 WL を求めるための各水平面は，正面線図と側面線図では基線に平行な水面線として〇〇WSL と表している。この〇〇WSL で表示される直線の間隔は，大型船の場合は一般的に 1m をとり，船底部では 0.5m をとる。小型船の場合は，船の大きさにより等間隔が 0.5m やそれ以下の場合もあるが，正面線図と同一の間隔をとる（図 1-2 参照）。

1.10.3　船首曲線（Bow Line），船尾曲線（Buttock Line)と側面線図

　図 1-33 に示すように，船体中心線 ℄ を通り船体を左右に切断する平面を**船体中心線面**（**Longitudinal Center (Line) Plane**）という。この船体中心線面に平行な幾つかの**縦平面**（**Longitudinal Plane**）で船体の**型表面**（**Molded Surface**）を縦方向に切断すると，各縦平面による切断面形状は異なった曲線で表すことができる。

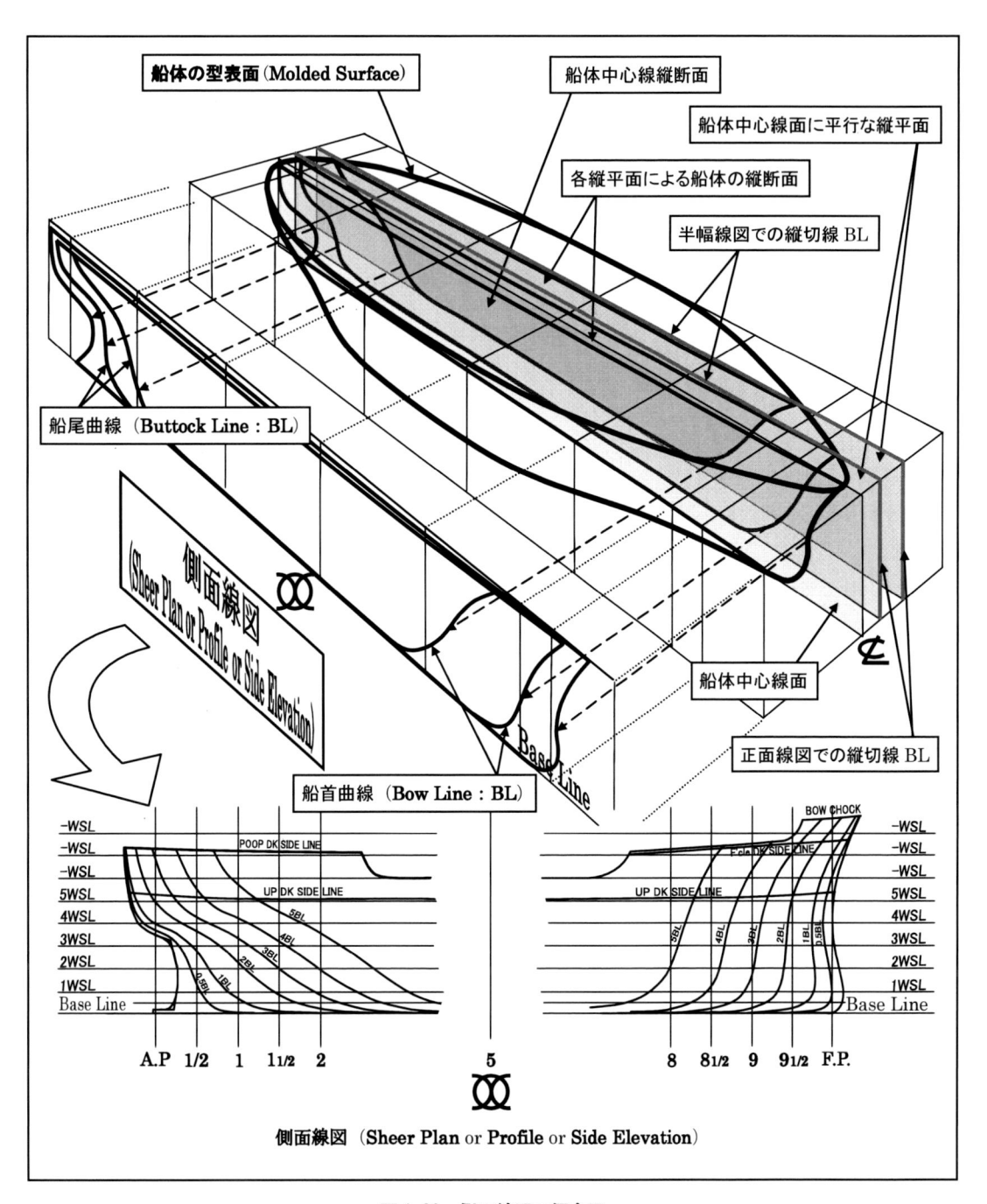

図 1-33　側面線図の概念図

　これら多数の縦平面による切断面形状を表す曲線において，船体中央部 ⊗ より前を**船首曲線**（Bow Line：B.L.）といい，後ろを**船尾曲線**（Buttock Line：B.L.）という。船体中心線面による切断面形状の船体中心線縦断面（**Inboard Profile**）の輪郭を表す曲線を含め，船首曲線と船尾曲線の曲線群をまとめて表した図を，**側面線図**（Sheer Plan or Profile or Side Elevation）という。

船首曲線と船尾曲線を総称してバトックラインと称している造船所もあるが，前述のように，**バウライン**（船首曲線）と**バトックライン**（船尾曲線）は異なるため，区別して用いるべきである。総称としては「**バウ・アンド・バトックライン**」か「**船首尾曲線**」を用いた方がよい。

図1-33で示すように，**側面線図**（**Sheer Plan**）には，基線（Base Line）から上方向にこれに平行な等間隔の水面線WSLが引かれ，水面線WSL毎に基線からの高さ1 WSL，2 WSL，3 WSL，・・・が書き入れられている。

各スクエアステーションにおいては基線（Base Line）に直角な縦線が立てられ，その下に各スクエアステーション番号（・・A.P.，1，・・・9，F.P.）が書き入れられている。なお，船首尾付近は船体の曲率が大きいため，等間隔の半分あるいは1/4の間隔のスクエアステーションを設ける。

このようにして得られた格子状の直線群に，まず，船体中心線面による切断面形状である船体中心線縦断面の輪郭を表す曲線が描かれる。これにより，**船首尾形状**，**上甲板中心線**（**Upper Deck Center Line**）および**船底部**の形状が定まる。次に，船体中心線面に平行な各縦平面による切断面形状を表す曲線である**船首曲線**と**船尾曲線**を描き入れる。

側面線図におけるこれらの船首尾曲線（Bow and Buttock Line）は，船体の右側から見た形状を示している。船体は一般的に左右対称であるため，船体中心線面に対して左右どちらの切断面形状でも同じ形状であるが，図1-32からも分かるように，半幅線図が船体中心線 ℄ から左半分の水線WLを描き表していることから，製図の上では船体左側の縦切断面による切断面形状を表す曲線であるといえる。

各縦平面は，半幅線図では船体中心線 ℄ と平行な直線として表され，正面線図では基線に垂直で船体中心線 ℄ と平行な直線として表している。この船首尾曲線あるいは各縦平面の間隔は，大型船の場合は一般的に1mをとり，船体中心部では0.5mをとる。小型船の場合は船の大きさにより等間隔が0.5mやそれ以下の場合もあるが，正面線図と同一の間隔をとる（図1-2参照）。

1.10.4　その他の曲線

この他にも，正面線図，半幅線図および側面線図には，上甲板の船側における**上甲板船側線**（**Upper Deck Side Line**），**船首楼甲板船側線**（**Forecastle Deck Side Line**），**船尾楼甲板船側線**（**Poop Deck Side Line**）および**ブルワーク**（舷墻：げんしょう）**・トップ・ライン**（**Bulwark Top Line**）と必要に応じて**第2甲板船側線**（**Second Deck Side Line**）や必要事項等を描き入れる。また，船首楼甲板の最前端に位置する波切板である**バウチョック**（**Bow Chock**：船首止板）線も描き入れる。

1.10.5　平面，側面の平行部曲線（Parallel Body Line）

図1-34の正面線図において，スクエアステーション番号1/2～F.P.までの横断面曲線（Station Curve or Curve of Square Station）は，船底勾配が無い場合は平らな船底線と，船底勾配がある場合は傾斜船底の線と接している。

正面線図（Body Plan）

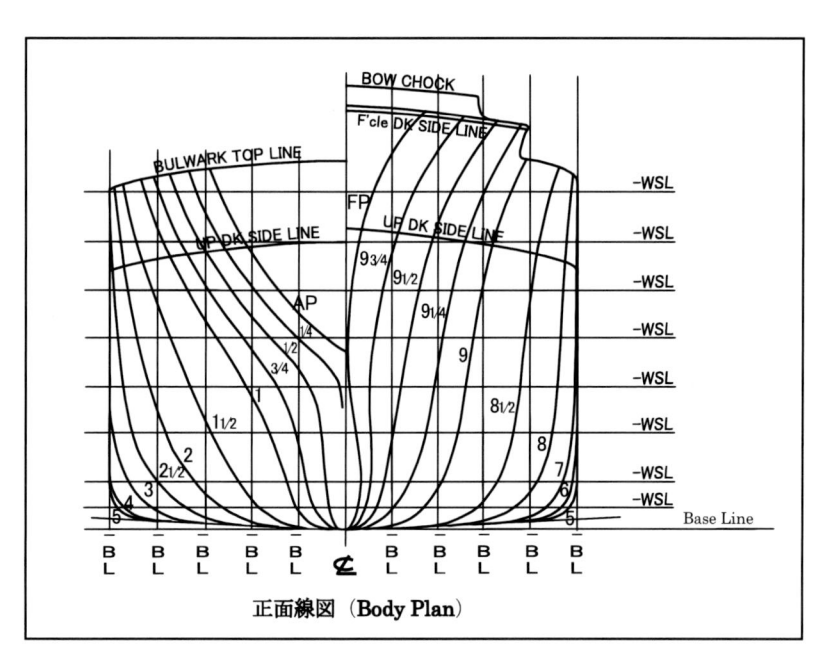

図1-34　一般的な正面線図

　また，図1-34の正面線図において，スクエアステーション番号2 1/2，3，4，5，6および7の横断面曲線は，半幅に位置する縦切線BLの鉛直線（船側面線）と接している。

　横断面曲線と船底線および横断面曲線と船側面線とのそれぞれの接点位置（横断面曲線の止まり点）を明確にしておくのは，船底部と湾曲部および側面平行部と船首尾曲部のそれぞれの接部が船首尾方向に向かって滑らかにつながるようにするためである。

　すなわち，図1-35に示すように，半幅線図に横断面曲線と船底線の接点位置を描き入れ，これを曲線で結ぶと，半幅線図の平行部曲線（Parallel Body Line）が得られる。この平行部曲線が滑らかになるように接点位置を求めれば，船底部と湾曲部の接部が船首尾方向に向かって滑らかにつながるようになる。また，側面線図に横断面曲線と船側面線の接点位置を描き入れ，これを曲線で結ぶと側面線図の平行部曲線が得られる。この平行部曲線が滑らかになるように接点位置を求めれば，側面平行部と船首尾曲部の接部が船首尾方向に向かって滑らかにつながるようになる。

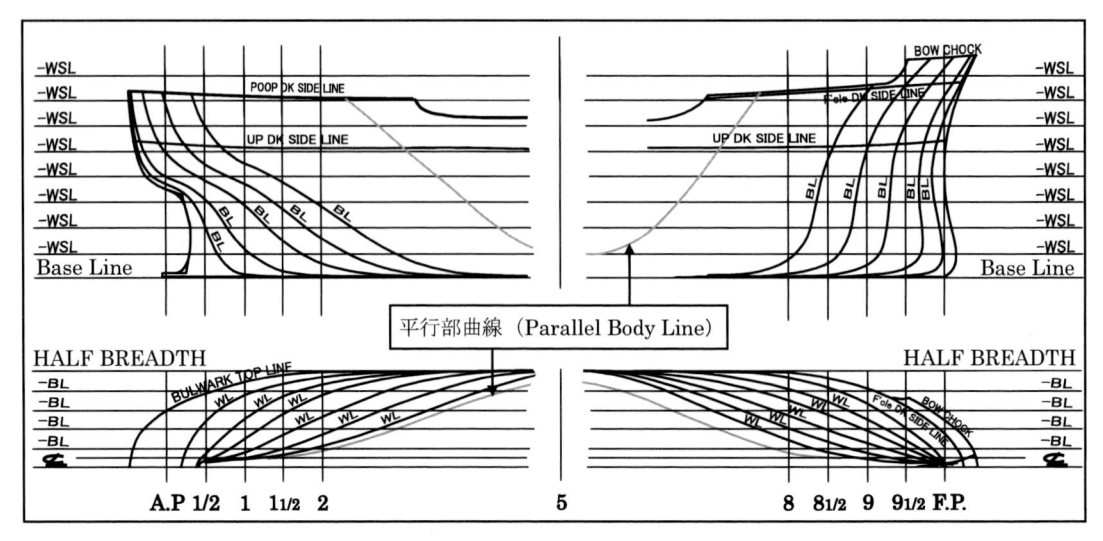

図 1-35　平行部曲線

1.10.6　斜平面線（Diagonal Line）

　通常は，これまで記述したように，船体形状を**船体線図（ラインズ：Lines）**といわれる正面線図，側面線図および半幅線図で表せば十分である。しかも，これら3平面の線図を用いれば，あらゆる点と線の関係を知ることができる。実際に，これら3平面の線図を製図する場合，多くの線と線の交点や面と面の交線は，船体形状を切断する面と船体曲面が直角に交わる所ほど最も明確に描き示すことができる。しかし，線図の切断面は，船体曲面とある傾斜を持って交わっていることがほとんどで，交わる傾斜角が小さいほど，交点あるいは交線を正確に描き表すには不適当である。

　そこで，正面線図において各スクエアステーションにおける横断面の形状（横断面曲線）を整えるために，各横断面曲線に対してできるだけ直角に近く交わる任意の切断面として，図 1-36 に示すような**斜平面（Diagonal Plane）**を用いることがある。

　斜平面は，各スクエアステーションでの**横平面（Transverse Plane）**に対しては直角面であり，**水平面（Horizontal Plane）**と**縦平面（Longitudinal Plane）**に対しては傾斜面である。この斜平面は，正面線図には対角線のように斜めの直線として表される。また，斜平面は船体中心線面との交線が半幅線図での中心線上に一致するように，側面線図では基線に平行な直線として投影される。

　従って，この斜平面で船体の**型表面（Molded Surface）**を斜めに切断すると，斜平面による切断面形状は**斜平面線（Diagonal Line）**として表すことができる。また，斜平面と船体中心線面との交線を軸として，斜平面を水平面と一致するように回転させ図示すると，実際の斜平面線を求めることができる。図 1-36 では，半幅線図の下部に表示している。

　斜平面線は，半幅線図と側面線図に投影された線であれ，実際の曲線として展開された線であれ，船首尾方向に滑らかな線となっている。個々の横断面曲線が滑らかであっても，斜平面線が滑らかになっていなければ，横断面曲線間の整合性がとれていないことになり，補正する作業（この場合は船体線図の製図時の**フェアリング：Fairing**）が必要である。

船体線図の製図時や現尺現図に展開した時，正面線図，側面線図および半幅線図の3平面間で整合性がとれ，描かれる曲線に大きな問題がなければ，フェアリングは円滑に行うことが可能である。しかし，正面線図において横断面曲線の間が広すぎる場合や3平面間でなかなか整合性がとりにくい場合などには，図1-36で示す，**斜平面線**（**Diagonal Line**）がフェアリング時に役に立ち便利である。

近年，船体線図のフェアリングはコンピュータソフトによって行われているため，この斜平面線を用いたフェアリングはほとんど行われていないが，船体線図製図の初期段階で正面線図を描き始める時，これに代わる数本のダイアゴナル曲線を用いて概略のフェアリングを行うと便利である（「第3章 3.4.12 正面線図の描き方」参照）。

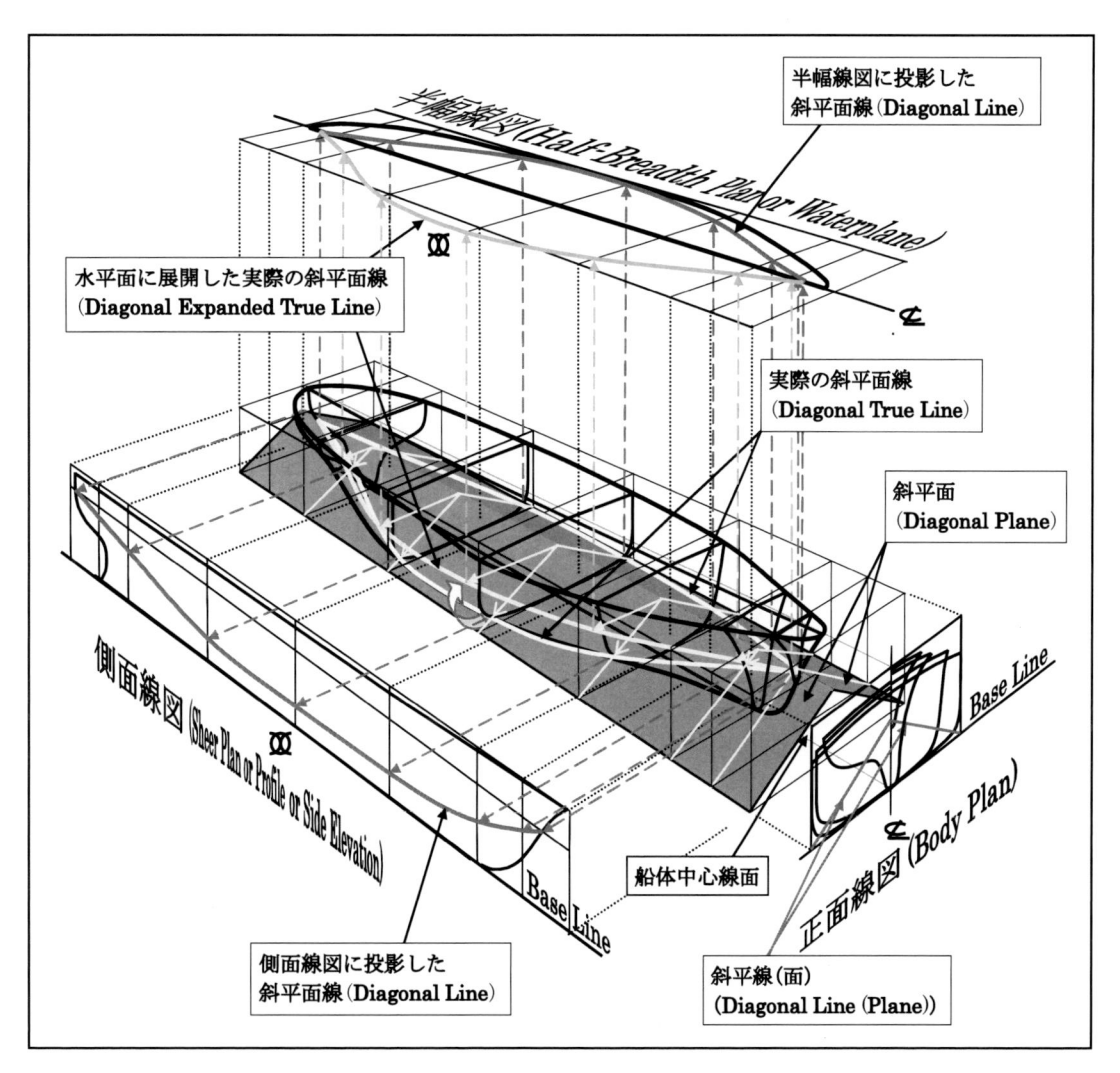

図1-36 斜平面線の概念図

1.10.7 船体線図の特徴

　船体線図は，一般の製図に用いる第三角法が基本で，図 1-37 に示すように，いわゆる正面図，側面図および平面図に相当する図面から成っている。

　ただ，一般の製図と違って，船体線図は，曲率の大小からなる滑らかな曲面で構成されている船体の表面を精度良く表すために，同じ図面内にその面と平行な幾つもの切断面を表す曲線群で表されているところに，その特徴がある。これが総称して**船体線図**といわれる正面線図，側面線図および半幅線図である。

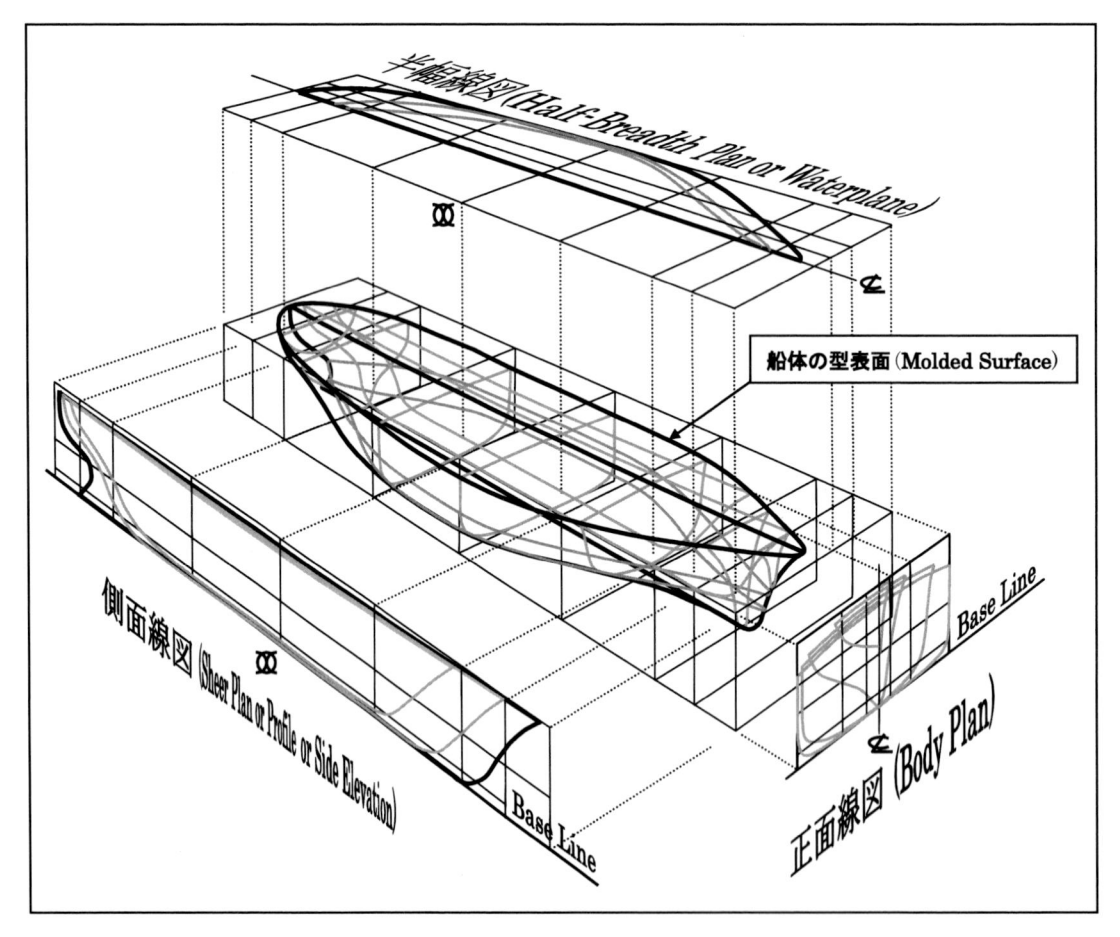

図 1-37　切断面による曲線群と船体線図の成り立ち

　正面線図での曲線群は，側面線図と半幅線図において，各スクエアステーションで縦線（Ordinate）として示されている横平面によって切断された船体横断面形状を表す曲線から成っている。

　また，**側面線図の曲線群**は，正面線図では基線に垂直で中心線に平行な直線で，半幅線図では船体中心線 ℄ に平行な直線で表す縦平面での切断面形状を表す曲線から成っている。

　そして**半幅線図での曲線群**は，正面線図と側面線図でいずれも計画満載喫水線（DLWL）に平行な水

平面での切断面形状を表す曲線から成っている。

　正面線図，側面線図および半幅線図は，船体の型表面（Molded Surface）を各スクエアステーションでの横平面，船体中心線面に平行な等間隔の縦平面および静水面に平行な等間隔の水平面による切断面を表す曲線群を示しているため，図面間や曲線間の相互関係に非常に強い整合性が求められ，関連する図面間での直線や曲線の描き間違いや見た目の誤差は許されない。従って，これら図中の曲線群は図面間で全て整合性のとれた滑らかな曲線として描かれている。

　船体線図の各スクエアステーションにおいて，横断面曲線，船首尾曲線および水線の間は，それぞれ次のような関係で結ばれている。ここでは図 1-38，図 1-39 に示すように，**スクエアステーション番号 2 と 8 の横断面曲線と船首尾曲線，水線の各一本に対する相互関係を一例として説明することにする。**

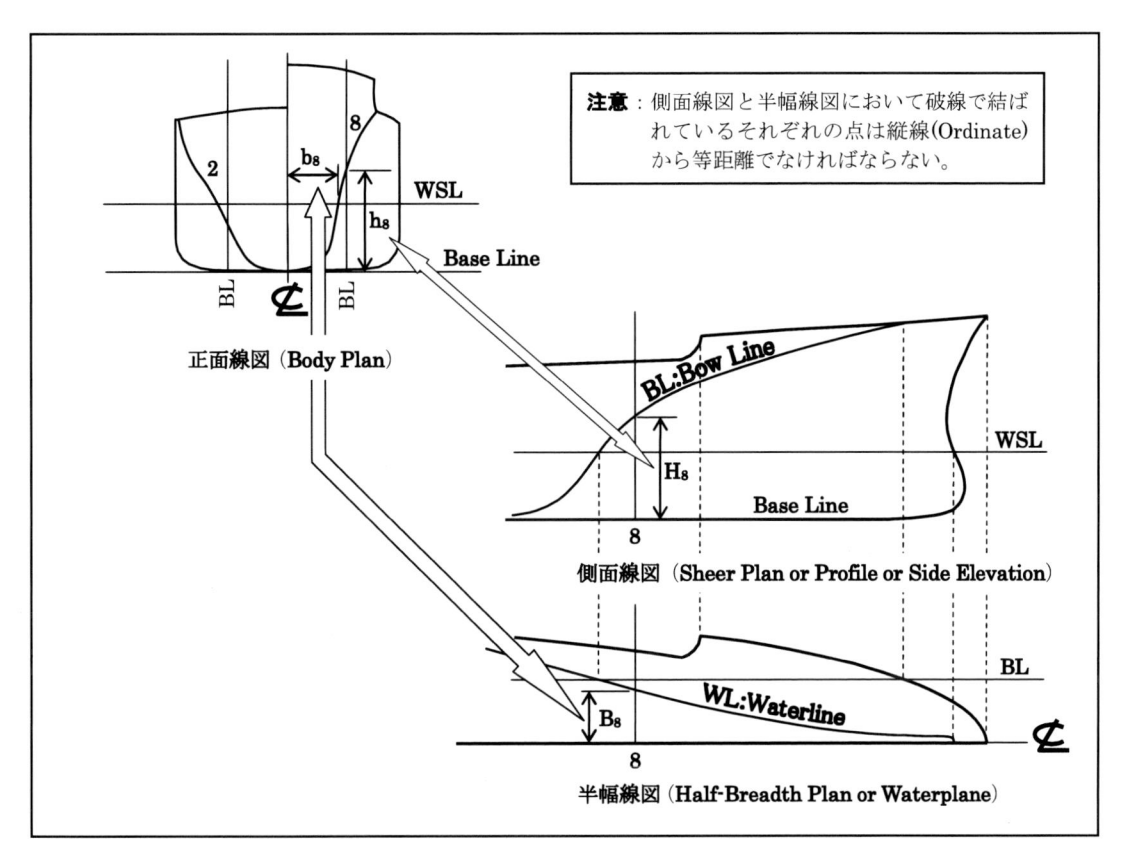

図 1-38　船首部における点と線の整合性

① 図 1-38 に示すように，正面線図の右側に描かれているスクエアステーション番号 8 の横断面曲線は，基線に垂直で船体中心線 ℄ に平行な縦平面を表す縦切線 BL と基線に平行な水面線 WSL と交差している。正面線図での基線から横断面曲線と縦切線 BL の交点までの高さを h_8 とし，側面線図における基線からスクエアステーション番号 8 の縦線と船首曲線（Bow Line）との交点までの高さを H_8 とすれば，正面線図での h_8 と側面線図での H_8 とは等しくなければならない。すなわち，$h_8 = H_8$ とならなければならない。

② また，正面線図で船体中心線 ℄ から横断面曲線と水面線 WSL の交点までの水平距離を b_8 とし，半幅線図で船体中心線 ℄ からスクエアステーション番号 8 の縦線と水線 WL の交点までの距離を B_8 とすれば，正面線図での b_8 と半幅線図での B_8 とは等しくなければならない。すなわち，$b_8 = B_8$ とならなければならない。

③ 更に，このとき，側面線図においてスクエアステーション番号 8 の縦線から船首曲線（Bow Line）と水面線 WSL の交点までの距離は，半幅線図におけるスクエアステーション番号 8 の縦線から船体中心線 ℄ に平行な縦切線 BL と水線 WL との交点までの距離に等しくなければならない。

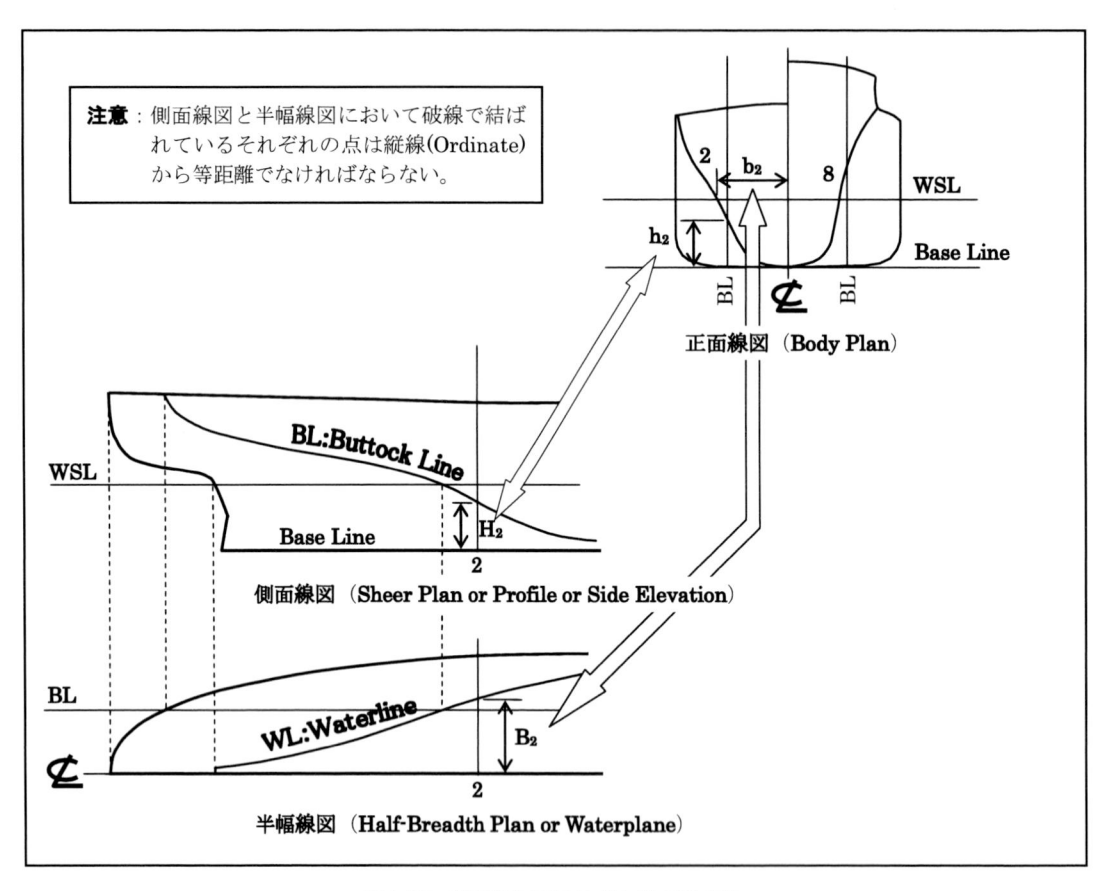

図1-39　船尾部における点と線の整合性

④ 図 1-39 に示すように，正面線図の左側に描かれているスクエアステーション番号 2 の横断面曲線は，基線に垂直で船体中心線 ℄ に平行な縦切線 BL と基線に平行な水面線 WSL と交差している。正面線図で基線から横断面曲線と縦切線 BL の交点までの高さを h_2 とし，側面線図における基線からスクエアステーション番号 2 の縦線と船尾曲線（Buttock Line）との交点までの高さを H_2 とすれば，正面線図での h_2 と側面線図での H_2 とは等しくなければならない。すなわち，$h_2 = H_2$ とならなければならない。

⑤ また，正面線図で船体中心線 ℄ から横断面曲線と水面線 WSL の交点までの水平距離を b_2 とし，

半幅線図における船体中心線 ℄ からスクエアステーション番号 2 の縦線と水線 WL の交点までの距離を B_2 とすれば，正面線図での b_2 と半幅線図での B_2 とは等しくなければならない。すなわち，$b_2 = B_2$ とならなければならない。

⑥ 更に，このとき，側面線図においてスクエアステーション番号 2 の縦線から船尾曲線（Buttock Line）と水面線 WSL の交点までの距離は，半幅線図におけるスクエアステーション番号 2 の縦線から船体中心線 ℄ に平行な縦切線 BL と水線 WL との交点までの距離に等しくなければならない。

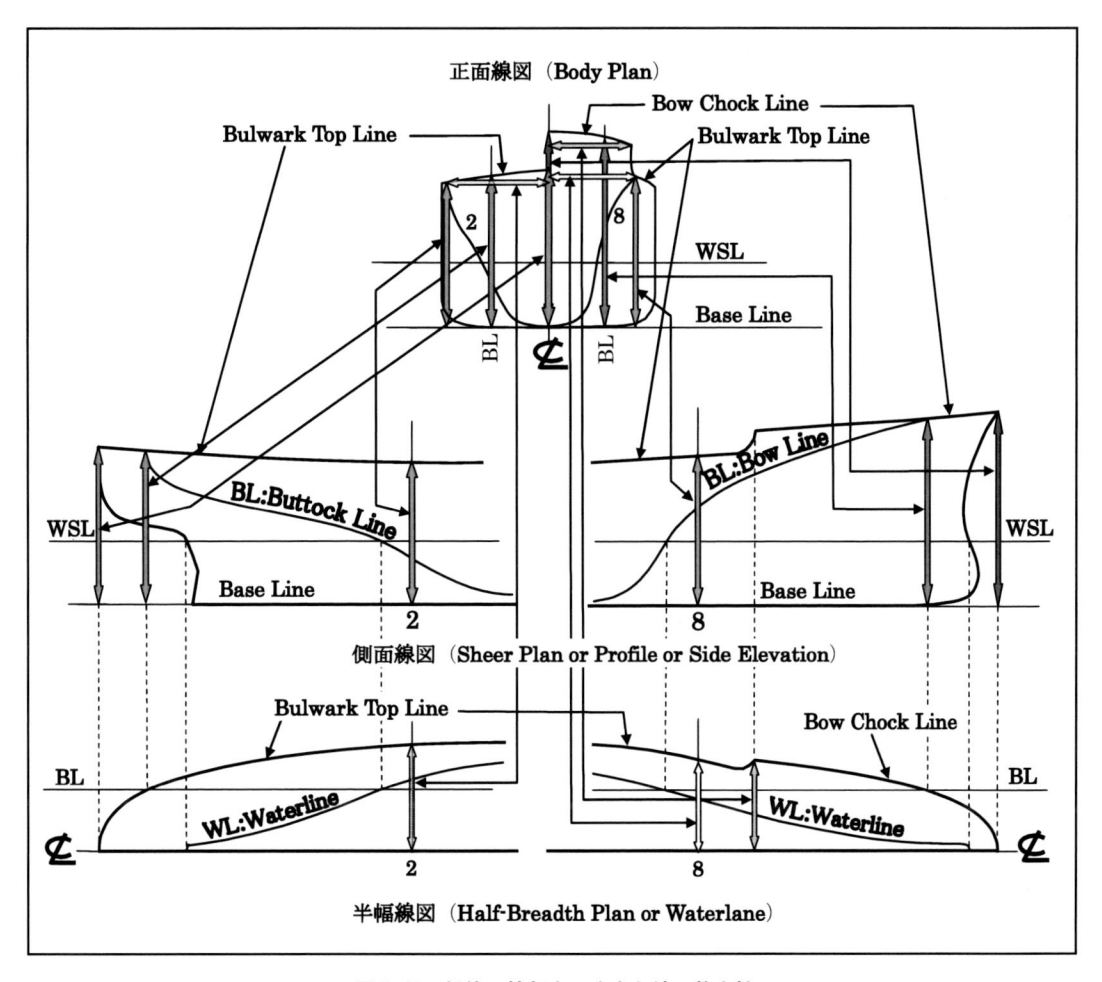

図 1-40 船体の輪郭を示す点と線の整合性

⑦ また，図 1-40 に示すように，船体の側面の輪郭を表す BOWCHOCK LINE, BULWARK TOP LINE 等の基線からの高さは，正面線図および側面線図において，全く同じ高さ（双方向矢印で示した高さ）の整合性のとれた線でなければならない。同じく，船体の平面の輪郭を表す BOWCHOCK LINE, BULWARK TOP LINE 等の船体中心線 ℄ からの半幅は，正面線図および半幅線図において，全く同じ半幅（双方向矢印で示した半幅）をもつ整合性のとれた線でなければならない。

故に，船体の型形状（Molded Form）を表す曲線群の中で一つの点を修正することは，その点にとどまらず，関連する点や線を全て修正することになる。

　このことは，**船体線図における曲線群は寸法が与えられて描くのではなく，詳細な形状寸法が未定のまま点と線および各線図間で全て整合性がとれるように描きながら，しかも船主から与えられた様々な条件に合致するように，滑らかな曲線として描かなければならない**ことを意味する。

第2章

船の肥瘠
(FINENESS OF SHIPS)

2.1 船の形状と肥瘠

　船の建造は，造船所と船主との間で取り交わされた契約の仕様内容，例えば建造する船の主要寸法，積載量および速力等を満足するように，船体線図の縮尺図を製図することから本格的に始まる。

　建造する船はその主要寸法が他の船と同じあっても，個々の船は船主の要求により積載量や速力等を含む諸性能が異なるため，船体線図は船主の要求を全て満足させるものでなければならない。したがって，契約時の仕様書に記載された諸条件を満たす船体線図を仕上げることは，熟練の設計者でも多大な時間を必要とする。

　主要寸法が同じ船同士で，積載量や速力等を含む諸性能を比較する場合，船の形状や**肥瘠**（ひせき：**Fineness**）の割合を比較することは大変有効である。

　また，新しい船を設計する場合，主要寸法が似通った類似船を**基準船**（**Type Ship**）として，基準船の形状と肥瘠の割合を参考にすることは非常に効果的である。

　一般に船は，浮力の作用によって浮揚し，その大きさによってある一定の積荷等を積載して，水面上を移動する構造物である。

　船は水面上に見える形状や大きさがどうであれ，水面下にあって通常は見えない部分の形状が，船を定義付ける浮揚性，積載性および移動性も含めた諸性能を決定付けるため，基本設計時にはこの水面下の形状について詳細な検討が行われる。

　浮揚性や積載性は水面下の容積の大きさによって定まり，これによって積載重量やこの重さも含めた船の重さ，すなわち排水量が決定される。

　同じ長さ，幅および喫水の船でも，図2-1に示すように，水面下形状が水面下に向かって細くなっているV型よりも細くならないU型の方が容積は大きく，その分浮力が大きいため，より重いものが積載でき排水量も大きくなる。

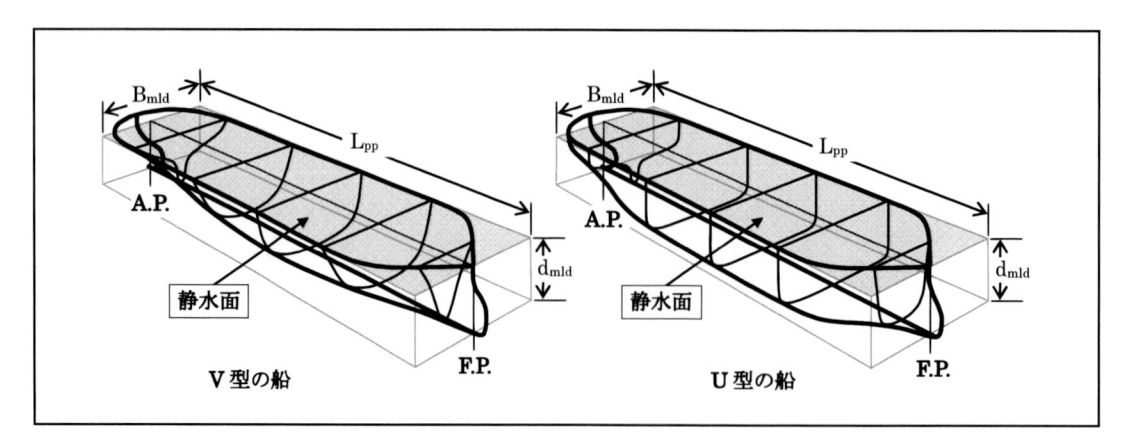

図 2-1 船体の水面下形状

また，同じ長さ，幅および喫水の船でも，図 2-2 に示すように，水面下の横断面形状が船体中央部 ⊠ から船首尾方向に向かって細くなっている船を瘠せた船（やせたふね：Fine Ship）というのに対して，大きく変化しない船を肥えた船（こえたふね：Full Ship）という。

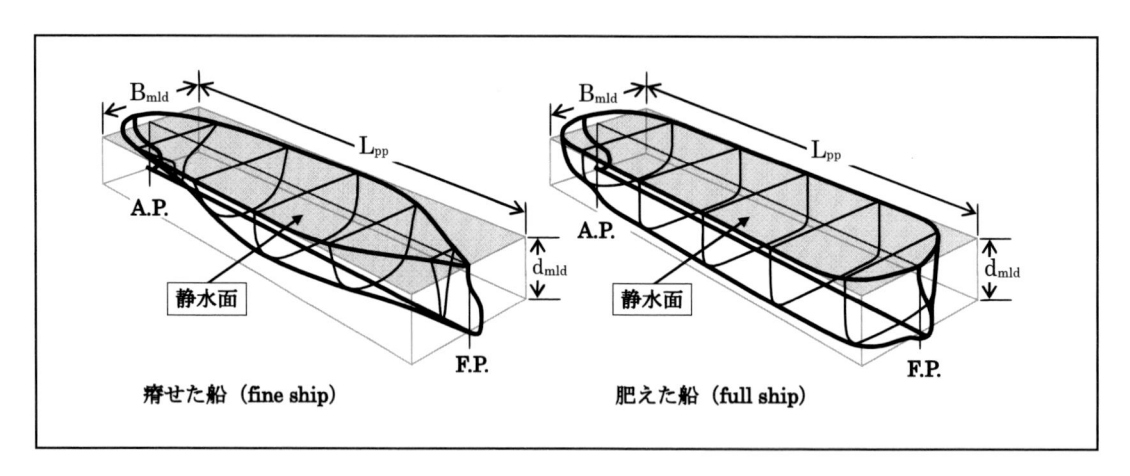

図 2-2 船の肥瘠（ひせき）

V 型や瘠せた船型の船は，U 型や肥えた船型の船に比べて細く，しかも浸水面積が小さいため，抵抗が少なく速力を高めるのに有効である。従って移動性，すなわち航行性能や機関馬力等の検討には，水面下形状の検討が不可欠である。

図 2-1，図 2-2 からも明らかなように，V 型船型，U 型船型，瘠せた船型あるいは肥えた船型といった分類は，水面下の形状とその形状が持つ容積によって基本的に定まる。

また，容積の大きさを決定付ける横断面形状や船首尾方向への形状変化，あるいは静水面での水線面形状や深さ方向への形状変化は，容積のみならず浮心の位置決定の検討に不可欠な要素である。

従って，船の形状と肥瘠を決定するためには，船の水面下の容積とその船首尾方向の分布状態および深さ方向への分布状態を検討しなければならない。

各スクエアステーションでの横断面積や各水線面での水線面積等は，フェアリング後の船体線図から

得られた船体寸法表を用いて求めることができる。また，同時に船の水面下容積を求めることもできる。

これらの計算法については後の章で記述することとし，以降の節では船の形状を表す**肥瘠係数**（ひせきけいすう：**Coefficient of Fineness**）について記述することにする。

次節から，船の垂線間長さ L_{pp} を L，型幅 B_{mld} を B，型喫水 d_{mld} を d と表記する。

2.2 方形係数

図 2-3 に示すように，船体の水面下を占める部分の肥瘠を知るために，**方形係数**（ほうけいけいすう：**Block Coefficient**）を用いる。従って，方形係数は与えられた喫水における船体の水面下の排水容積 V とこのときの船体の垂線間長さ L，型幅 B，型喫水 d を辺とする直方体の容積との比で表される。方形係数を C_b とすると，次式で表すことができる。

$$C_b = \frac{V}{L \times B \times d} = \frac{W}{L \times B \times d \times \gamma} \tag{2.1}$$

但し，W は船の排水量
　　　γ は海水の比重量

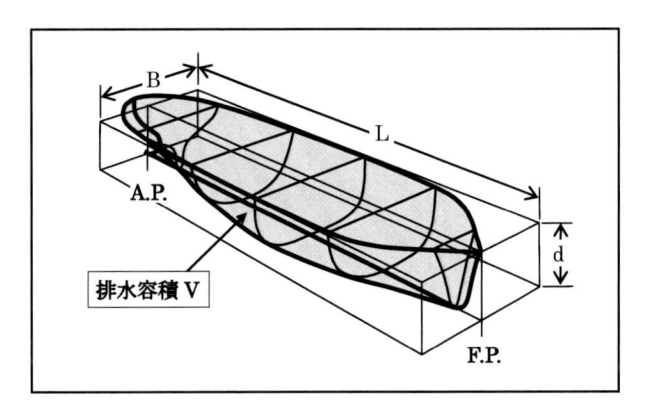

図 2-3　方形係数の概念図

ここでの排水容積 V と排水量 W は，いずれも船体の**型（骨組）形状**（**Molded Form**）に対するものである。従って，外板を含んだ実際の排水量が与えられた場合は，外板厚さによる排水量の修正が必要となる（「第 4 章　4.3.8.3 外板を含む排水量の計算」参照）。

また，小型船の場合は船体線図そのものが外板の外側を表しているので，外板厚さを考える必要がない。

図 2-4 に，方形係数 C_b が 0.5 の単純 U 型船型(a)と単純 V 型船型(b)を示す。ここで，両船とも C_b が 0.5 で同じであるが，単純 V 型船が船体中央部の形状が船首尾まで同じであるのに対して，単純 U 型船型は船首尾方向に細くなっており，U 型船型の中の痩せ型をしていることになる。

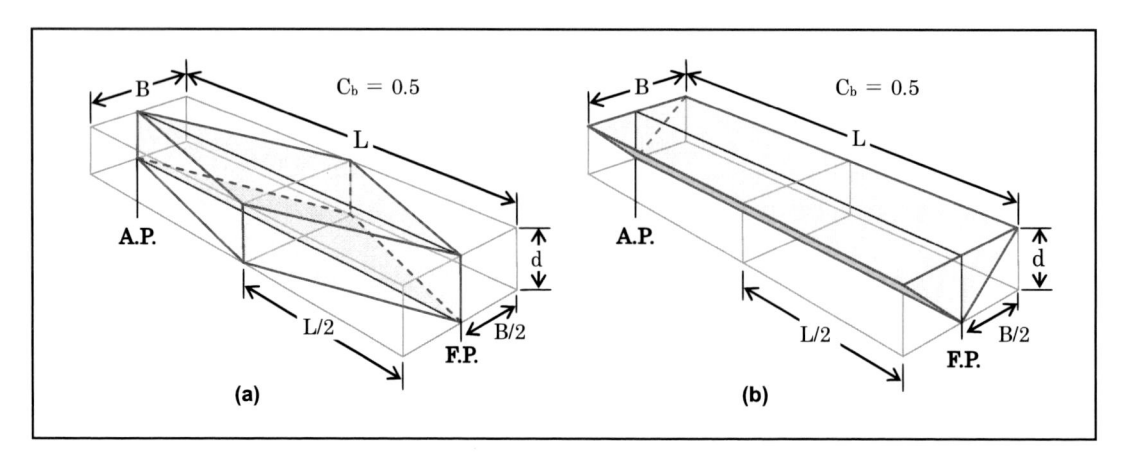

図 2-4 方形係数 0.5 の U 型と V 型の船型

　この単純 V 型船型と単純 U 型船型の両方の特徴を持つ船型を考えてみると，図 2-5 のような船型になる。

　図 2-5 の(a)の船型は，図 2-4 の単純 V 型船型と単純 U 型船型を掛け合わせた形状とでもいうべき船型である。すなわち，(a)船型の各スクエアステーションにおける横断面形状（長方形）に(b)船型の当該個所の横断面積係数（この場合は全て 0.5）を掛けて得られる横断面を有する船型で，図 2-5 の(a)の船型は，各スクエアステーションにおける横断面が，当該個所での(a)船型の幅を底辺とし喫水 d を高さとする逆三角形をなす形状をしている。(b)の船型は，両船型を重ね合わせて共通部分以外を取り除いた形状の船型になっている。両方を C_b で比べると，(b)の船型が(a)より少し肥えた船型になっている。

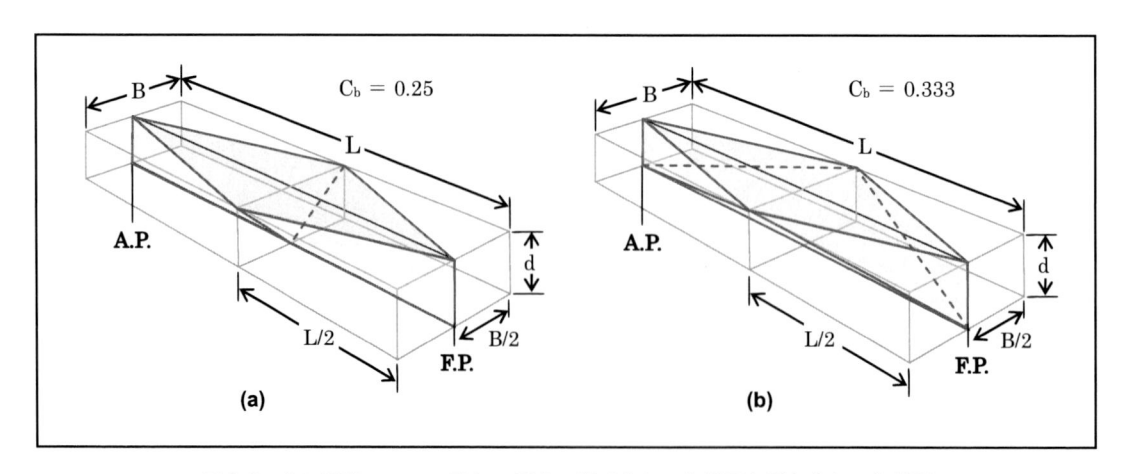

図 2-5 方形係数 0.5 の V 型と U 型を，掛け合わせた船型と重ね合わせた船型

　図 2-6 は，C_b が 0.625 の U 型船型(a)と V 型船型(b)を示す。U 型船型(a)は船体中央部に船長 L の 1/4 の中央平行部を有し，V 型船型(b)は船底部に船幅 B の 1/4 の平面部を有している。

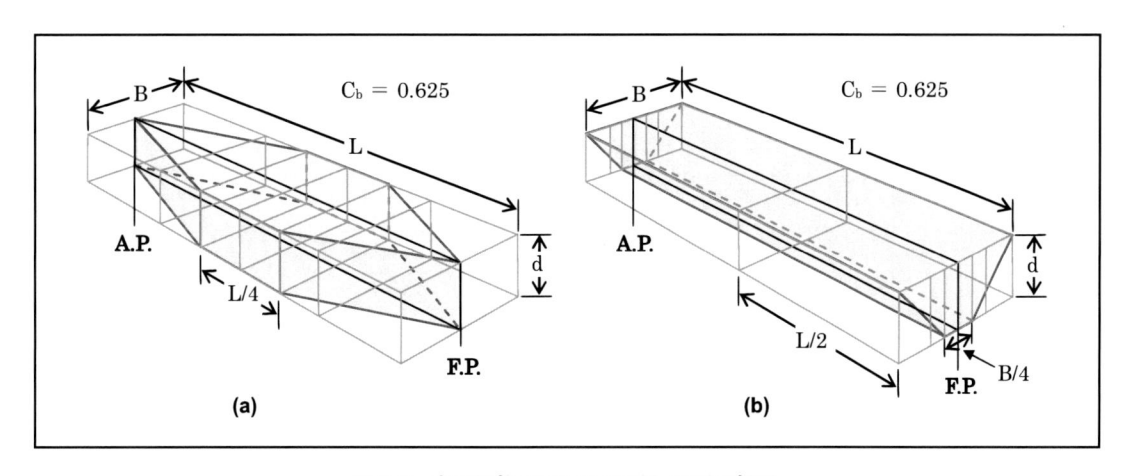

図 2-6 方形係数 0.625 の U 型と V 型の船型

図 2-7 の(a)の船型は，図 2-6 の V 型船型と U 型船型を掛け合わせた形状の船型で，(b)の船型は両船型を重ね合わせて共通部分以外を取り除いた形状の船型になっている。両方を C_b で比べると，(b)の船型が(a)より少し肥えた船型になっている。

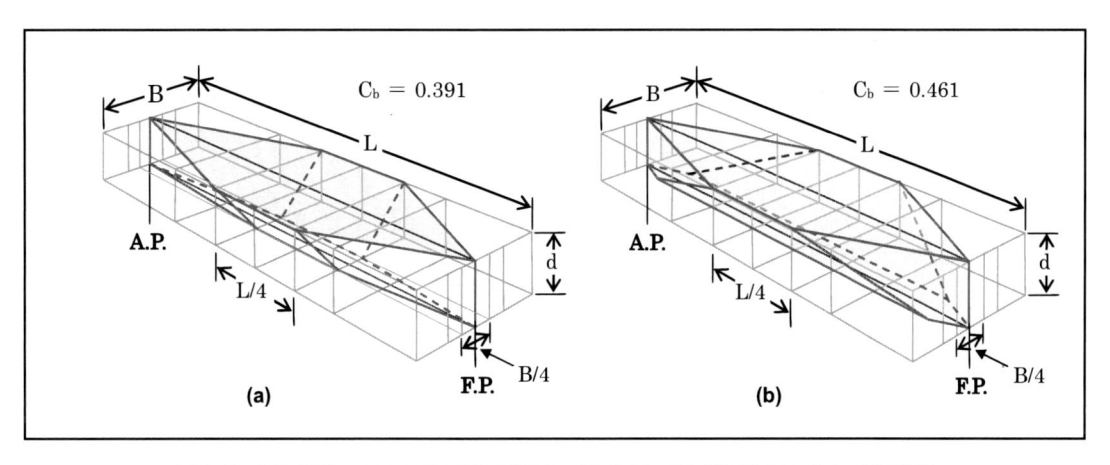

図 2-7 方形係数 0.625 の V 型と U 型を，掛け合わせた船型と重ね合わせた船型

また，C_b が 0.625 の別の箱型船型を図 2-8 に示す。この箱型船型は，図 2-6 の(b)の箱型船型が船底部に平面部があるのに対して，船側部に喫水の 1/4 の垂直舷側を有するものである。

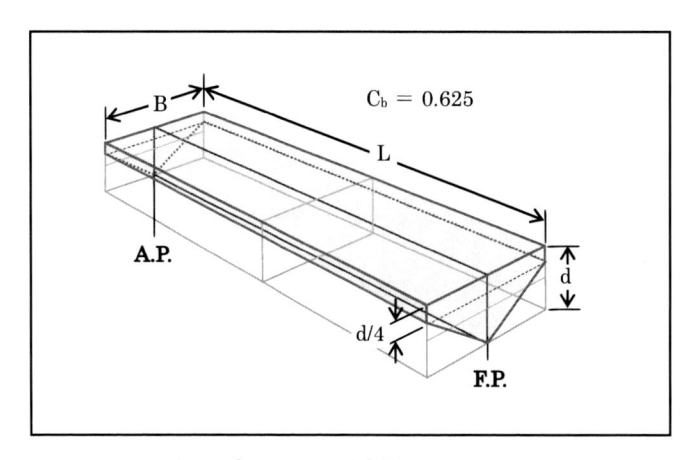

図 2-8　方形係数 0.625 で垂直舷側を有する V 型の船型

　この箱型船型と図 2-6 の(a)の船型を掛け合わせた形状の船型が，図 2-9 の(a)の船型である。この場合，図 2-7 の(a)の船型と同様，C_b が 0.391 である。

　図 2-5 の(a)の結果とこれらの結果からも分かるように，V 型船型と U 型船型を掛け合わせた形状の船型の C_b は，両船型の C_b 同士を掛けて得られた係数となる。

　また，図 2-8 の箱型船型を図 2-6 の(a)の船型と重ね合わせて共通部分以外を取り除いた形状が，図 2-9 の(b)の船型である。

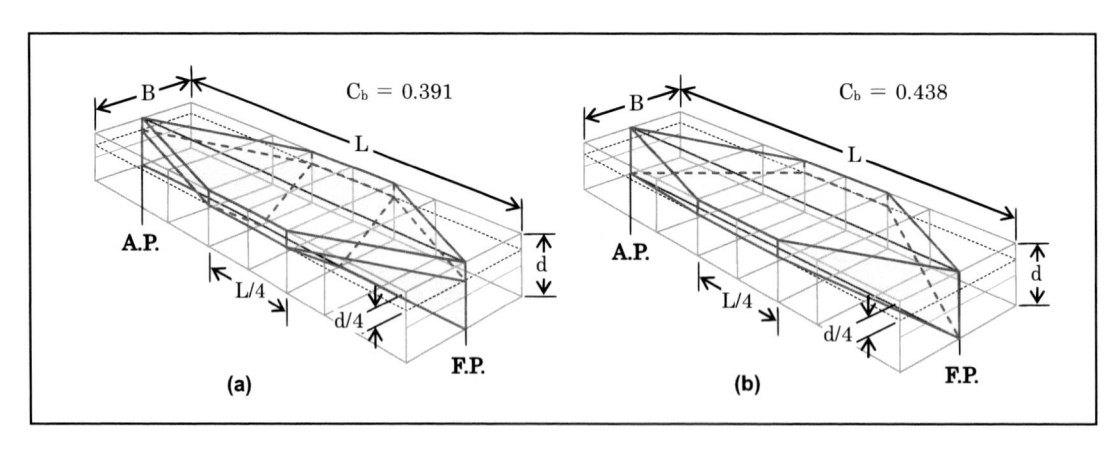

図 2-9　方形係数 0.625 の V 型と垂直舷側を有する V 型を，掛け合わせた船型と重ね合わせた船型

　図 2-7 と図 2-9 から明らかなように，全体的に V 型船型をしている図 2-7 の(a)と図 2-9 の(a)の船型が最も C_b が小さく，痩せ型である。他方，部分的に垂直舷側を有しているがキールからいきなり船底勾配を有する船型（図 2-9(b)）の C_b がその次に小さく，全体的に V 型船型をしているものの船底部に平行部を有する船型（図 2-7(b)）の C_b が最も大きい。この傾向は，単純 V 型船型と単純 U 型船型の C_b を大きくさせても同じである。その例を図 2-10 から図 2-13 に示す。

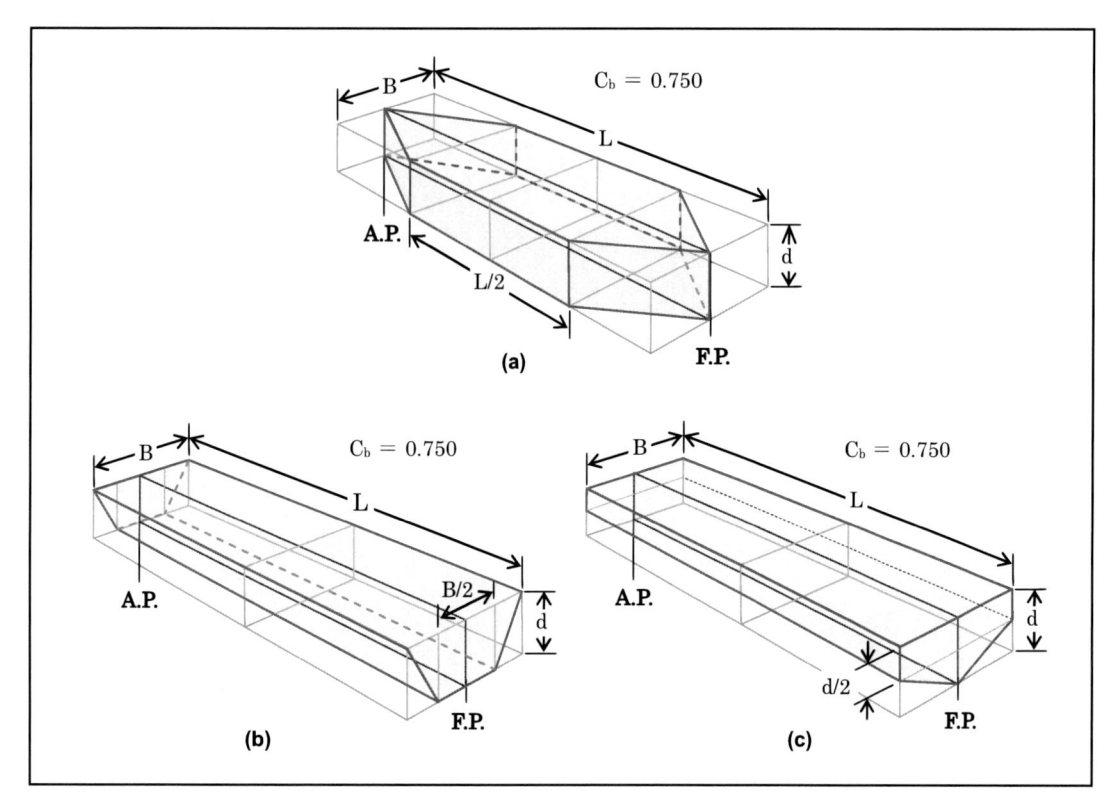

図 2-10　方形係数 0.75 の U 型，V 型，垂直舷側を有する V 型の船型

図 2-10 は，C_b が 0.750 の U 型船型(a)と V 型船型(b)(c)を示す。U 型船型(a)は船体中央部に船長 L の 1/2 の中央平行部を有する。V 型船型(b)は船底部に船幅 B の 1/2 の平面部を有し，V 型船型(c)は船側部に喫水の 1/2 の垂直舷側を有する。

図 2-11 の(a)の船型は，図 2-10 の(a)と(b)の船型を掛け合わせた形状の船型であり，図 2-11 の(b)の船型は，図 2-10 の(a)と(c)の船型を掛け合わせた形状の船型で，従って，C_b はいずれの場合も 0.563 である。

図 2-11 の(c)の船型は，図 2-10 の(a)と(b)の船型を重ね合わせて共通部分以外を取り除いた形状の船型であり，図 2-11 の(d)の船型は，図 2-10 の(a)と(c)の船型を重ね合わせて共通部分以外を取り除いた形状の船である。(c)の船型の方が(d)の船型より C_b が大きいことが分かる。

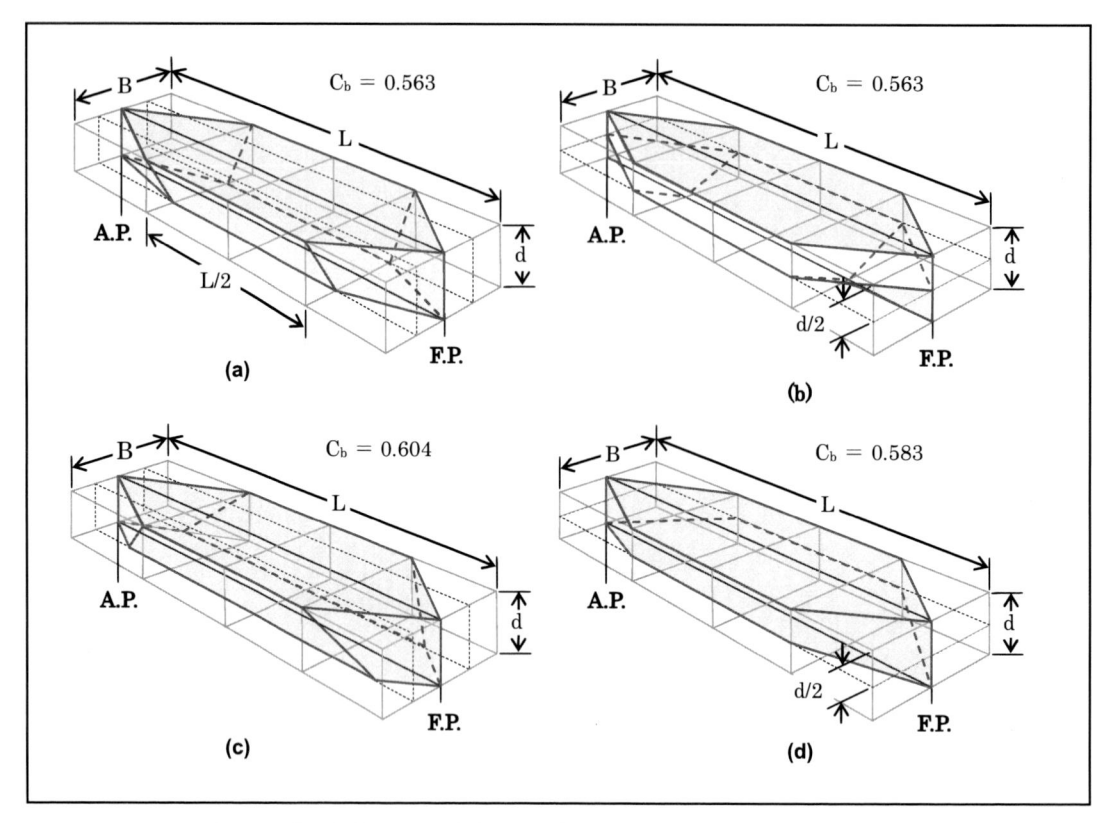

図 2-11 方形係数 0.750 の各船型を，掛け合わせた船型と重ね合わせた船型

図 2-12 は，C_b が 0.875 の U 型船型(a)と船側 V 型船型(b)および船底 V 型船型(c)を示す。U 型船型(a)は船体中央部に船長 L の 3/4 の中央平行部を有する。V 型船型(b)は船底部に船幅 B の 3/4 の平面部を有し，V 型船型(c)は船側部に喫水の 3/4 の垂直舷側を有する。

図 2-13 に示す(a)，(b)，(c)および(d)の船型の C_b は，いずれの場合も，図 2-11 と同じ傾向を示す。

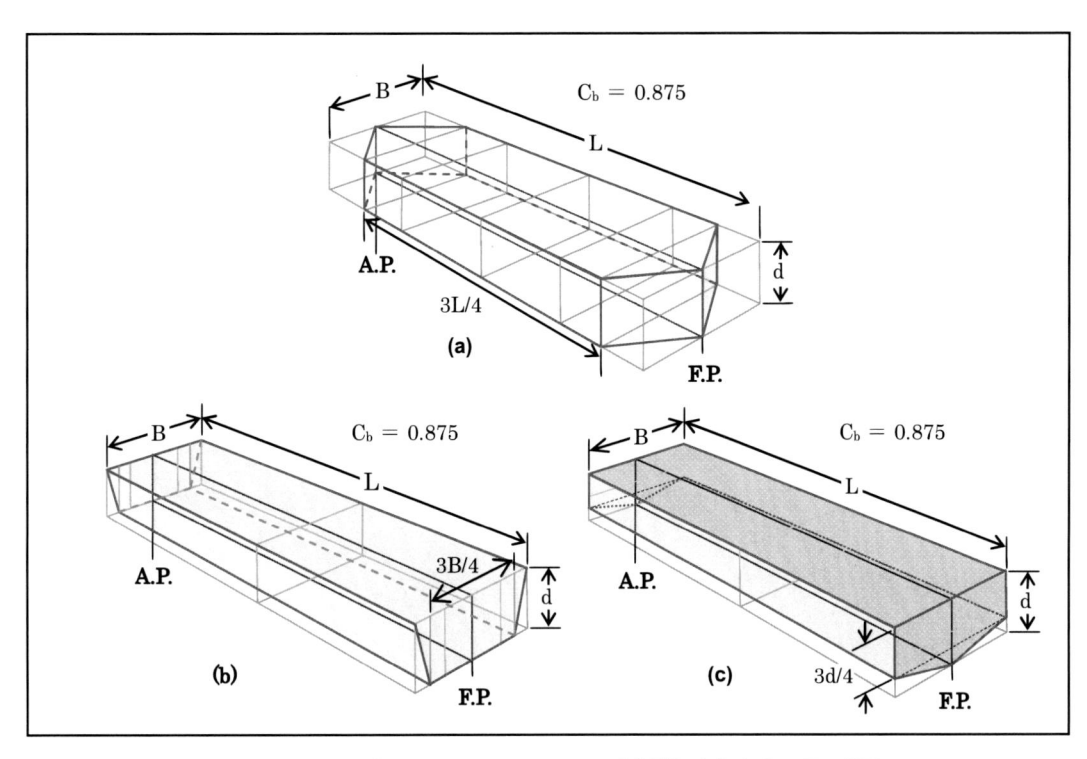

図2-12　方形係数 0.875 の U 型，V 型，垂直舷側を有する V 型の船型

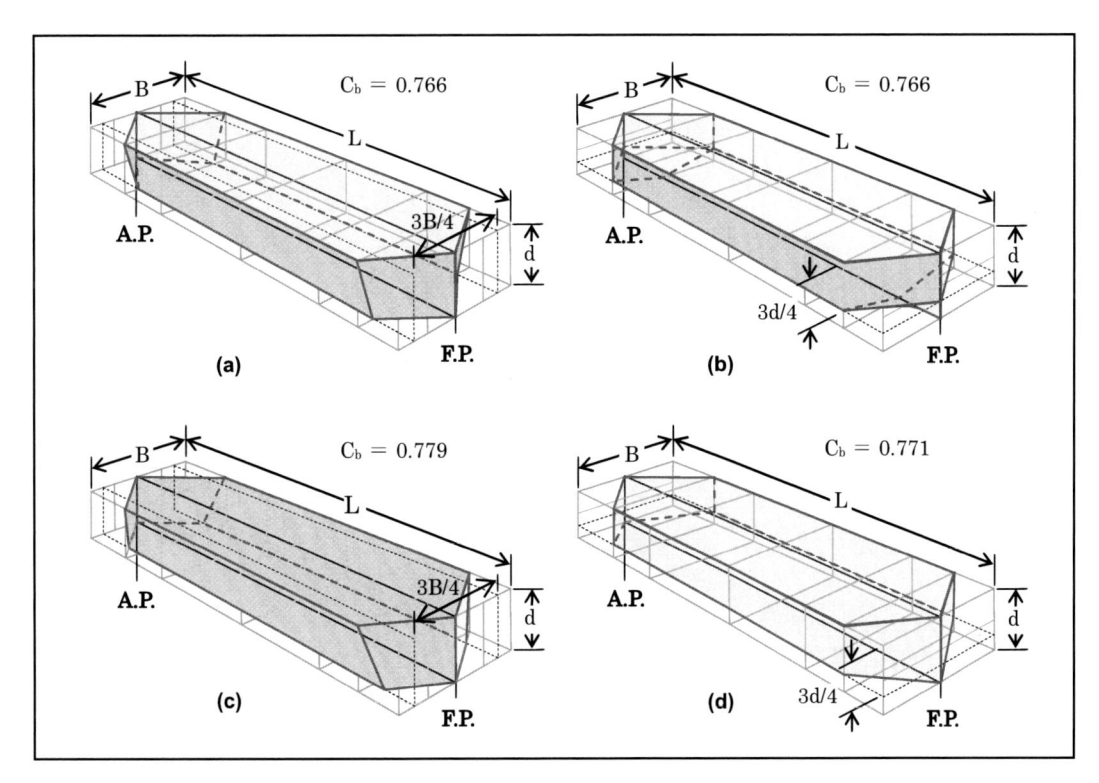

図2-13　方形係数 0.875 の各船型を，掛け合わせた船型と重ね合わせた船型

2.3 中央横断面積係数

船体中央部 ⊠ において，船体の中央横断面形状の大きさを型幅と型喫水による長方形に占める割合で示し，これを中央横断面係数（ちゅうおうおうだんめんけいすう：Midship Section Coefficient）という。ここで，中央横断面形状の大きさは中央横断面積 A_m で表され，従って，この係数は中央横断面積 A_m と，型幅 B と型喫水 d による長方形との比で表される。このことから本書では，**中央横断面積係数**（ちゅうおうおうだんめんせきけいすう：**Midship Section Area Coefficient**）で統一し，用いることにする。この中央横断面積係数を C_m とすると，次式で表すことができる。

$$C_m = \frac{A_m}{B \times d} \tag{2.2}$$

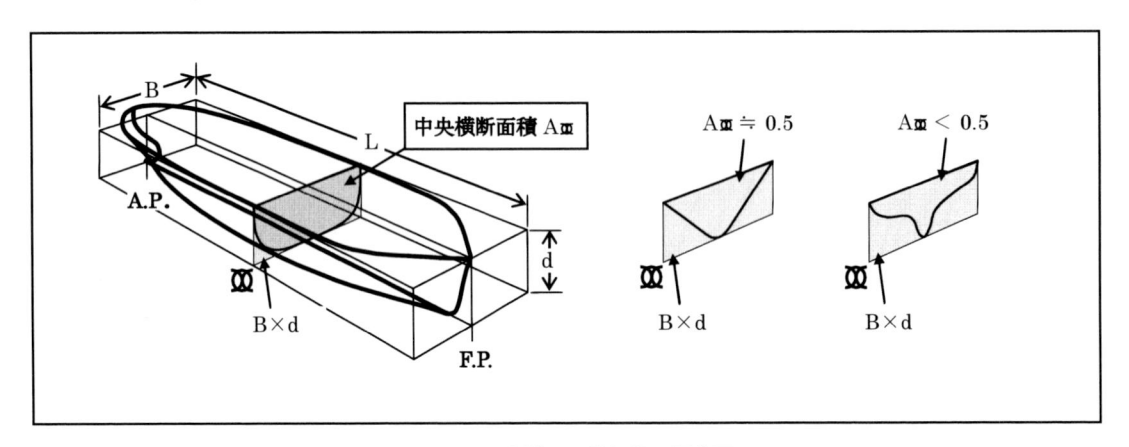

図 2-14　中央横断面積係数の概念図

図 2-14 からも明らかなように，型幅 B と型喫水 d が定まっているため，中央横断面積 A_m が型幅 B と型喫水 d による長方形の面積に近づくほど，中央横断面積係数 C_m は 1.0 に近づく。このことは，船体中央部が U 型船型であることを意味する。一方，C_m が 1.0 から 0.5 に小さくなるほど中央横断面は長方形の断面形状から型幅 B を底辺，高さを型喫水 d とする逆三角形の横断面形状になっていく。このことは，船体中央部が V 型船型であることを意味する。また，0.5 よりも小さくなればヨットの横断面のように T 字形の横断面となる。

2.4 柱形係数

船体の長さ方向への横断面積の分布状態を示すのに，**柱形係数**（ちゅうけいけいすう：**Prismatic Coefficient**）を用いる。この柱形係数は，図 2-15 に示すように，与えられた喫水における船体の水面下の排水容積 V と，このときの船体の中央横断面積と等しい断面積を持ち，しかも垂線間長さ L と等しい柱状体の容積との比で表される。すなわち，柱形係数を C_p とすると，次式で表すことができる。

$$C_p = \frac{V}{A_{\text{m}} \times L} = \frac{V}{C_{\text{m}} \times B \times d \times L} = \frac{C_b}{C_{\text{m}}} \tag{2.3}$$

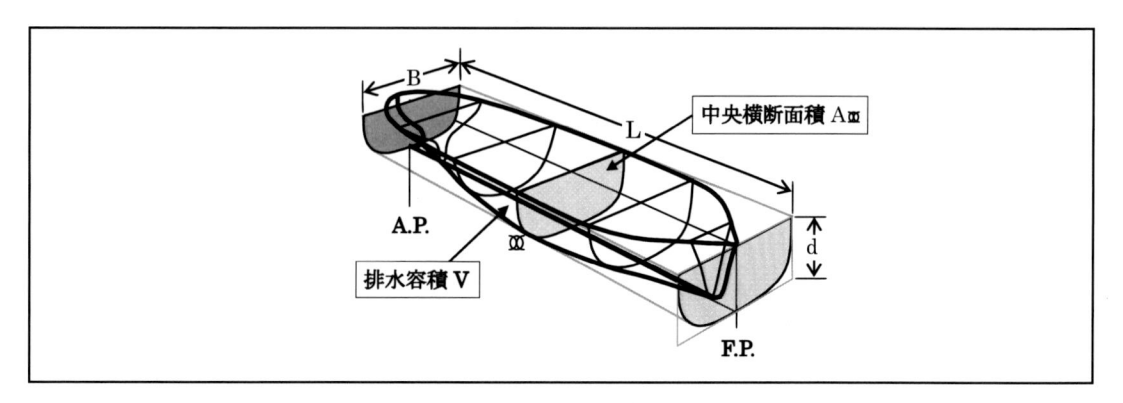

図 2-15 柱形係数の概念図

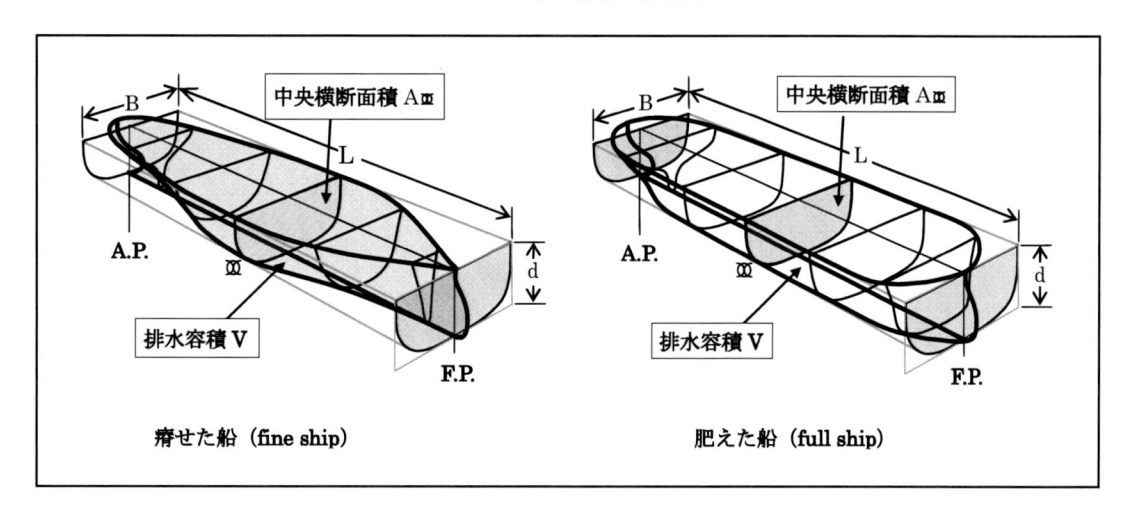

図 2-16 船の肥瘠と断面形状の変化

　図 2-16 は，中央横断面積 A_{m} は同じであるが，瘠せた船と肥えた船の船首尾方向への各横断面の大きさの形状変化を示した図である。

　図 2-16 からも分かるように，C_p が 1.0 に近づけば船は柱状体のように船首尾方向が膨らんだ形状になり，小さくなっていけば容積の大部分が船体中央部に集中する形状となる。

　また，図 2-17 の例示において，中央横断面積係数 C_{m} と排水容積 V は同じであるが C_p が異なる船同士では，垂線間長さ L と型喫水 d が等しい場合，(2.3) 式から C_p の小さい船の方が中央横断面積 A_{m} が大きく幅広で，他方，垂線間長さ L と型幅 B が等しい場合，C_p の小さい船の方が中央横断面積 A_{m} が大きく喫水が深くなっていることが理解できる。いずれの場合も容積が中央部に集中する船型となる。

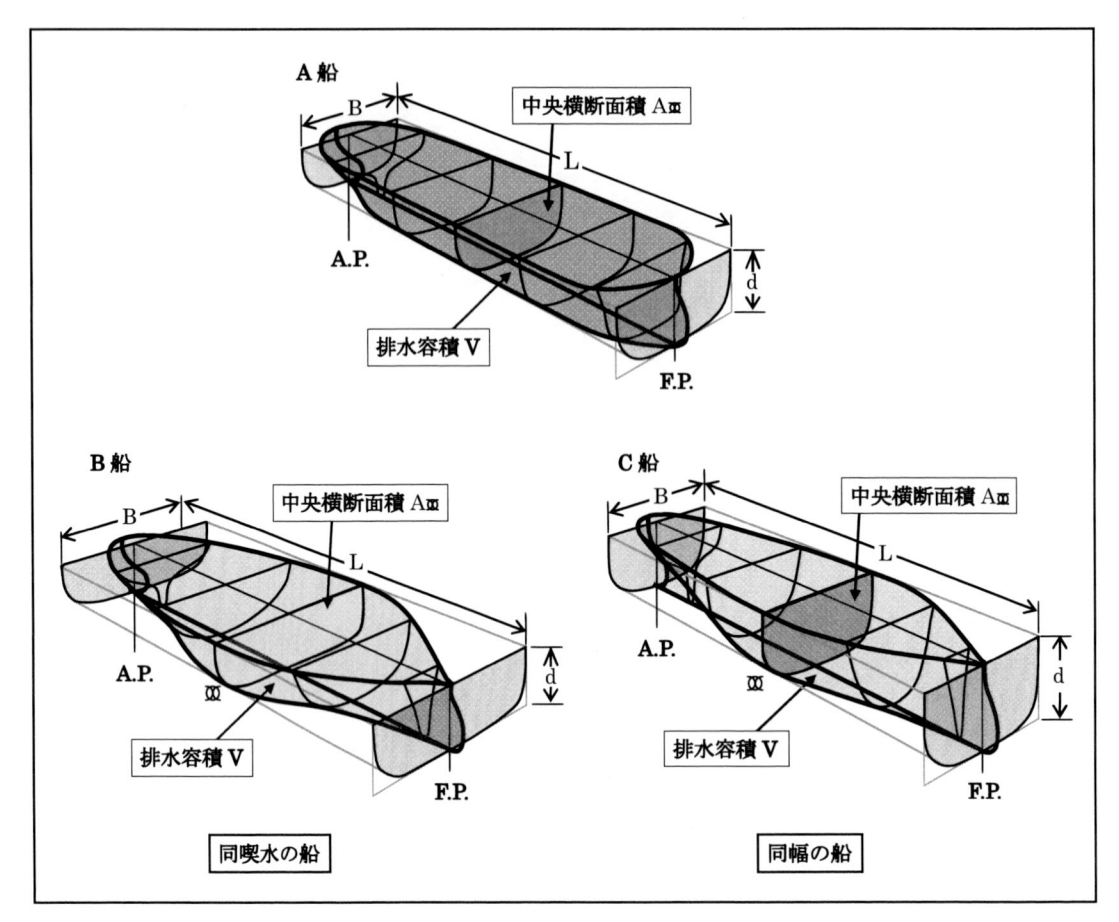

図2-17 C_mと排水量は等しいがC_pが異なる船

　図2-18は，図2-17で例示した船について，縦軸に横断面積，横軸に垂線間長さをとって，船体の水面下部分の各スクエアステーションにおける横断面積の分布を表した**プリズマティック曲線**（**Prismatic Curve**）である。図2-18は縦軸に横断面積をとっているので，3種類の船の各スクエアステーションにおける横断面積の差異が明確に分かる。これはA船，C船，B船の順に中央横断面積A_mが大きく，従って，C_pが小さくなっていることを示している。

　プリズマティック曲線については，「第3章　3.2 プリズマティック曲線の特徴」で詳細に説明するが，これを船体の長さ方向に積分すると排水容積と一致する。従って，図2-17で示した船のプリズマティック曲線は図2-18で示すように3曲線となり，この曲線をそれぞれ積分すると同一の排水容積となる。

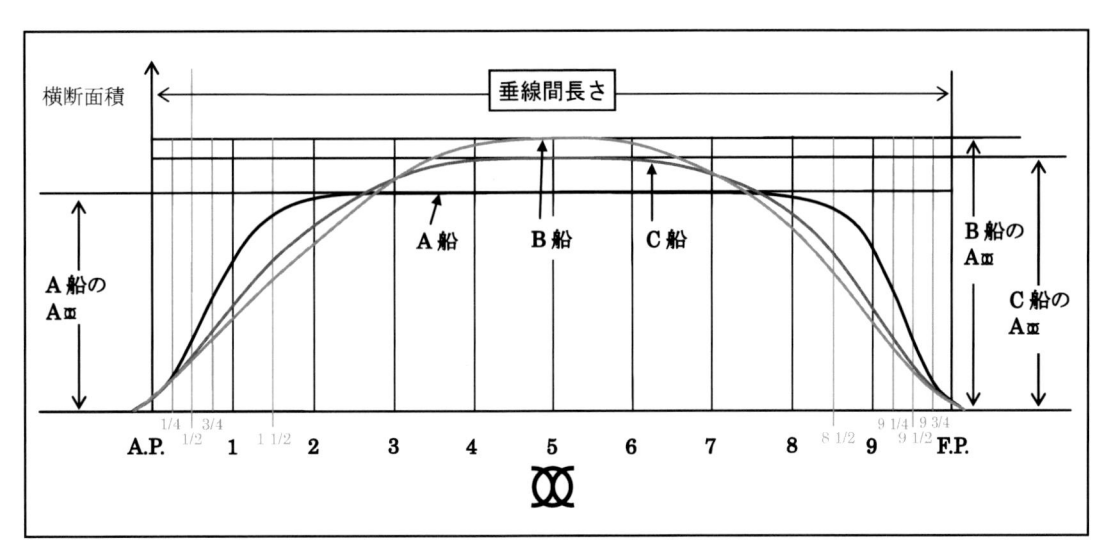

図 2-18　C_m と排水量は等しいが C_p が異なる船のプリズマティック曲線

　また，図 2-19 に示すように，船の垂線間長さ L，型幅 B および型喫水 d が全く同じで，C_p が同じであっても，船型が異なる場合もある。例えば，船体中央部 ⊗ より船首部が瘠せ，船尾部に向かって肥えた船型に対して，逆に，船体中央部 ⊗ より船尾部が瘠せ，船首部に向かって容積が膨らみ肥えた船型が考えられる。このことは，船の主要寸法が同じで C_p が同じであっても，前者の場合が船の浮心位置が船体中央部 ⊗ より後部にあり，後者の場合が前部にあることを意味する。この両船のプリズマティック曲線を示すと，図 2-20 のようになる。

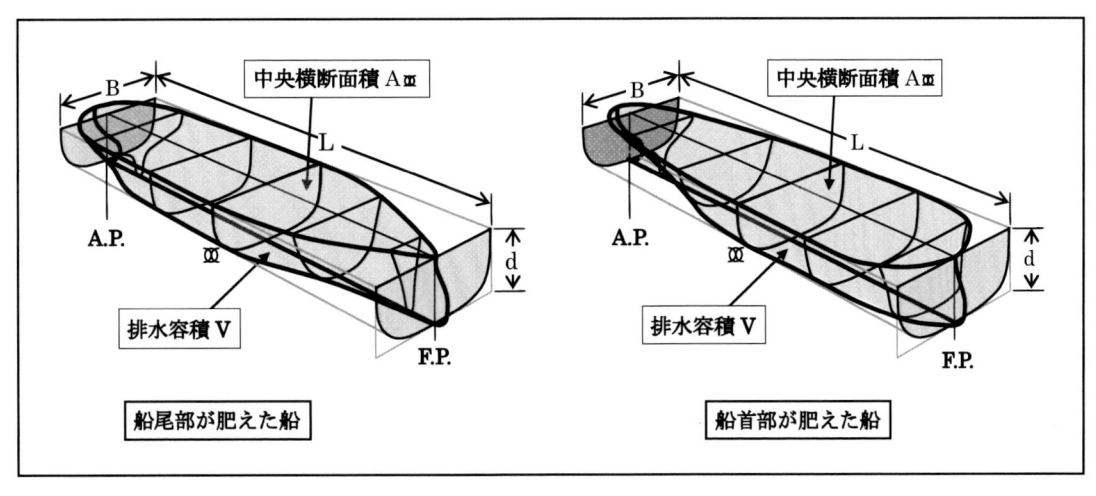

図 2-19　C_p が同じであるが肥瘠部の異なる船

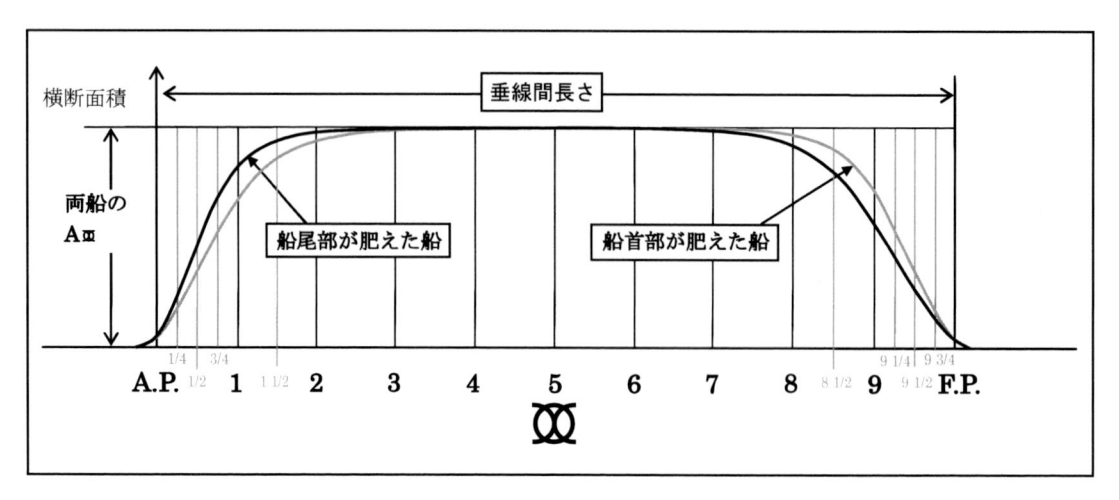

図 2-20　C_p が同じであるが肥瘠部の異なる船のプリズマティック曲線

2.5　水線面積係数

　計画満載喫水線（DLWL）で浮いている船体を静水面で切断した場合，船体の水線面の大きさが垂線間長さと型幅による長方形に占める割合を知ることは，船の推進抵抗や荷役等を検討する上で重要な事項である。一般に，水線面の大きさを取り扱うことから，水線面係数（Waterplane Coefficient）ともいうが，水線面積 A_w と，垂線間長さ L と型幅 B による長方形との比で表されることから，本書では**水線面積係数**（すいせんめんせきけいすう：**Waterplane Area Coefficient**）と称して用いる。従って，これを C_w とすると，次式で表すことができる。

$$C_w = \frac{A_w}{L \times B} \tag{2.4}$$

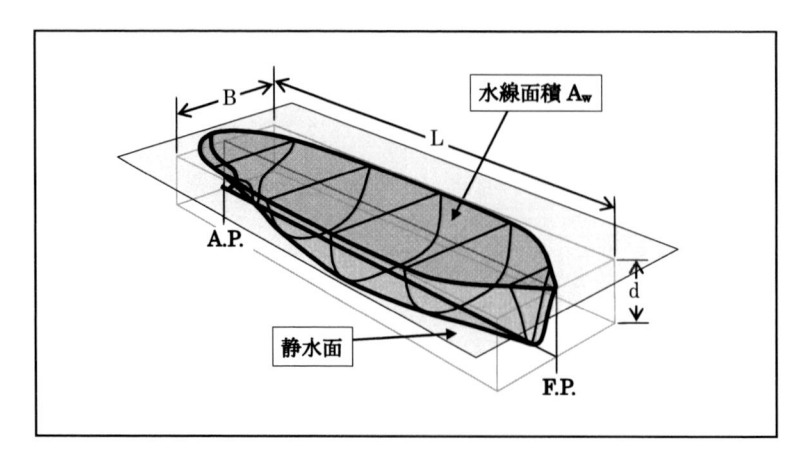

図 2-21　水線面積係数の概念図

　水線面積係数 C_w が大きくなれば，すなわち **1.0** に近づくほど，水線面の形状は長方形に近づき，小

さくなるほど，水線面の形状は船首尾方向に痩せ，船体中央部 ⌗ に集中するような菱型形状になる。

　船は荷役によって沈下あるいは浮上するが，この時の沈下あるいは浮上の量は水線面積の大きさに逆比例する。従って，荷役する貨物の重さによって船の沈下あるいは浮上の量を求める TPC (Tons per cm immersion：毎 cm 排水トン) に用いられる (「第 4 章　4.3.1.5 毎 cm 排水トン」参照)。

2.6　竪柱形係数

　船体の静水面から深さ方向への形状を示すのに，**竪柱形係数** (たてちゅうけいけいすう：**Vertical Prismatic Coefficient**) を用いる。この竪柱形係数は，図 2-22 で示すように，与えられた喫水における船体の水面下の排水容積 V と，このときの船体の静水面での水線面積を断面積とし，しかも型喫水 d と等しい竪方向の柱状体の容積との比で表される。すなわち，竪柱形係数を C_{vp} とすると，次式で表すことができる。

$$C_{vp} = \frac{V}{A_w \times d} = \frac{V}{C_w \times L \times B \times d} = \frac{C_b}{C_w} \tag{2.5}$$

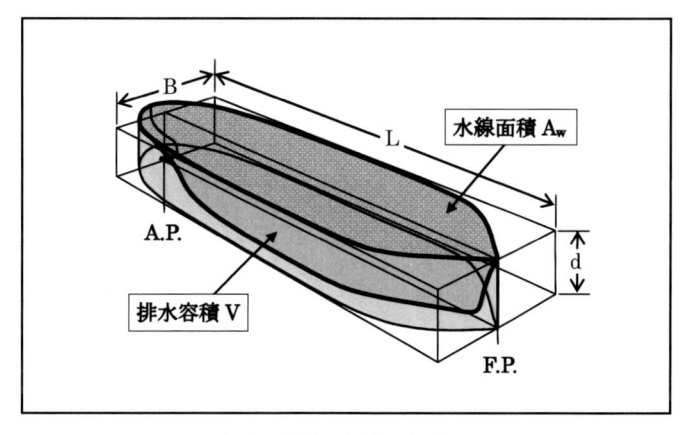

図 2-22　竪柱形係数の概念図

　この竪柱形係数は，船体の静水面での水線面積に対して喫水の深さ方向への形状変化を示しているため，図 2-23 に示すように，1.0 に近づくほど U 型船型で，0.5 へ小さくなるほど V 型船型となる。

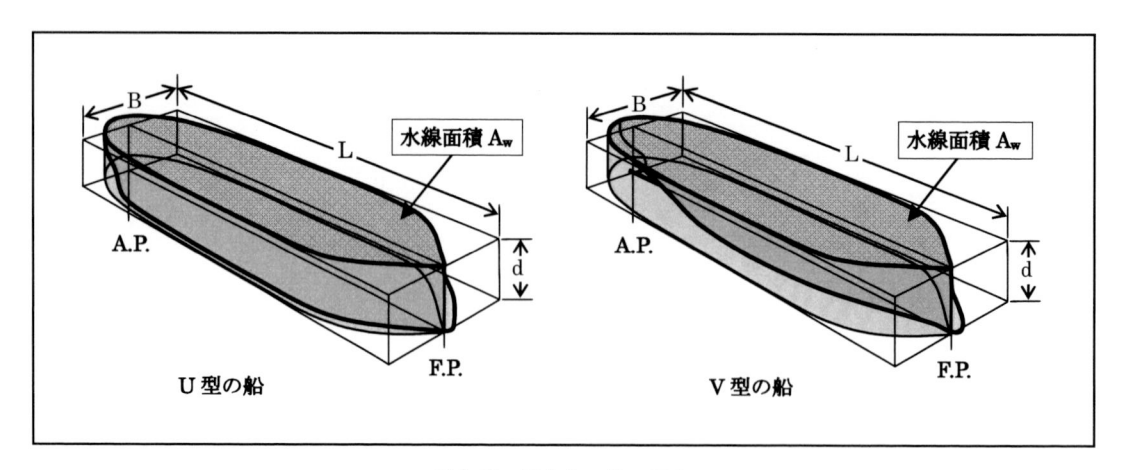

図 2-23　竪方向の船の肥瘠

2.7　肥瘠係数相互間の関係

肥瘠係数（Coefficient of Fineness）の相互間には，それぞれ密接な関係がある。
柱形係数で示したように，C_pは，次式のように表される。

$$C_p = \frac{C_b}{C_M}$$

また，竪柱形係数で示したように，C_{vp}は，次式のように表される。

$$C_{vp} = \frac{C_b}{C_w}$$

上記2つの式から方形係数C_bは，次式のように表される。

$$C_b = C_p \times C_M = C_{vp} \times C_w$$

以上に示した肥瘠係数の相互間の関係を図2-10の船型について求めて示すと，図2-24, 図2-25のようになる。

図2-24の(a)の船型, (b)の船型および(c)の船型の肥瘠係数を求めてみると，上式で表した係数相互間の関係が明らかである。

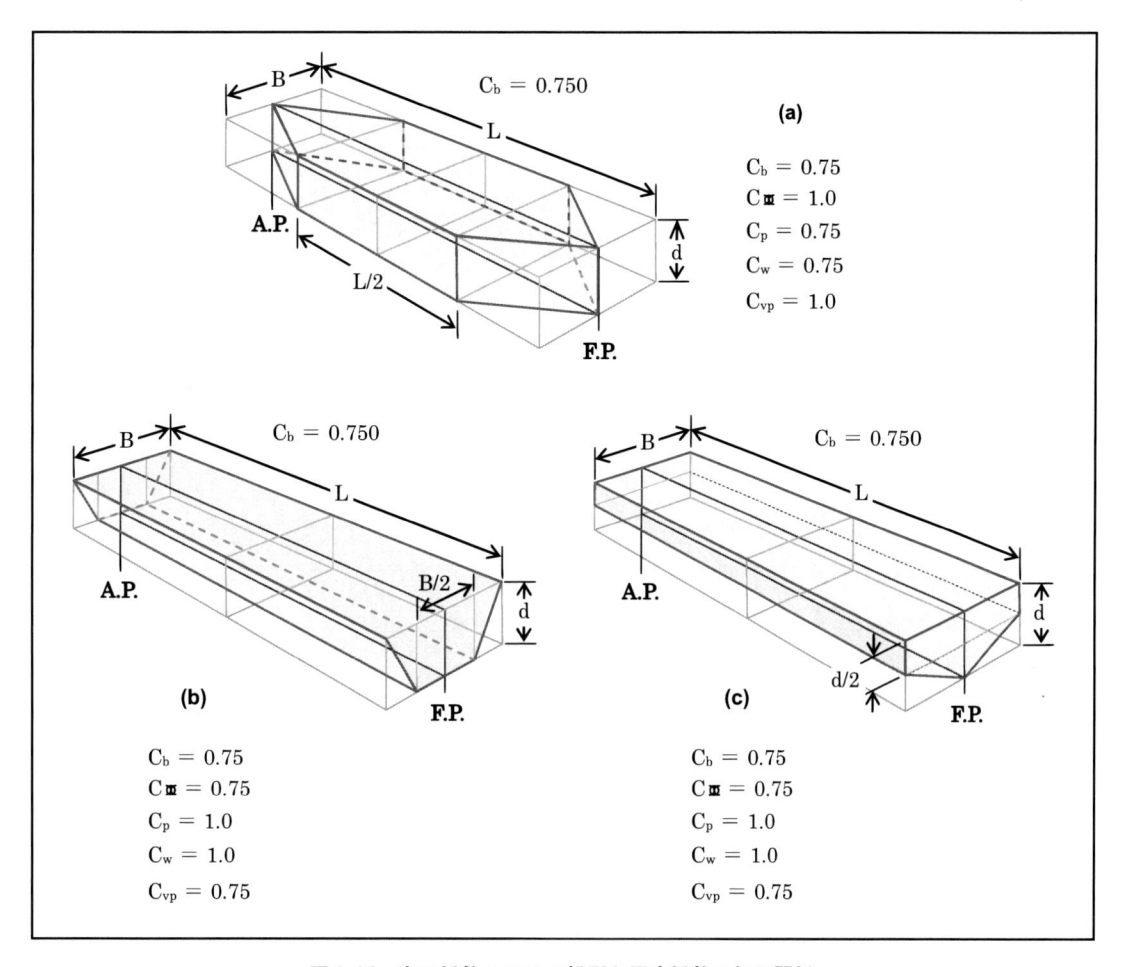

図 2-24　方形係数 0.750 の船型と肥瘠係数の相互関係

　図 2-25 の(a)の船型は，図 2-24 の(a)の船型と(b)の船型を，そして図 2-25 の(b)の船型は，図 2-24 の(a)の船型と(c)の船型を掛け合わせた形状とでもいうべき船型であるが，肥瘠係数を求めてみると，(a)の船型と(b)あるいは(c)の船型の同じ係数同士を掛けた係数になっていることが分かる。また，図 2-25 の(c)の船型は図 2-24 の(a)の船型と(b)の船型を，そして，図 2-25 の(d)の船型は図 2-24 の(a)の船型と(c)の船型を重ね合わせて共通部分以外を取り除いた形状の船型になっているが，図 2-25 の(a)の船型あるいは(b)の船型と比べると，C_b，C_p および C_{vp} が大きくなっている。

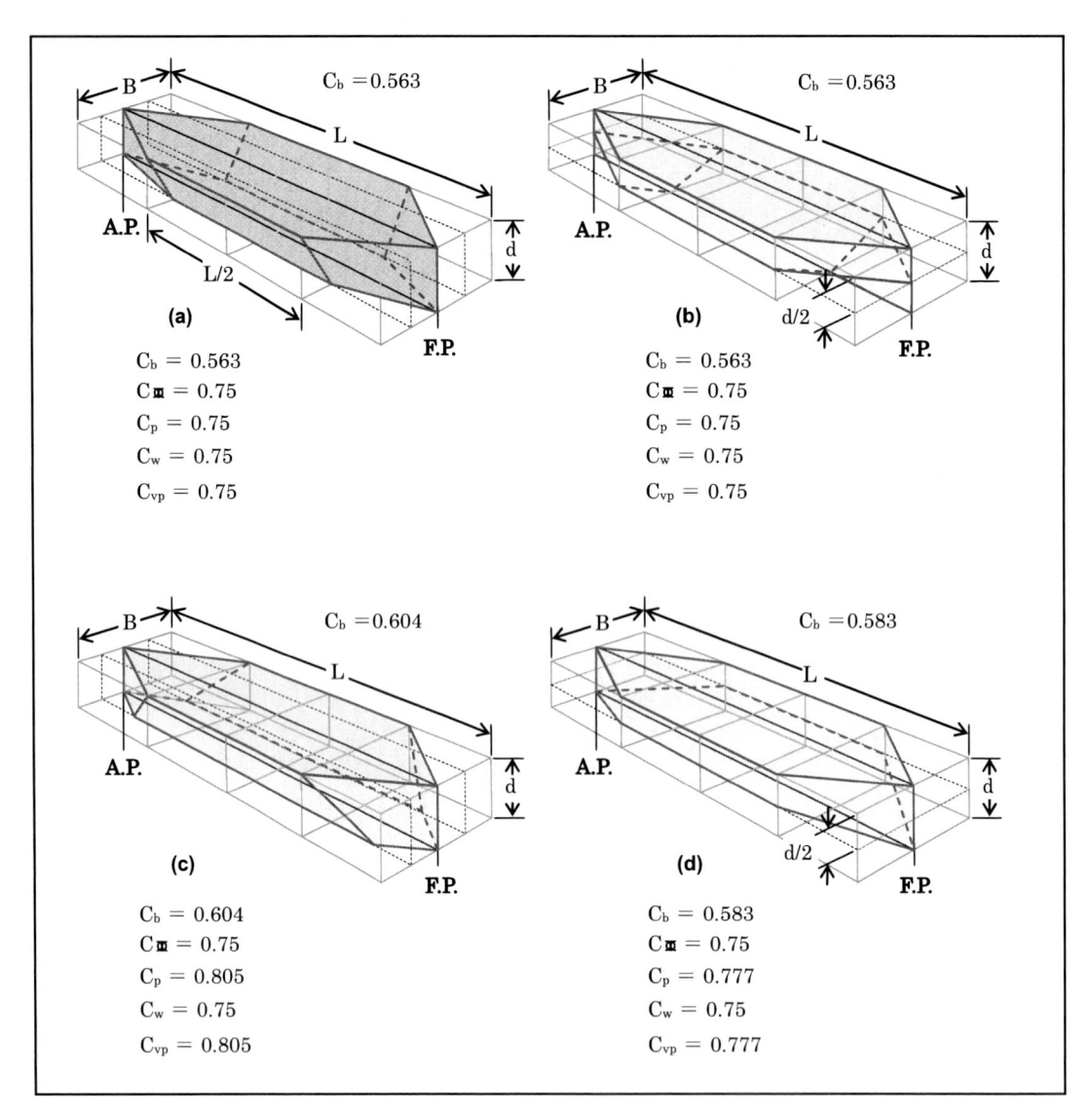

(a)
$C_b = 0.563$
$C_m = 0.75$
$C_p = 0.75$
$C_w = 0.75$
$C_{vp} = 0.75$

(b)
$C_b = 0.563$
$C_m = 0.75$
$C_p = 0.75$
$C_w = 0.75$
$C_{vp} = 0.75$

(c)
$C_b = 0.604$
$C_m = 0.75$
$C_p = 0.805$
$C_w = 0.75$
$C_{vp} = 0.805$

(d)
$C_b = 0.583$
$C_m = 0.75$
$C_p = 0.777$
$C_w = 0.75$
$C_{vp} = 0.777$

図 2-25 肥瘠係数の相互関係

第3章

船体線図（ラインズ）の描き方
(DESIGN OF SHIPS)

3.1 計画船（New Ship）と基準船（Type Ship）

　船は，造船所と船主との間で取り交わされた契約仕様書の内容を満足するように建造されなければならないのは当然である。

　建造する船（以降，**計画船（New Ship）**と称する）の仕様書に記載された主要目等の選定作業は大変重要であり，船体線図（Lines）は，この主要目の中で主要寸法等の関係項目の全てを満足するものでなければならない。

　一般に，主要目とされる主な項目は以下の通りである。

① **船型**（**Type of Ship**，**Ship Type**）

　　人だけを乗船させる，貨物だけを積載する，あるいは貨客の両方を乗せる等，船はその用途によって水面下の形状や水面上あるいは甲板上の形状が異なる。このように，用途に適した船の形状を一般に「船型」という。

② **船級**（**Classification**，**Class**）

　　船に対して最も利害関係にあるのが，船主，荷主，海上保険業者であり，造船所は船主との間で技術的な利害関係にある。

　　船級協会は，これらのいずれにも属さず，公平な第三者の立場で自ら制定した技術的な規則に則って建造する船を検査し，これに合格した船を船級原簿に登録・公表する。この船級協会が船級原簿に登録した資格を「船級」という。

③ **全長**（**Length Overall**）
④ **垂線間長さ**（**Length between perpendiculars**）
⑤ **型幅**（**Molded Breadth**，**Breadth Molded**）
⑥ **型深さ**（**Molded Depth**，**Depth Molded**）
⑦ **型喫水**（**Molded Draft**），計画喫水（**Design Draft**），構造喫水（**Scantling Draft**）
⑧ **方形係数**（**Block Coefficient**）
⑨ **総トン数**（**Gross Tonnage**）

総トン数および純トン数は，海事諸法規を適用する上でも，あるいは船舶の運用に関わる諸手数料や税金の賦課においても，その基準として船舶の建造時に正確に推定しておくべき重要な事項である。

従来のトン数規則は各国間で解釈が異なることや，推定方法の相違などから，政府間海事協議機構（現在の国際海事機関：International Maritime Organization（IMO））において，1969年の船舶のトン数測度に関する国際条約（International Convention on tonnage Measurement of Ship, 1969）で，トン数の国際的な統一が採択された。

すなわち，国際総トン数（GT）は次式で決定される。

$$GT = K_1 V$$

ここに，Vは船舶の全ての閉囲場所の合計容積（m²），係数 K_1 は次式で計算されるものである。

$$K_1 = 0.2 + 0.02 \log_{10} V$$

純トン数（NT）は次式で決定される。

$$NT = K_2 V_C (4d/3D)^2 + K_3(N_1 + N_2/10)$$

但し，$(4d/3D)^2 \leq 1$，$K_2 V_C (4d/3D)^2 \geq 0.25 GT$，$NT \geq 0.30 GT$ であること。

ここに，V_C = 貨物積載場所の合計容積（m²）

$K_2 = 0.2 + 0.02 \log_{10} V$

$K_3 = 1.25 \times (GT + 10,000)/10,000$

D = 船の長さの中央における型深さ

d = 船の長さの中央における型喫水

N_1 = 寝台数8以下の船室の旅客数

N_2 = その他の旅客数

$N_1 + N_2$ = 船舶の検査証書に示される旅客の最大搭載人員数

$(N_1 + N_2) < 13$ の場合には $N_1 = 0$，$N_2 = 0$

上記の，Vを求めるための閉囲場所あるいは除外場所等および V_C を求めるための貨物積載場所の定義については，International Convention on tonnage Measurement of Ship, 1969 あるいは『造船設計便覧（第4版）』（関西造船協会編，海文堂出版）第3編5節を参照のこと。

⑩ **満載排水量（Full Load Displacement）**

一般的には，計画満載喫水で船が水面上に浮いているとき，船が排除する水（海水）の重量を満載排水量という。

一方，船には季節や航行する海域によって船に積載できる限度を示す最大喫水線が，フリーボードマークで表示されている。これは，船が遭遇する気象・海象において，安全に航行できる載貨限度はフリーボードマークに適応した最大喫水までであることを示している。故に，運行中の船の満載排水量は載貨限度の最大喫水状態にあるとき船の全重量であるといえる。

⑪ **軽荷重量（Light Weight）**

船の自重をいうが，船主や造船所によって定義が多少異なる。

「1974年の海上における人命の安全のための国際条約」およびこの条約の「1988年の議定書」では，次のように定義されている。

「軽荷重量」とは，貨物，燃料油，潤滑油，バラスト水，タンク内の清水及び養かん水，消耗貯蔵品並びに旅客及び乗務員並びにその手回品を除く船舶の排水量をトンで表したものをいう（『2011 年海上人命安全条約』（国土交通省海事局安全基準課監修，海文堂出版）参照）。

⑫ **載貨重量**（Deadweight）

満載排水量から軽荷重量を差し引いた重量で，満載排水量まで貨物等を積載しうる最大重量をいう。

⑬ **主機**（Main Engine）

船の推進器を回す原動機をいう。

⑭ **航海速力**（Sea Speed, Service Speed）

計画満載喫水状態で，主機を常用出力で運転したときに出しうる船の速力をいう。ここで，常用出力とは航海速力を得るために常用する出力で，主機燃費上最も効率が高いとされる連続最大出力の85%～90%出力をいう。また，これを最も経済的に航行できる経済出力ともいい，15%のシーマージンを含んだ出力をいう。

⑮ **試運転速力**（Trial Speed）

造船所で建造された船は，船の引渡し前に海上での公試運転を行う。このとき，主機を最大出力で運転したときに出しうる船の最高速力をいう。

計画船の設計は，船種，載貨重量および速力等を考慮して，船主要求を満足させる最終的な船の主要寸法（船の長さ L，幅 B，深さ D）および方形係数 C_b 等を決定して行われる。

一般的には，計画船を設計する場合，主要寸法をはじめとして船主の要求・要件に最も似通った類似船を**基準船**（一般的にタイプシップ（**Type Ship**）という）として，主要寸法，プリズマティック曲線や船体線図を参考にすることは非常に効果的である。

3.2 プリズマティック曲線の特徴

新しい船の船体線図を製図する場合，**プリズマティック曲線**（**Prismatic Curve**）は大きな役割を果たすので，ここで，この曲線の持つ特徴についてまとめておく。

図 2-18 で示したプリズマティック曲線は，縦軸に横断面積をとって示し，中央横断面積係数 C_m と排水量は同じであるが C_p が異なる 3 種類の船のものについて示したが，必要に応じてその表示方法が異なる。

図 3-1 は，左側の縦軸に図 2-18 と同様に横断面積をとって示しているので，船体中央部⊗での B × d で得られる長方形の面積を最大値とし，各スクエアステーション番号の所に，そこでの横断面積 A_m（但し，添え字 m は各スクエアステーションの位置を示す）の大きさを表したプリズマティック曲線となっている。従って，船体の中央部は中央横断面積 $A_⊗$ を表示している。

図 3-1 の左側の縦軸は横断面積をとっているため，表示されているプリズマティック曲線を船体の長さ方向に積分すると，排水容積 V を求めることができる。

また，左側縦軸で示した B × d と $A_⊗$ のそれぞれを B × d で除して，その値を図の右側縦軸にとってみると，1.0 を図の左側縦軸の B × d と同じ高さにとれば，左側縦軸の $A_⊗$ に相当する値が右側縦軸

の C_m となる。

$$\frac{A_m}{B \times d} = C_m$$

従って，この場合，右側の縦軸は次式のように C_m を表す軸となっている。

$$\frac{A_m}{B \times d} = C_m$$

但し，C_m は各スクエアステーションの位置 m での横断面積係数である。

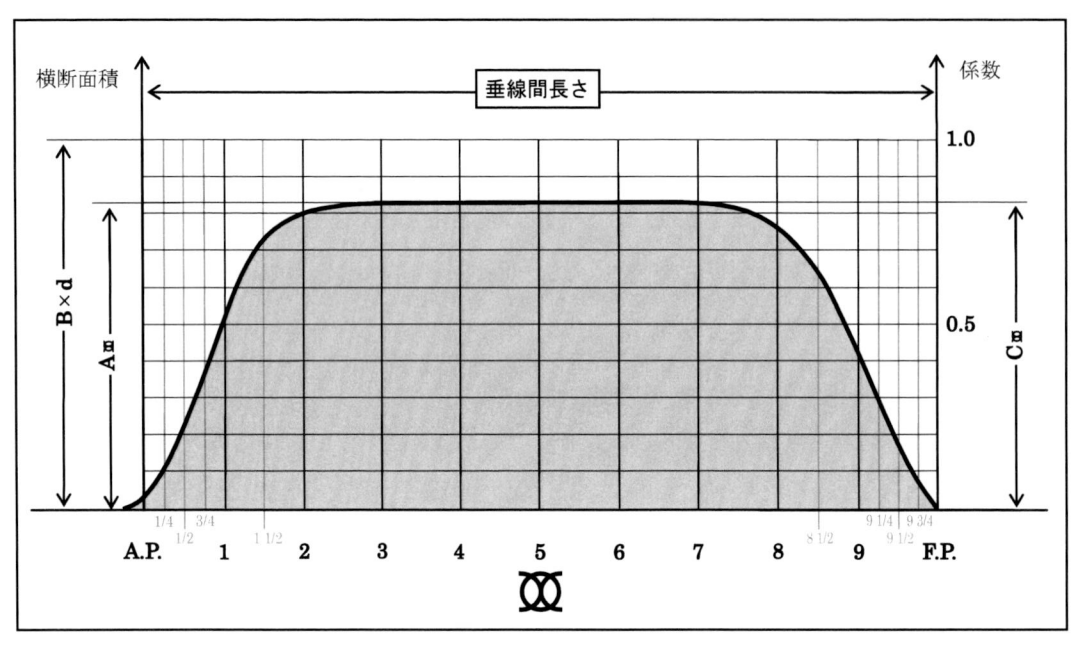

図 3-1　C_m 表示のプリズマティック曲線

図 3-1 に，船体の排水容積 V と等しい容積になるような長方形 abcd を考え，図の左側縦軸に長方形の短辺，すなわち L × A' ＝ 排水容積 V となるような平均面積 A' をとって図示すると，図 3-2 のようになる。

図 3-2 の左側縦軸の B × d および A' のそれぞれを B × d で除して，その値を図の右側縦軸にとってみると，1.0 を図の左側縦軸の B × d と同じ高さにとれば，左側縦軸の A' に相当する値が右側軸の C_b となる。

$$\frac{A'}{B \times d} = \frac{A' \times L}{L \times B \times d} = \frac{V}{L \times B \times d} = C_b$$

この場合は，左側縦軸の A' の値によって排水容積 V が変化するため，右側縦軸はその変化に伴う C_b を表す軸となる。

従って，図 3-2 の左側縦軸の平均面積 A' は $C_b \times B \times d$ に他ならない。

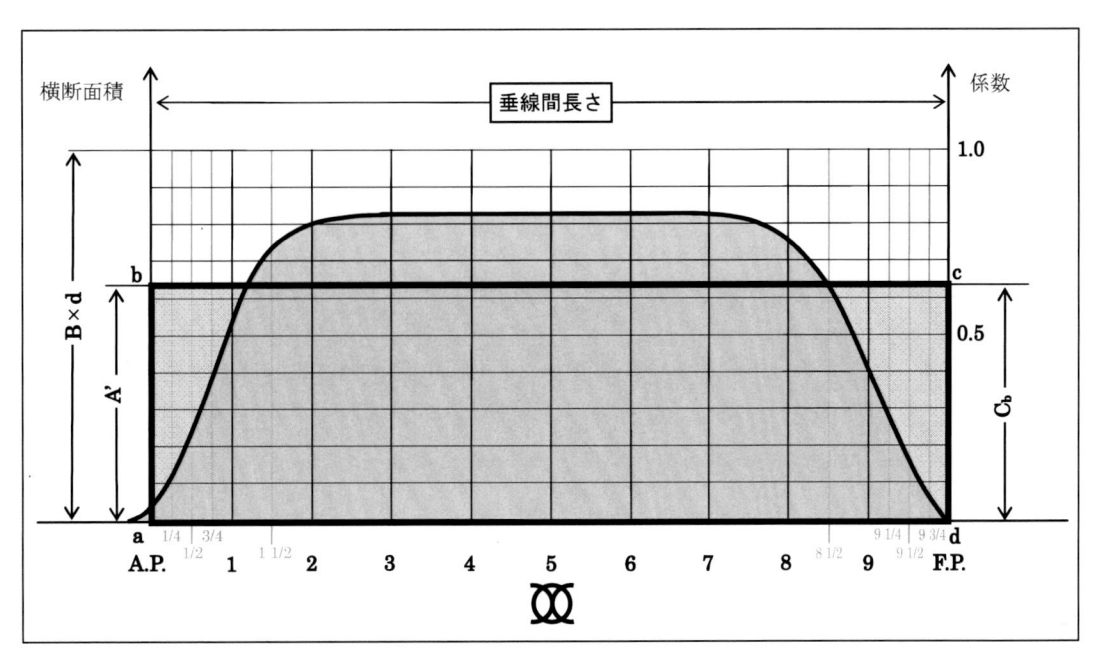

図3-2 C_b表示のプリズマティック曲線

図3-3は，船体の中央横断面積A_mを縦軸の最大値として表示したプリズマティック曲線を示す。図3-1から図3-3の左側の縦軸は横断面積をとっているため，各スクエアステーションでのプリズマティック曲線の値は，各スクエアステーションにおける船体の横断面積A_mを表している。従って，この曲線を船体の長さ方向に積分すると排水容積Vを求めることができる。

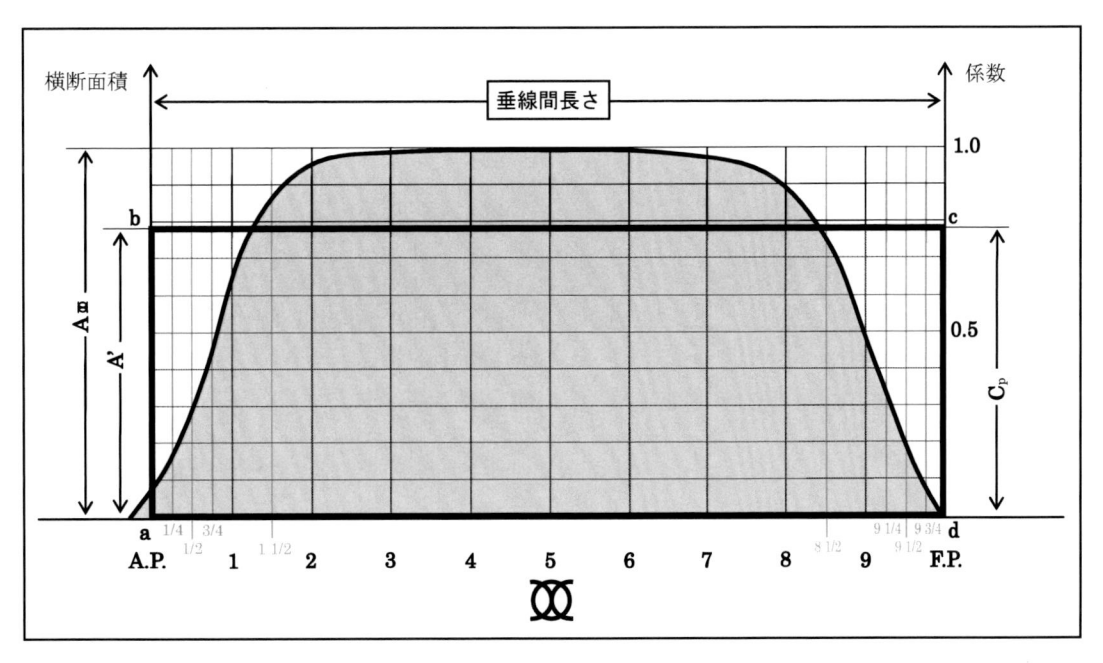

図3-3 C_p表示のプリズマティック曲線

また，図3-3に，図3-2と同様に船体の排水容積Vと等しい容積になるような長方形abcdを考えてみる。この時，図の左側縦軸に示す長方形abcdの短辺，すなわち平均面積A'は，L × A' ＝ 排水容積Vの関係にある。

図3-3の左側縦軸のA_mおよびA'の値をA_mで除してその値を図の右側縦軸にとってみると，1.0を図の左側縦軸のA_mと同じ高さにとれば，左側縦軸のA'に相当する値が右側縦軸のC_pとなる。

この場合，左側縦軸のA'の値によって排水容積Vが変化するため，右側縦軸はその変化に伴うC_pを表す軸となる。

$$\frac{A'}{A_m} = \frac{A' \times L}{A_m \times L} = \frac{V}{A_m \times L} = C_p$$

従って，図3-3の左側縦軸の平均面積A'は，$C_p \times A_m$に他ならない。

更に，もう1つ重要な特徴は，図3-1から図3-3のプリズマティック曲線で囲まれた面積の中心が，船体の**縦方向浮力中心**（Longitudinal Center of Buoyancy）を示していることである。また，この縦方向浮力中心の位置は，船体中央部⊗から前後方向への距離としてl_{cb}（**排水量等の計算では⊗Bで表示**）で表される。一般的には，**縦方向浮力中心の位置**が船体中央部⊗から**船体後部にある場合**，l_{cb}は正（＋：**プラス**），**船体前部にある場合**，l_{cb}は負（－：マイナス）として取り扱う。

3.3　プリズマティック曲線の描き方

プリズマティック曲線は，その特徴については前述の通りであるが，言い換えれば，船体の長さ方向に横断面の大きさを示した横断面積曲線（Sectional Area Curve）ともいえる曲線である。また，曲線の特徴から，船体の肥瘠度を示していることも明らかである。

船体が静水面に浮いている時，船体には重力と浮力が作用する。この浮力の作用点を**浮心**（Center of Buoyancy）というが，一般的に船体抵抗の見地から，低速船の場合，船体中央部⊗より前方に，高速船の場合は後方にある方が良いとされている。

従って，プリズマティック曲線は，新しく建造する船の肥瘠度や浮心の船体中央部⊗からの前後位置である縦方向浮力中心（l_{cb}）を定めるのに大きな役割を果たす。

図3-3で示したプリズマティック曲線を，船体中央部⊗から前の船体前半部と後の後半部に分けて表示すると，図3-4のようになる。

船体中央部⊗からの**船体前半部の柱形係数**をC_{pf}，**船体後半部の柱形係数**をC_{pa}と表示すると，柱形係数C_pは，図3-4から明らかなように，次式のように表すことができる。

$$C_p = \frac{C_{pf} + C_{pa}}{2}$$

あるいは，次式のように表すこともできる。

$$C_p = C_{pf} - \frac{C_{pf} - C_{pa}}{2} = C_{pa} + \frac{C_{pf} - C_{pa}}{2}$$

例示している図3-4の場合，船体中央部⊗⊗から船体後半部の面積が前半部の面積より大きいことから，縦方向浮力中心の位置（l_{cb}）は船体中央部⊗⊗から船体後半部にあることが推測できる。

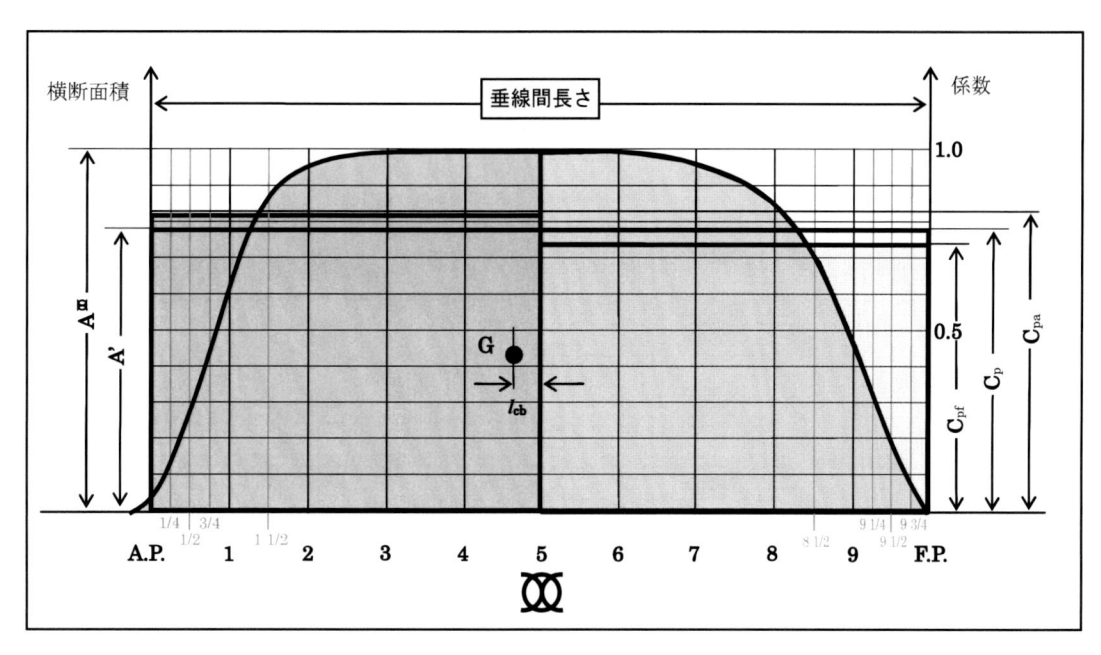

図3-4 船首部と船尾部を分割表示したプリズマティック曲線

3.3.1 関西造船協会の方法

関西造船協会は，プリズマティック曲線を描き表すのに必要な資料として C_{pf}，C_{pa}，l_{cb}および各スクエアステーションにおける横断面積 A_m の相互関係図を示している。ここでは，これらの相互関係図を用いたプリズマティック曲線の描き方を以下に示す。

図3-5は，l_{cb} と $C_{pf} - C_{pa}$ との関係を示した図である。横軸に船体中央部⊗⊗から縦方向浮力中心までの距離 l_{cb} と船長 L との比を示し，縦軸に船体前半部の柱形係数 C_{pf} と船体後半部の柱形係数 C_{pa} の差をとっている。

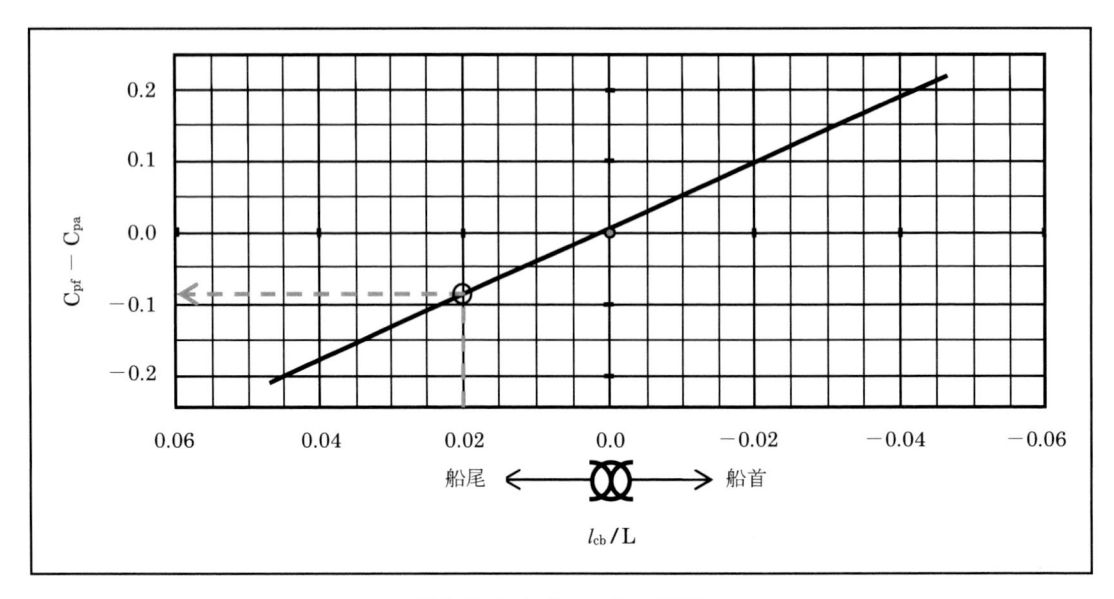

図 3-5　l_{cb} と $C_{pf} - C_{pa}$ の関係

また，C_{pf} および C_{pa} と各スクエアステーションにおける横断面積 A_m との関係を，図 3-6 および図 3-7 に示す。いずれの図も，横軸を各スクエアステーションにおける横断面積 A_m と船体中央横断面積 A_m の比で示している。但し，C_{pf} を示す図 3-6 は，正面線図の船首部横断面曲線と同様に，小さい断面積から大きな断面積への変化を左から右へとっている。一方，C_{pa} を示す図 3-7 は，正面線図の船尾部横断面曲線と同様に，小さい断面積から大きな断面積への変化を右から左へとっている。

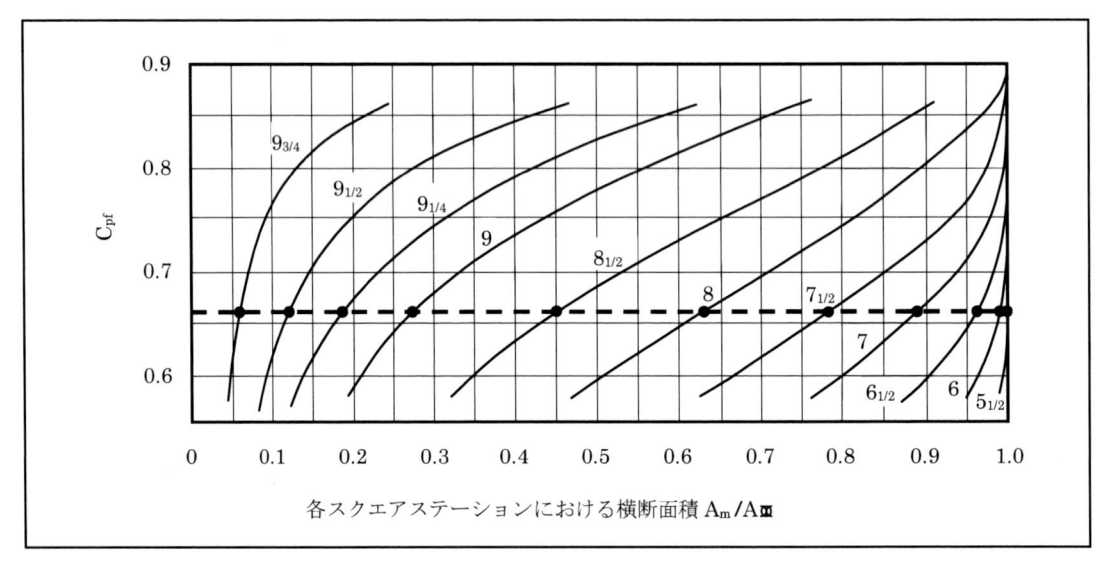

図 3-6　各スクエアステーションにおける横断面積 A_m と C_{pf} の関係

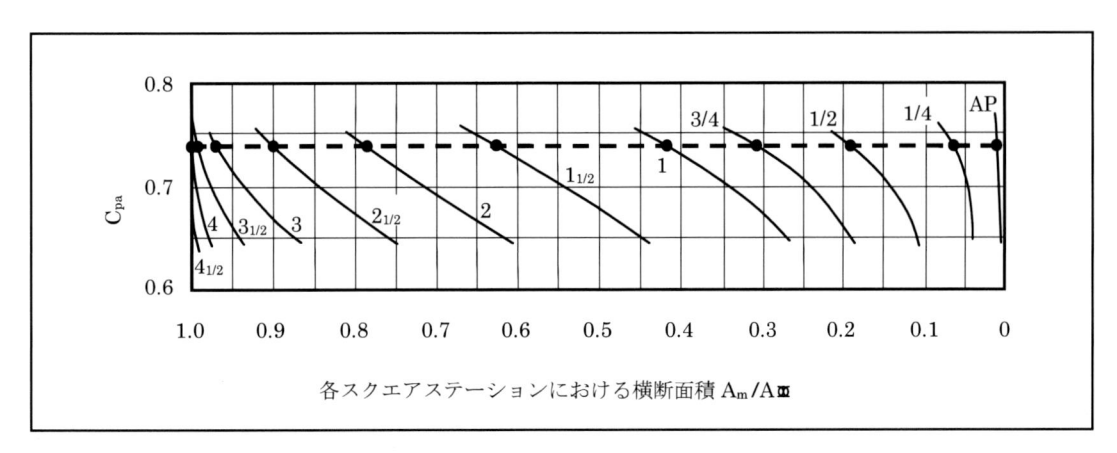

図3-7 各スクエアステーションにおける横断面積 A_m と C_{pa} の関係

例えば今,$C_p = 0.7$,$l_{cb}/L = 0.02$ の計画船について考えてみることにする。この場合,$l_{cb}/L = 0.02$ なので,図3-5より,$C_{pf} - C_{pa} = -0.08$ と読み取れる。従って,$C_p = 0.7$ と $C_{pf} - C_{pa} = -0.08$ を前式に代入すると,C_{pf} と C_{pa} が次のように求まる。

$$C_{pf} = 0.7 - 0.04 = 0.66, \quad C_{pa} = 0.7 + 0.04 = 0.74$$

図3-6には $C_{pf} = 0.66$ の値に等しい横線(図では破線)を引き,図3-7には $C_{pa} = 0.74$ の値に等しい横線(図では破線)を引いて,図にある各曲線との交点(図3-6と図3-7では●印)を求める。求まったそれぞれの値に $A_⊠$ を掛けることで,各スクエアステーションにおける横断面積 A_m を求めることができる。この各スクエアステーションにおける横断面積 A_m を用いる場合はプリズマティック曲線の左側の横断面積を表す縦軸に従って,あるいは交点が示す横断面積 A_m と船体中央横断面積 $A_⊠$ の比を用いる場合はプリズマティック曲線の右側の係数を表す縦軸に従って,各スクエアステーションの縦線にそれぞれの点を印(図3-8では●印)し,この点を通る曲線を描くことで計画船のプリズマティック曲線を求めると,図3-8のようになる。

得られた図3-8において,船体中央部 ⊠ より船首部においては面積 A_f と A_f' が,また,船尾部においては面積 A_a と A_a' が等しくなっていれば,求めようとする $C_p = 0.7$,$l_{cb}/L = 0.02$ のプリズマティック曲線である。

従って,当然のことながら,このプリズマティック曲線は図3-9に示すように,面積 A' と面積 A'' を加えたものが面積 A と等しくなっていなければならない。

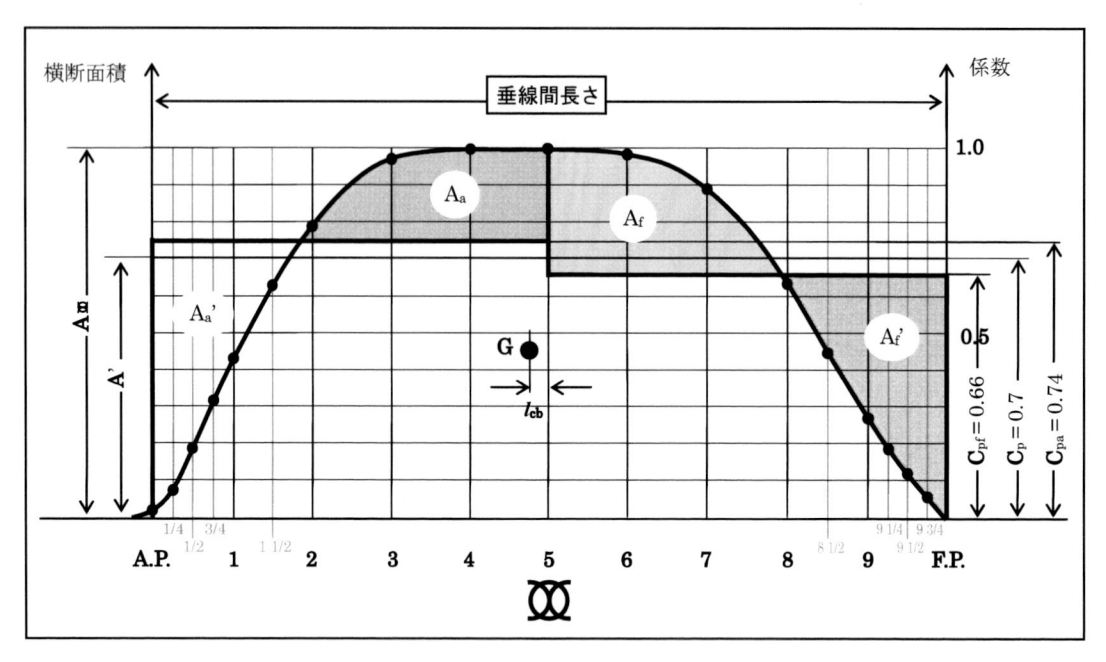

図 3-8　関西造船協会の方法により得られるプリズマティック曲線

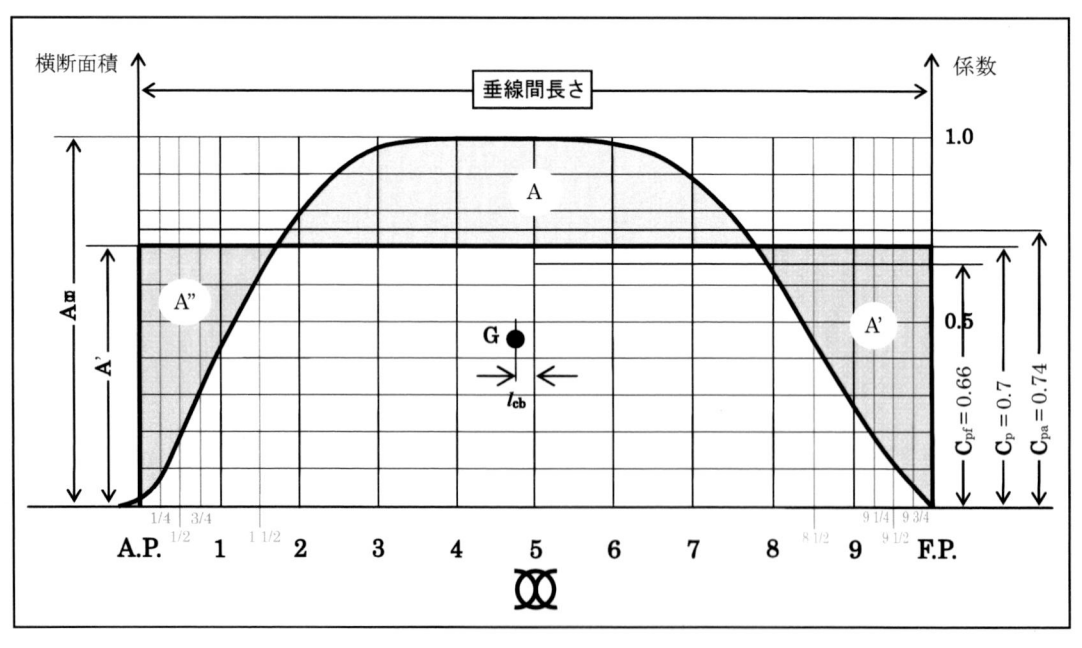

図 3-9　得られたプリズマティック曲線のチェック（A = A' + A"）

3.3.2　基準船のプリズマティック曲線を利用する方法

図 3-10 に，基準船（Type Ship）のプリズマティック曲線を利用して，新しく建造する船（計画船）のプリズマティック曲線を求める概念図を示す。

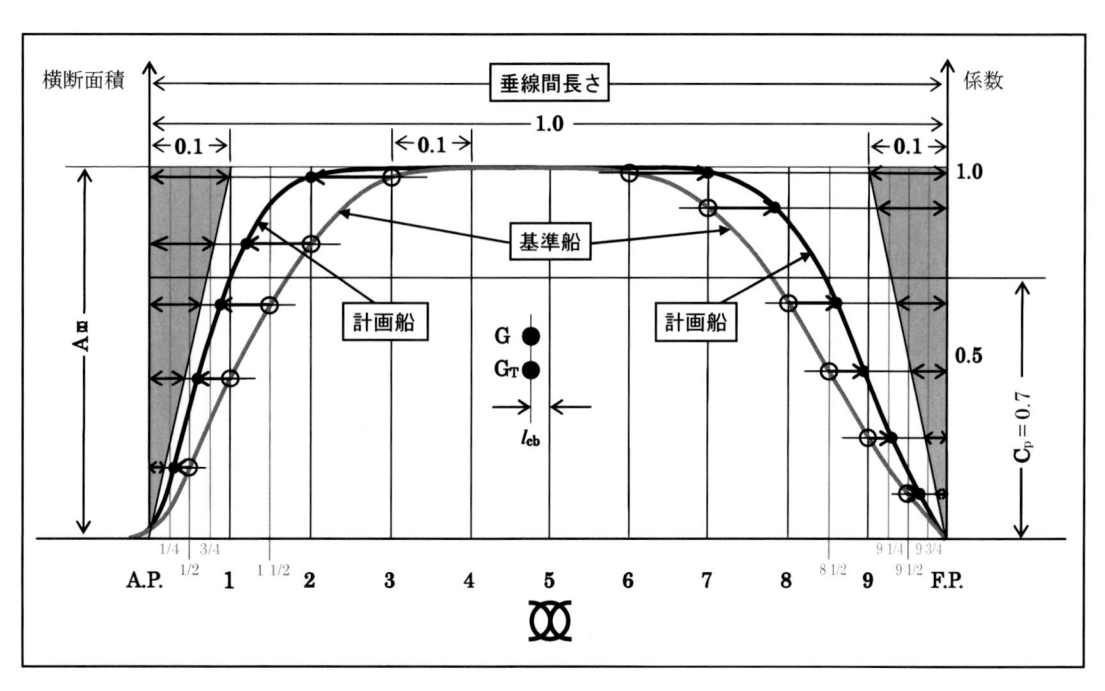

図 3-10 基準船（Type Ship）のプリズマティック曲線から建造船（計画船）のプリズマティック曲線を求める概念図

今，垂線間長さを船長 L で除すれば，図 3-10 において F.P. から A.P. までを 1.0 で表すことができる。そうすると，各スクエアステーション間は 0.1 となる。このときの C_p はプリズマティック曲線で囲まれた部分の面積を示し，l_{cb} は l_{cb}/L を示していることになる。

例えば，**基準船**が $C_p = 0.7$ に対して，**計画船**が $C_p = 0.8$ の場合のプリズマティック曲線を求める手順は次のようになる。但し，**l_{cb} の位置は変わらないとした場合**である。図 3-10 において G_T は基準船（Type Ship）の重心位置を示し，G は計画船の重心位置を示している。

① 計画船の C_p と基準船の C_p の差を求める。

　　計画船の C_p − 基準船の C_p = 0.8 − 0.7 = 0.1

② F.P. と A.P. を頂点，F.P. と A.P. からの縦線の一部を縦辺とし，計画船の C_p と基準船の C_p の差（この場合 0.1）を底辺とする逆直角三角形を図 3-10 のように描き入れる。

③ 各スクエアステーションでの縦線と基準船のプリズマティック曲線との交点（図 3-10 の○印）を通る水平線を F.P. と A.P. の縦線まで描き入れる。

④ 各水平線の逆直角三角形と接する幅を，図 3-10 の逆直角三角形内の矢印（⟵⟶）のように求める。

⑤ 計画船の C_p が基準船の C_p より大きい場合（計画船の C_p > 基準船の C_p）は，図 3-10 のように，各水平線の所で基準船のプリズマティック曲線（図 3-10 の○印）から逆直角三角形内の矢印の幅だけ外側へ移動した点（図 3-10 の●印）を求める。

⑥ 計画船の C_p が基準船の C_p より小さい場合（計画船の C_p < 基準船の C_p）は，各水平線の所で基準船のプリズマティック曲線から逆直角三角形内の矢印の幅だけ内側へ移動した点を求める。

⑦　これらの●印の点を結ぶと，計画船のプリズマティック曲線が得られる。

なお，ここでは概念図として分かりやすく示すために，**計画船の C_p と基準船の C_p の差を 0.1 と大きくとって表示しているが，実際にはできるだけ小さい方が望ましい。**

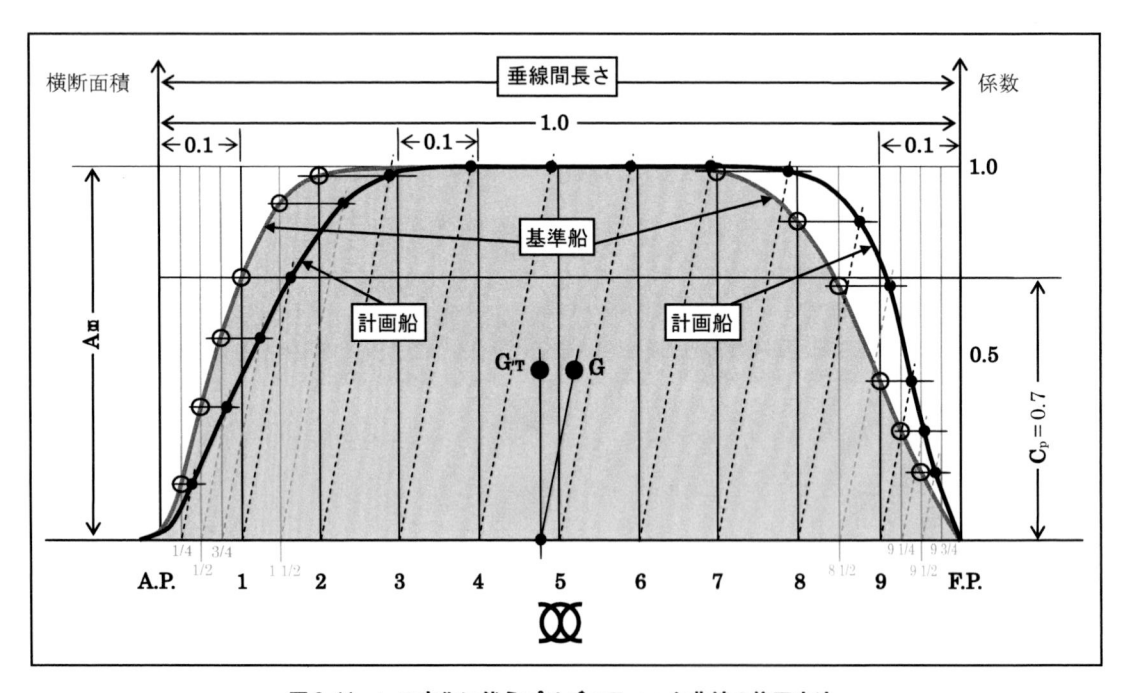

3.3.3　縦方向浮力中心の位置（l_{cb}）の変化に伴うプリズマティック曲線の修正方法

柱形係数 C_p が等しくても，船体中央部 ⓧ より船尾部が痩せ船首部に向かって容積が膨らみ肥えた船があれば，逆に，船体中央部 ⓧ より船首部が痩せ船尾部に向かって肥えた船も考えられる。それは，前述したように，船体抵抗の見地から，縦方向浮力中心の位置（l_{cb}）が低速船の場合は船体中央部 ⓧ より前方に，高速船の場合は後方にある方が良いとされているためである。そのため，同じ C_p の船であっても，縦方向浮力中心の位置（l_{cb}）により，図 2-17 で示したようにプリズマティック曲線が異なる。

ここでは，基準船と計画船で柱形係数 **C_p は等しい**が，**縦方向浮力中心の位置（l_{cb}）が異なる**ことによるプリズマティック曲線の修正方法について示す。

図 3-11 に，その修正方法の概念図を示す。

図 3-11　l_{cb} の変化に伴うプリズマティック曲線の修正方法

図 3-11 において，G_T は基準船（Type Ship）の重心位置を示し，G は計画船の重心位置を示している。

プリズマティック曲線の修正は，次のような手順で行う。

①　基準船のプリズマティック曲線が示す範囲内（図 3-11 の塗りつぶし部分）の重心位置（横軸からの高さと船体中央部 ⓧ からの前後位置）G_T を求め，図 3-11 のように描き入れる。

②　計画船の重心位置 G も描き入れる。

③ 基準船の重心位置 G_T を通る垂直線を引いて横軸との交点を求め，この点より計画船の重心位置 G を通る斜線を引く。
④ 各スクエアステーションの位置で，縦線の原点からこの斜線に平行な線（図 3-11 では破線）を引く。
⑤ 各スクエアステーションの縦線と基準船のプリズマティック曲線が交わる点（図 3-11 の○印）を求める。
⑥ その点を通る平行線を引き，縦線の原点から引いた斜線との交点（図 3-11 の●印）を求める。
⑦ これらの●印の点を結ぶと，計画船のプリズマティック曲線が得られる。

別の修正方法の概念図を図 3-12 に示す。

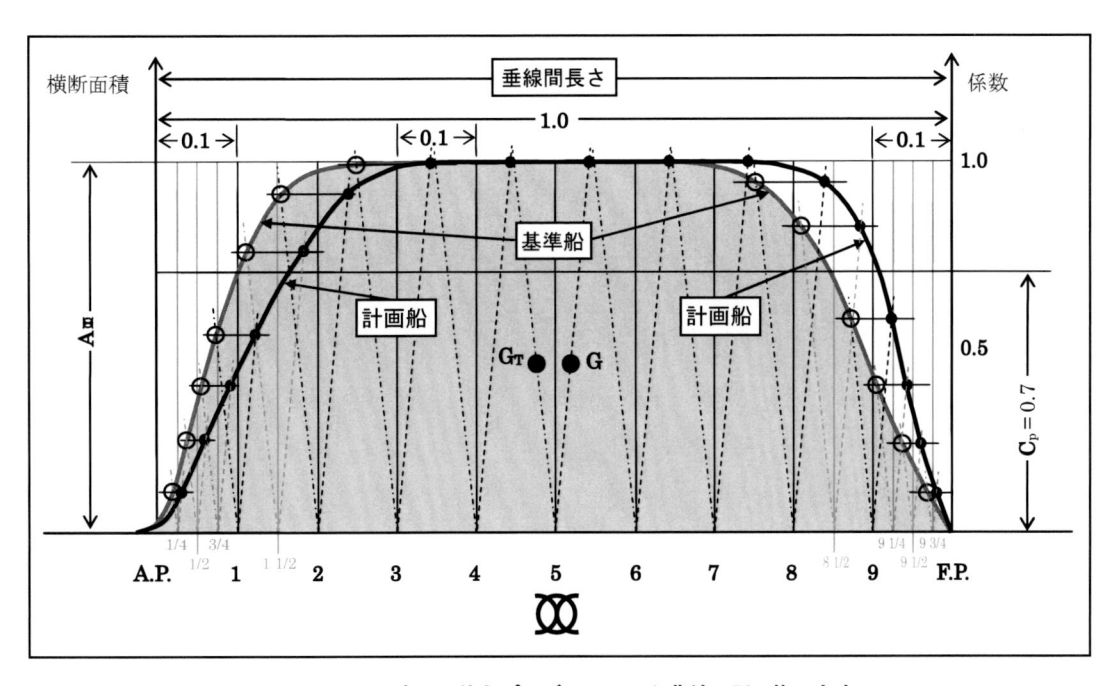

図 3-12　l_{cb} の変化に伴うプリズマティック曲線の別の修正方法

プリズマティック曲線の修正は，次のような手順で行う。

図 3-12 において，G_T は基準船（Type Ship）の重心位置を示し，G は計画船の重心位置を示している。

① 図 3-11 と同様に重心位置 G_T を求め，描き入れる。
② 計画船の重心位置 G も描き入れる。
③ 横軸と船体中央部 ⊗ での縦線との交点から基準船の重心位置 G_T を通る斜線（図 3-12 では一点破線）と，計画船の重心位置 G を通る斜線（図 3-12 では破線）を引く。
④ 各スクエアステーションの位置で，縦線の原点からこれらの斜線に平行な線（図 3-12 では一点破線と破線）を引く。
⑤ 各スクエアステーションの縦線の原点から引いた一点破線と基準船のプリズマティック曲線が交わる点（図 3-12 の○印）を求める。

⑥ その点を通る平行線を引き，縦線の原点から引いた破線の斜線との交点（図 3-12 の●印）を求める。

⑦ これらの●印の点を結ぶと，計画船のプリズマティック曲線が得られる。

3.3.4 C_p と縦方向浮力中心の位置（l_{cb}）の変化に伴うプリズマティック曲線の修正方法

計画船の C_p と縦方向浮力中心の位置（l_{cb}）の両方が基準船のそれと異なる場合，次のようにして**プリズマティック曲線**を求める。

① まず，前節で示した方法により，基準船の縦方向浮力中心の位置（l_{cb}）が新しい重心位置に移動したものとしてプリズマティック曲線を求める。図 3-13 は，図 3-12 で基準船と計画船を逆にした場合のプリズマティック曲線の修正例を示している。

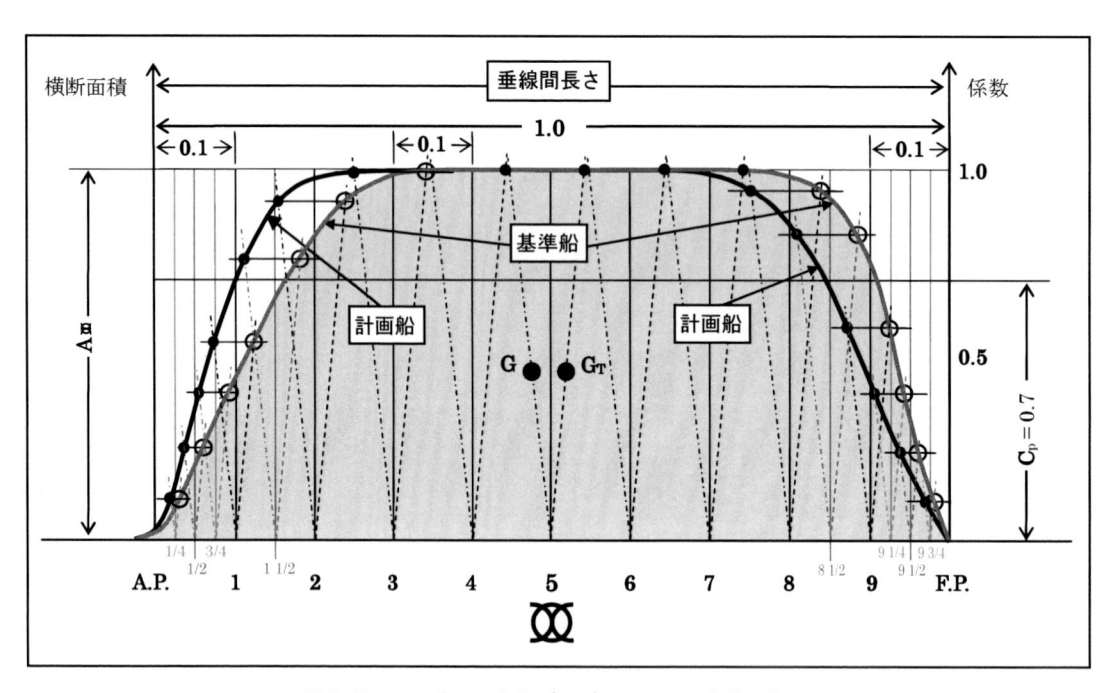

図 3-13 l_{cb} の変化に伴うプリズマティック曲線の修正

② 図 3-13 で得られた計画船のプリズマティック曲線を基準船のプリズマティック曲線とみなし，「3.3.2 基準船のプリズマティック曲線を利用する方法」により，計画船のプリズマティック曲線を求めると，図 3-14 のようになる。図 3-14 は，**基準船が $C_p = 0.8$** に対して，**計画船が $C_p = 0.7$** の場合のプリズマティック曲線を示す。

当然，図 3-14 において基準船（Type Ship）の重心位置 G_T は計画船の重心位置 G に移動するが，l_{cb} の位置は変わらない。

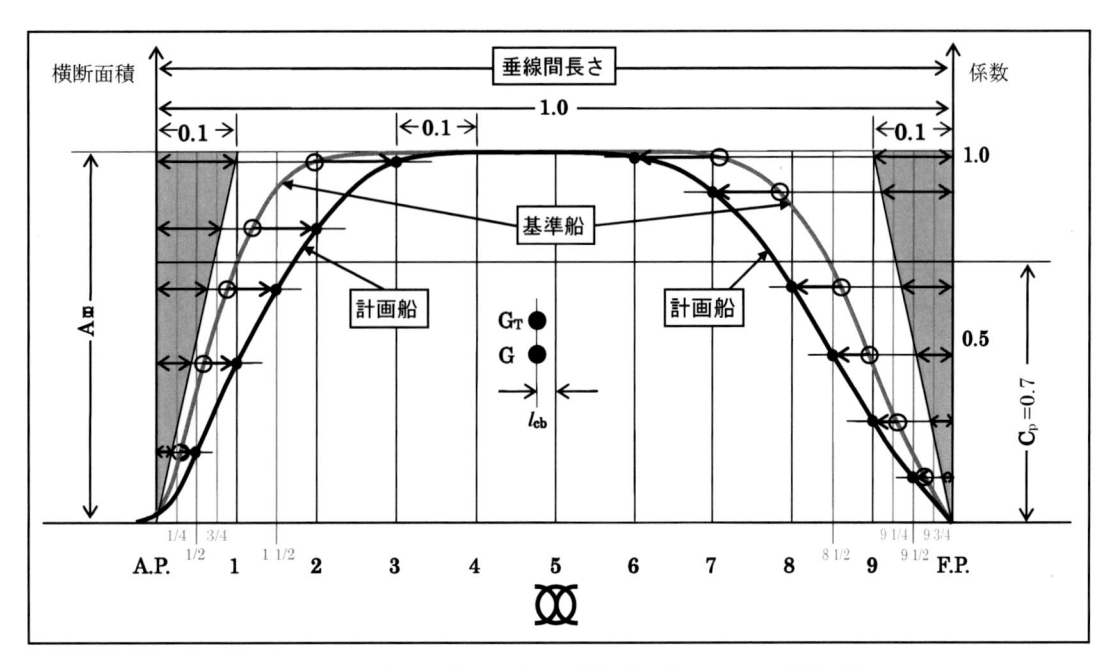

図 3-14 l_{cb} は変わらず C_p の変化に伴うプリズマティック曲線の修正

3.3.5 プリズマティック曲線と船首部バルブとの関係

プリズマティック曲線は、船体の各スクエアステーションにおける横断面積を船体長さ方向への分布状態として示したものである。従って、船首部が球状船首（Bulbous Bow）をしている船は、船首垂線（F.P.）の所である一定の横断面積を有するため、プリズマティック曲線は船首垂線（F.P.）の位置でその大きさを示し、バルブ（Bulb）の先端に至るまではバルブの横断面積を示している（図 2-18、図 2-20 参照）。

3.4 船体線図（ラインズ）の描き方

3.4.1 前準備の検討事項

船体線図を描き始める前の準備として、次に掲げる必要事項について検討し、あらかじめ決定しておかなくてはならない。

必要事項

① 主要寸法（L_{pp}, B_{mld}, D_{mld}, d_{mld}）
　　ここでも、L_{pp} を L、型幅 B_{mld} を B、型深さ D_{mld} を D、型喫水 d_{mld} を d と表記する（第 1 章参照）。
② 縦方向浮力中心の位置（l_{cb}）（前節参照）
③ 肥瘠係数（第 2 章参照）
④ 船首形状と船尾骨材（Stern Frame）の形状を含む船尾形状

⑤　プロペラ軸の中心線高さ
⑥　計画満載喫水線（DLWL）以下の中央横断面形状
⑦　キャンバー（Camber）と舷弧（Sheer）
⑧　上甲板船側線と上甲板中心線の基線（Base Line）からの高さ
⑨　ブルワーク（舷墻：Bulwark）とバウチョック（Bow Chock）高さ
⑩　等喫水（Even Keel）あるいは計画トリム（Designed Trim）
⑪　その他，舵やプロペラ形状
⑫　概略の一般配置図
　　等々

　建造する船は，その船型によって推進性能，操縦性能あるいは波浪中運動性能等が定まるため，船体線図を描き始める前に，これらの性能について検討しておく必要がある。言い換えれば，船体線図の製図は船体の諸性能を確定する作業であり，従って，完成した船体線図で建造する船の諸性能を推定できるようにしておくことは，最も重要なことである。

　具体的には，建造する船は，船主要求である載貨重量や船速等を満足しなければならないので，船体線図は速力・馬力計算，プロペラ形状や舵の面積・形状を含む船尾形状，船体周りの流場現象あるいは波浪中抵抗増加等を勘案して製図することになる。

　ここでは，これらの諸性能に関する検討結果の後の船体船図を描く方法について，以下順を追って示す。

3.4.2　計画満載喫水線以下の中央横断面形状

　船体線図は，計画満載喫水線（DLWL）以下の中央横断面形状を決定し，その形状を描くことから始まる。

　中央横断面形状は，計画船の船速等の関係から肥脊係数の中央横断面積係数 C_m の決定に基づき描かれるが，船体中央部 ⊗ における**強度部材**（**Structural Member**）である**肋骨**（**フレーム：Frame**）の形状も決定付けるものである。

　また，中央横断面形状の決定は船底勾配の有無やビルジ部形状の決定となり，船体の前後形状にも影響するため，慎重な検討を要する。

3.4.2.1　船底勾配が小さいか無い場合（ビルジサークルが1/4円弧で近似できる場合）

　ここでは，船体中央部 ⊗ における船底線（せんていせん：Floor Line）と船側線とを結ぶビルジ（湾曲部）サークルが1/4円弧で近似できる場合の計画満載喫水線（DLWL）以下の中央横断面形状の求め方を示す。この場合は，傾斜を持った船底線と1/4円弧のビルジサークルがほとんど滑らかに結ばれることが条件であるため，従って，船底勾配が小さい場合に限られる。

　主要寸法の B，d と中央横断面積係数 C_m が与えられているから，中央横断面積 A_m を求めると，次式のようになる。

$$A_⊠ = C_⊠ \times B \times d$$

図 3-15 において，湾曲部半径（Bilge Radius）R，船底外板（Bottom Plating）の水平長さ b が与えられたものとして船底勾配高さ（Rise of floor or Dead Rise）を求め，喫水以下の中央横断面形状の輪郭を表示する場合は，次のような計算方法による。

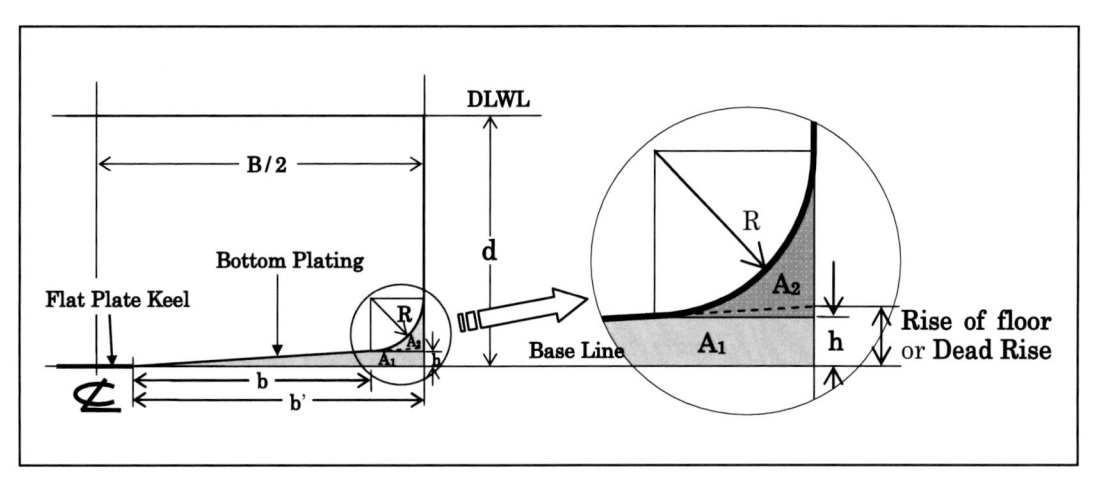

図 3-15　ビルジサークルが 1/4 円弧で近似できる場合の船底部の中央横断面形状

船底外板と湾曲部との接点の基線（Base Line）からの高さを h とすれば，船底部の面積 A_1 と湾曲部の面積 A_2 は，次式から求めることができる。

$$A_1 = b \times h/2 + R \times h$$
$$A_2 = R^2 - \pi R^2/4$$

この結果を用いれば，図 3-15 から，中央横断面積 $A_⊠$ は次式からも求めることができる。

$$A_⊠ = B \times d - 2(A_1 + A_2)$$

従って，中央横断面積 $A_⊠$ を求める 2 つの式から，次式が得られる。

$$B \times d - 2(A_1 + A_2) = C_⊠ \times B \times d$$

この式から，h を求めると，次式のようになる。

$$h = \frac{(1 - C_⊠) \times B \times d - 2R^2 \times (1 - \pi/4)}{b + 2R}$$

この h を用いれば，**船底勾配高さ**（**Rise of floor or Dead Rise**：ここでは **Rf** とする）は，次式から簡単に求まる。

$$(\text{Rise of floor}) \, Rf = \frac{h \times (b + R)}{b}$$

他方，平板キールの端（船底傾斜の出発点：Starting Point of Inclined Bottom）から船側までの長さ b' と船底勾配高さ Rf が与えられて湾曲部半径 R を求め，喫水以下の中央横断面形状の輪郭を表示する場合は，次のように計算する。

上記の A_1 の式において，b + R = b'，h = Rf × (b' - R)/b' と置き換えて湾曲部半径 R を求める。

$$R^2 = \frac{(1-C_{\text{Ⅲ}}) \times B \times d - Rf \times b'}{2(1 - \pi/4) - Rf/b'}$$

湾曲部半径 R は，平方根の値として求まるが，この場合は正の値をとればよいことになる。

また，船底勾配が無い場合は，h = 0 あるいは Rf = 0 であるため，上式から簡単に湾曲部半径 R を求めることができる。

3.4.2.2　船底勾配が大きい場合（ビルジサークルが 1/4 円弧で近似できない場合）

船底勾配を大きくとると，船底線から滑らかに結ばれるビルジサークルは 1/4 円弧よりも小さくなる。この場合は，以下のような方法で計画満載喫水線（DLWL）以下の中央横断面形状を求めなければならない。

図 3-16 が示すように，船底勾配が比較的大きくなれば，船底線とビルジサークルが滑らかに接続（直線と円弧の接点。図 3-16 の a 点）するためには，ビルジサークルが 1/4 円弧よりも小さくなる。その時のビルジサークルの長さは図 3-16 の円弧 ab に等しい。ここで θ は，ビルジサークルが船底線および船側線と接する場合の図 3-16 の点 c を中心とするビルジサークル円弧の中心角である。また，この θ は，船底線と船側線との間の内角でもある。

船底勾配高さ Rf と平板キールの端から船側までの長さ b' が与えられたものとして湾曲部半径 R を求め，喫水以下の中央横断面形状の輪郭を表示する場合は，次のような計算方法による。

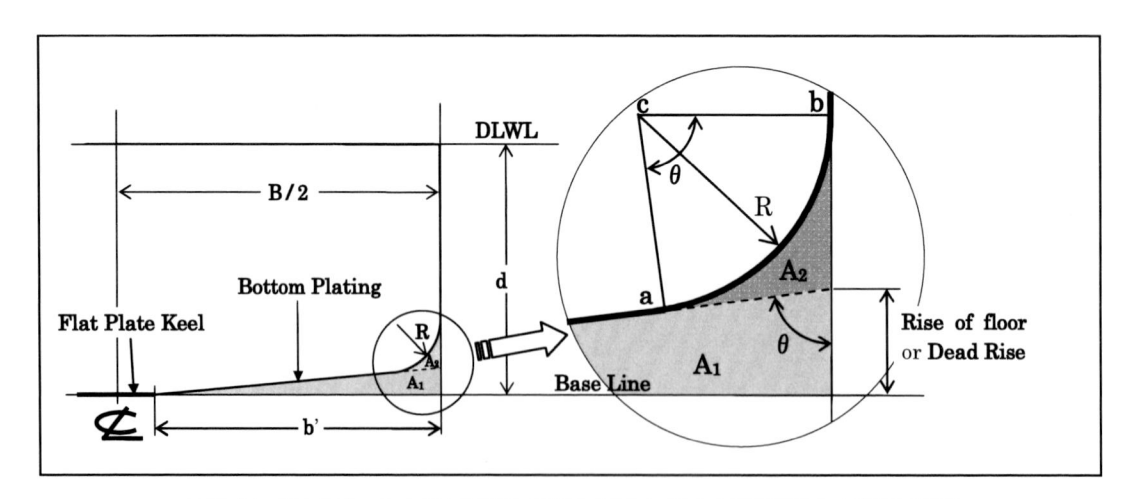

図 3-16　ビルジサークルが 1/4 円弧で近似できない場合の船底部の中央横断面形状

図 3-16 から，船底部の面積 A_1 と湾曲部の面積 A_2 は，次式から求めることができる。

$A_1 = Rf \times b'/2$

$A_2 = R^2 \tan\dfrac{\theta}{2} - \pi \dfrac{\theta}{360} R^2$

　　$= R^2(\tan\dfrac{\theta}{2} - \pi\dfrac{\theta}{360})$　（θ が角度の場合）

　　$= R^2(\tan\dfrac{\theta}{2} - \dfrac{\theta}{2})$　（θ がラジアンの場合）

また、$B \times d - 2(A_1 + A_2) = C_m \times B \times d$ であることから、これらの関係式を用いると、湾曲部半径 R は次式から求まる。

$$R^2 = \frac{(1-C_m) \times B \times d - Rf \times b'}{2(\tan\frac{\theta}{2} - \frac{\theta}{2})}$$

但し、θ はラジアン

湾曲部半径 R は、平方根の値として求まるが、この場合は正の値をとればよいことになる。

3.4.3 キャンバー形状の描き方

船体中央部 ⊠ において上甲板は船体中心線 ₵ の所で上向きに反っているが、この反りを**キャンバー**（Camber）といい、反った形状を**キャンバー形状**（Camber Curve or Curve of Deck Beam）という。キャンバーは甲板上の水はけをよくする目的で設けられている。

また、キャンバーの反りの大きさはキャンバー高さによって決まるが、その高さは船体の最広部両船側（一般的には船体中央部 ⊠）において上甲板梁上面を表す線（Molded Deck Line）と肋骨（フレーム：Frame）外面を表す線（Molded Frame Line）との両交点を通る線（第 1 章 1.5 参照）、すなわち型深さ線（Molded Depth Line）から船体中心線上での上甲板梁上面までをいう。ここではキャンバー高さを h_m とする。

キャンバー形状は一般的には円弧あるいは擬似円弧の形状をしており、船によってはそれに近い直線の連続の形状のものもある。

船体中央部 ⊠ における暴露甲板（Exposed Deck）のキャンバー高さは船体中心線の所をとり、船幅の約 1/50 を標準としている。また、第二甲板（Second Deck）やそれ以下の甲板は標準以下か客船のように居住区の所は設けないこともある。

キャンバー形状は一般的には船体線図に描き表していないが、船体線図に上甲板中心線を描き表すためには各スクエアステーションにおけるキャンバー形状との整合性が必要であり、従って、その描き方を示す。また、その描き方は幾通りかあるが、ほとんどは現図場で用いることが多く、その代表的なものを示す。

設計室等において計算でキャンバー形状を求めるには、また、各スクエアステーションにおけるキャンバー形状とその高さを求めるには、二次元曲線を用いた方が便利である。

3.4.3.1 二次曲線を用いたキャンバー形状の描き方

図 3-17 に示すように、型深さ線（**Molded Depth Line**）を表す水平線を y 軸にとり、船体中心線 ₵ との交点を原点 0 として、上向きに z 軸をとる。キャンバー高さ h_m を z 軸にとれば、原点 0 から点 d までの高さがキャンバー高さとなる。

二次曲線を用いたキャンバー形状は次式のようになる。

$$z(y) = h_m \left\{1 - \left(\frac{y}{B_{mld}/2}\right)^2\right\}$$

但し，z(y)はキャンバー形状

yは原点0から半型幅（$B_{mld}/2$）までの任意の長さ

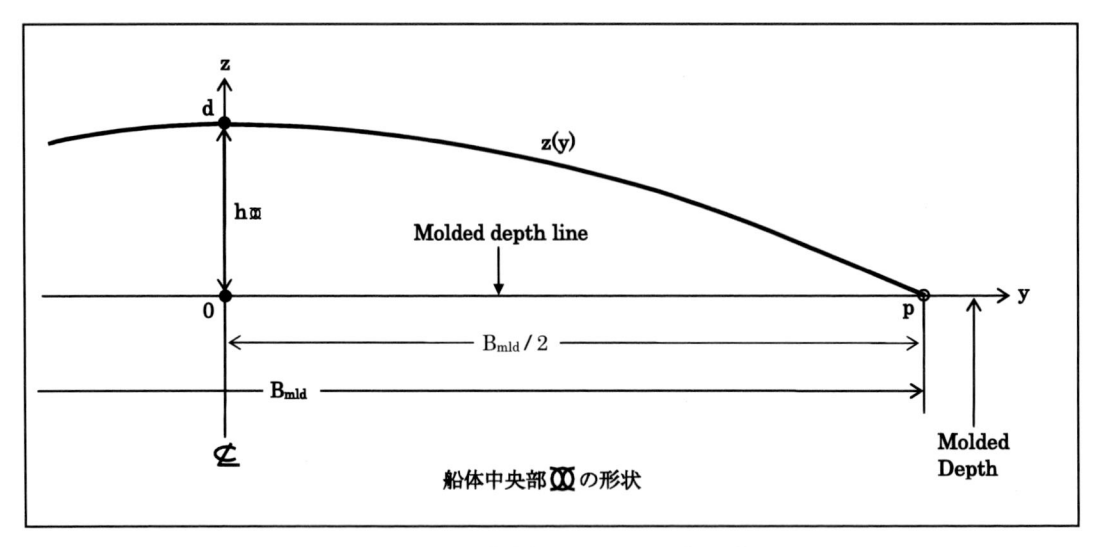

図3-17 二次曲線を用いたキャンバー形状

3.4.3.2 正円弧キャンバー形状の描き方（その1）

正円弧のキャンバー形状は，図3-18に示すように，キャンバー高さをh_mとすれば，その形状は次のような手順で求めることができる。

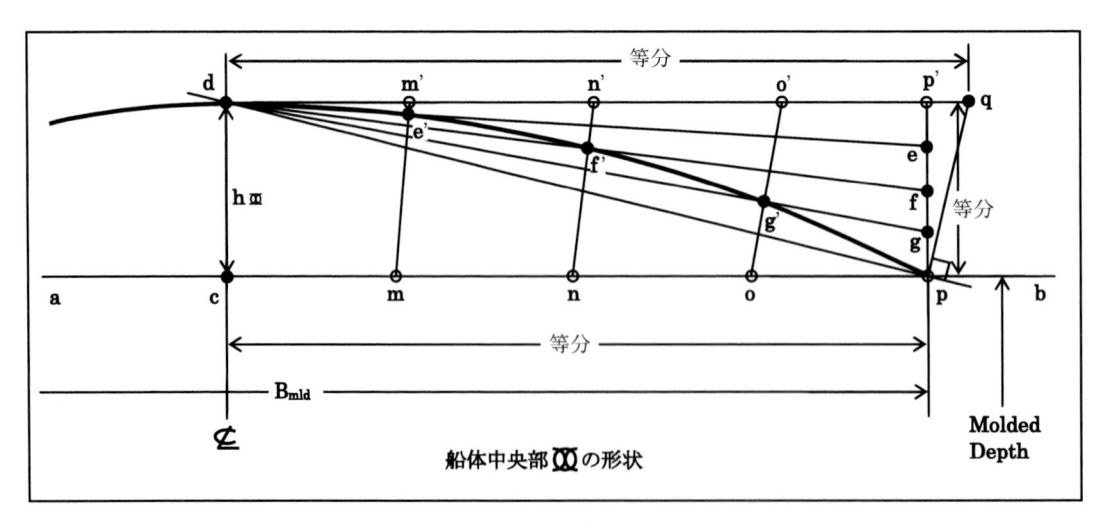

図3-18 正円弧キャンバー形状（その1）

① 型深さ線（**Molded Depth Line**）を表す水平線abを引く。
② 船体中心線℄上に水平線abとの交点cからキャンバー高さh_mを示す点dを設ける。
③ 水平線ab上に船体中心線℄から半型幅（$B_{mld}/2$）の所の点pを設ける。

④ 点dと点pを結ぶ直線dpを引く。
⑤ 点pから直線dpに垂直な直線を立て，点dを通り水平線abに平行な直線との交点qを求める。
⑥ 船体中心線℄上の点cから半型幅（$B_{mld}/2$）の所の点pまで等分（図3-18は4等分）にした点m，nおよびoを求める。
⑦ また，船体中心線℄上の点dから点qまで等分（図3-18は4等分）にした点m'，n'およびo'を求める。
⑧ 点mとm'を結ぶ直線，点nとn'を結ぶ直線および点oとo'を結ぶ直線をそれぞれ引く。
⑨ 点pから水平線abに垂直線を立て，直線dqとの交点p'を設け，点pから点p'まで等分（図3-18は4等分）にした点e，fおよびgを求める。
⑩ 点dと点e，fおよびgを結ぶ直線をそれぞれ引く。
⑪ 直線mm'と直線deとの交点e'，直線nn'と直線dfとの交点f'および直線oo'と直線dgとの交点g'をそれぞれ求める。
⑫ 点d，e'，f'，g'およびpを曲線で結ぶと，正円弧のキャンバー形状が得られる。

3.4.3.3 正円弧キャンバー形状の描き方（その2）

図3-19に示すような方法でも，正円弧のキャンバー形状を求めることができる。キャンバー高さを$h_{⊠}$とすれば，その手順は次の通りである。

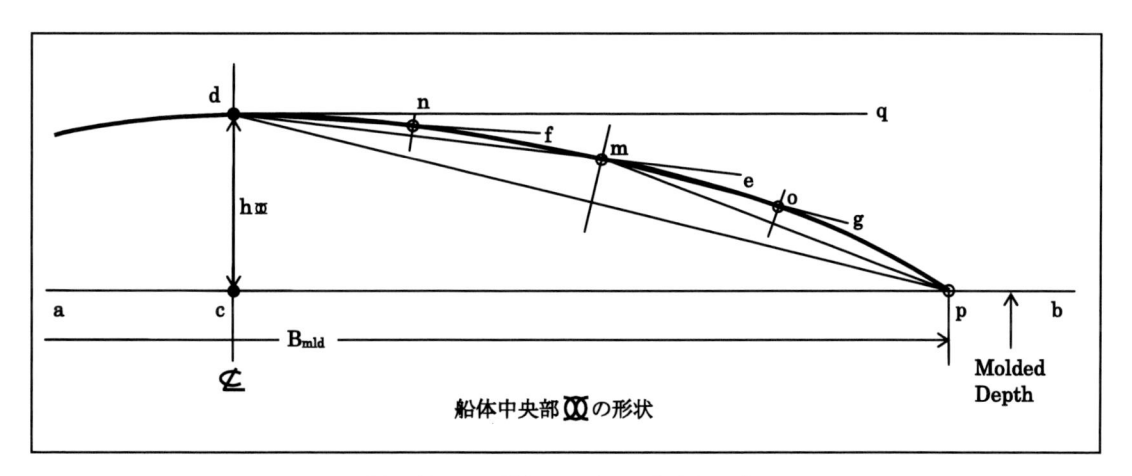

図3-19 正円弧キャンバー形状（その2）

① 型深さ線（**Molded Depth Line**）を表す水平線abを引く。
② 船体中心線℄上に水平線abとの交点cからキャンバー高さ$h_{⊠}$を示す点dを設ける。
③ 水平線ab上に船体中心線℄から半型幅（$B_{mld}/2$）の所の点pを設ける。
④ 点dと点pを結ぶ直線dpを引く。
⑤ 点dを通り水平線abに平行な直線dqを求める。
⑥ ∠qdpの二等分線eと直線dpの垂直二等分線の交点mを求める。
⑦ ∠qdeの二等分線fと直線dmの垂直二等分線の交点nを求める。

⑧ ∠emp の二等分線 g と直線 mp の垂直二等分線の交点 o を求める。
⑨ 点 d, n, m, o および p を曲線で結ぶと，正円弧のキャンバーの形状が得られる。

3.4.3.4 擬円弧キャンバー形状の描き方（その 1）

図 3-20 に示すように，キャンバーの高さ h_m とそれを半径とする円弧をそれぞれ等分して得られた点を用いれば，キャンバーの形状は次のような手順で求めることができる。

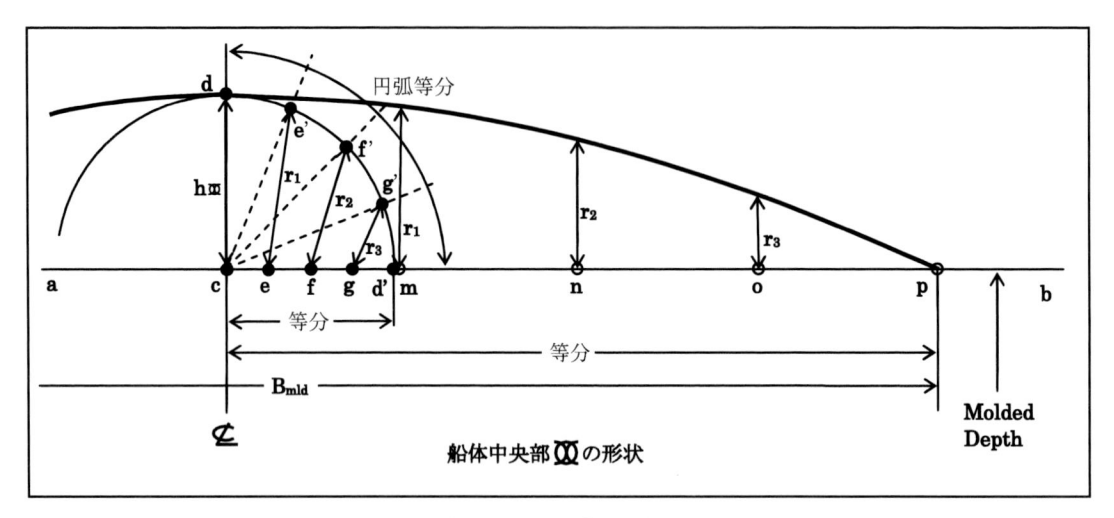

図 3-20 擬円弧キャンバー形状（その 1）

① 型深さ線（**Molded Depth Line**）を表す水平線 ab を引く。
② 船体中心線 ℄ と水平線 ab との交点 c を中心にキャンバー高さ h_m（cd）を半径とする半円または 1/4 円を描く。
③ 水平線 ab 上にキャンバー高さ h_m（cd）の半径を等分（図 3-20 は 4 等分）にした点 e, f, g を求める。
④ 円弧 dd' を等分（図 3-20 は 4 等分）にした点 e', f', g' を求める。図 3-20 は 4 等分しているので，円弧を 4 等分する角度は 22.5°である。
⑤ 点 e と e' を結ぶ直線 r_1，点 f と f' を結ぶ直線 r_2 および点 g と g' を結ぶ直線 r_3 を求める。
⑥ 船体中心線 ℄ 上の点 c から半型幅（$B_{mld}/2$）の所の点 p まで等分（図 3-20 は 4 等分）にした点 m, n および o を求める。
⑦ 点 m, n, o に円弧の所で求めた r_1, r_2 および r_3 を垂直方向に立てる。
⑧ 船体中心線 ℄ 上の点 d から r_1, r_2 および r_3 の頂点を通り点 p までを結ぶと，キャンバー形状が得られる。

3.4.3.5 擬円弧キャンバー形状の描き方（その 2）

図 3-21 に示すように，ここでは，キャンバー高さ h_m（cd）を半径とする半円または 1/4 円の円弧を等分して得られた点を利用してキャンバーの形状を求める手順について示す。

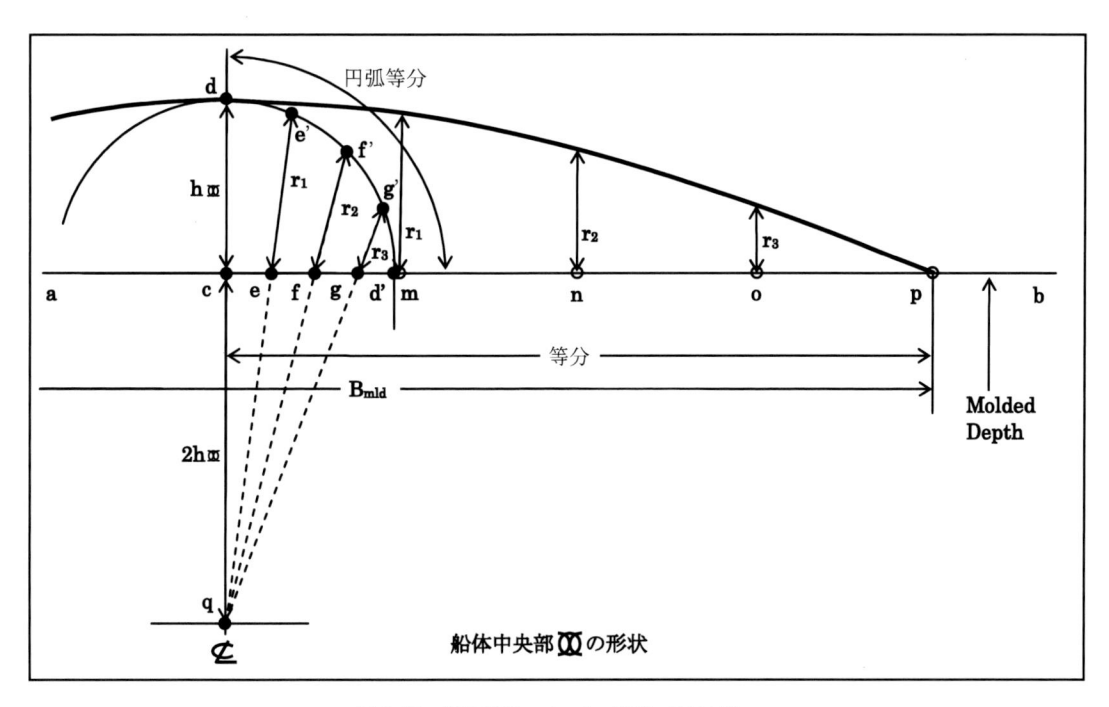

図3-21 擬円弧キャンバー形状(その2)

① 型深さ線(**Molded Depth Line**)を表す水平線abを引く。
② 船体中心線℄と水平線abとの交点cを中心にキャンバー高さh_m(cd)を半径とする半円または1/4円を描く。
③ 船体中心線℄上の交点cから$2h_m$だけ下方に点qを設ける。
④ 円弧dd'を等分(図3-21は4等分)にした点e', f', g'を求める。図3-21は4等分しているので,円弧を4等分する角度は22.5°である。
⑤ 点qから点e', f', g'を通る直線を引いて,水平線abとの交点e, fおよびgを求める。
⑥ そして,点eとe'を結ぶ直線r_1,点fとf'を結ぶ直線r_2および点gとg'を結ぶ直線r_3を求める。
⑦ 船体中心線℄上の交点cから半型幅($B_{mld}/2$)の所の点pまで等分(図3-21は4等分)にした点m, nおよびoを求める。
⑧ 点m, n, oに円弧の所で求めたr_1, r_2およびr_3を垂直方向に立てる。
⑨ 船体中心線℄上の点dからr_1, r_2およびr_3の頂点を通り点pまでを結ぶと,キャンバーの形状が得られる。

図3-21は,③で示したように,船体中心線℄上の交点cから$2h_m$だけ下方に点qを設けた場合を示しているが,交点cから$1.3h_m$や$1.5h_m$だけ下方に点qを設けて,同じような方法でキャンバー形状を求める場合もある。

また,点d'から$2h_m$の長さで船体中心線℄上で交わる点qを設け,この点から半径cd'($=h_m$)を等分(図3-21は4等分)にした点e, f, gを通り,円弧と交わる点e', f', g'を求める。そして,これまでと同じように,点eとe'を結ぶ直線r_1,点fとf'を結ぶ直線r_2および点gとg'を結ぶ直線r_3を

求め，等分点 m, n, o の所に立て，その頂点を結ぶとキャンバー形状が得られる。

3.4.3.6 直線キャンバー形状の描き方

タンカーなどのような大型船の場合は，図 3-22 に示すような直線状のキャンバーを用いることがある。

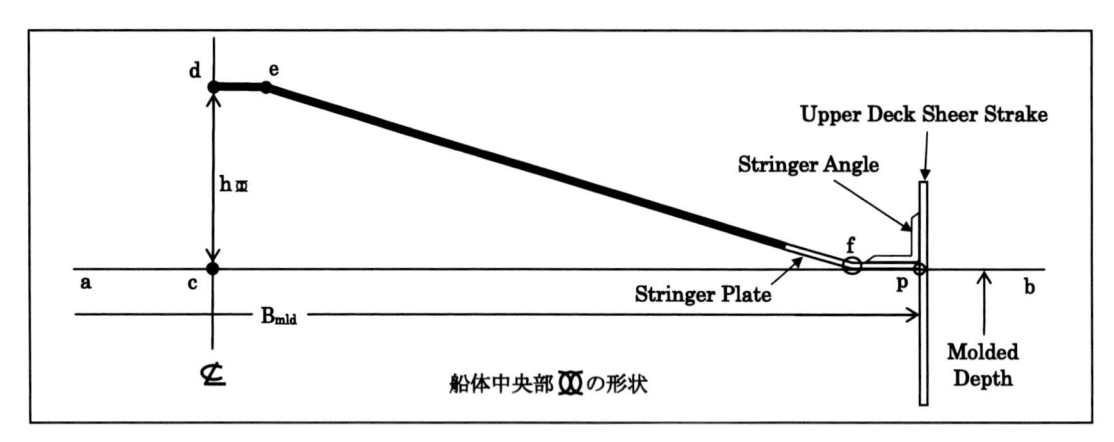

図 3-22 直線キャンバー形状

船体中央部 ⊠ でのキャンバー高さを $h_⊠$ とすれば，その手順は次の通りである。

① 型深さ線（**Molded Depth Line**）を表す水平線 ab を引く。
② 船体中心線 ℄ 上に水平線 ab との交点 c からキャンバー高さ $h_⊠$ を示す点 d を設ける。
③ 水平線 ab 上に船体中心線 ℄ から半型幅（$B_{mld}/2$）の所の点 p を設ける。
④ 点 d より甲板シーム（seam：縦継手）の溶接箇所でナックルする点 e を定める。
⑤ 上甲板船側厚板（**Upper Deck Sheer Strake**）とストリンガープレートとの取り付けを良くするとともに，ストリンガー山形鋼の折れ曲がり角度を鋭角にしないために，ストリンガープレートの点 f にナックルを入れる。
⑥ 点 d, e, f および p の間を直線で結ぶと直線キャンバー形状が得られる。

3.4.3.7 各スクエアステーションにおけるキャンバー形状の描き方

ここまでは，船体中央部 ⊠ におけるキャンバー高さを $h_⊠$ とした場合のキャンバー形状の描き方について示した。この節では，得られた船体中央部 ⊠ のキャンバー形状を用いて，各スクエアステーションにおけるキャンバー形状の求め方について示す。ただし，半幅線図において上甲板船側線が定まったものとして，各スクエアステーションにおける半型幅（$B_{mld\,(No.\,of\,S.S.)}/2$）が与えられた場合を取り扱う。

1) 図式による求め方

① 図 3-23 に示すように，船体中央部 ⊠ におけるキャンバー高さが $h_⊠$ として得られたキャンバー形状を示す曲線上に，各スクエアステーションにおける半型幅（$B_{mld\,(No.\,of\,S.S.)}/2$）に相当する j 点（図 3-23 の○印）を求める。
② この点から型深さ線に平行線 ij を引く。

③ 図 3-23 で平行線 ij より上部が当該スクエアステーションでのキャンバー形状を示しており，そのキャンバー高さは id，すなわち図中の $h_{SS(No.\,of\,S.S.)}$ となる。

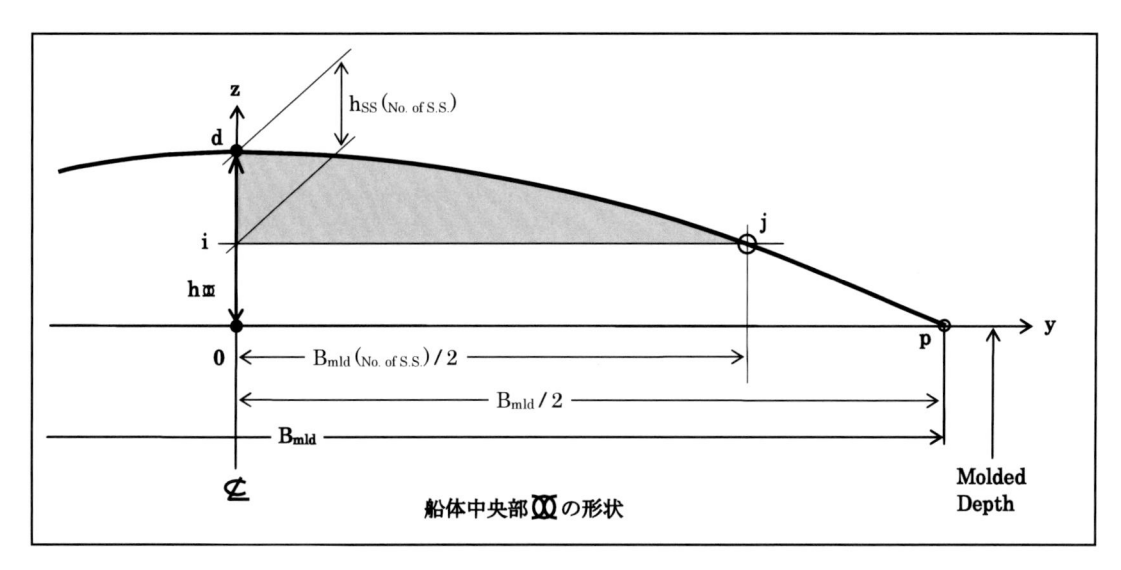

図 3-23 図式による各スクエアステーションのキャンバー形状

2) 二次曲線を用いた求め方

「3.4.3.1 二次曲線を用いたキャンバー形状の描き方」では，船体中央部 ⊗ の原点 0（船体中心線 ℄）から半型幅（$B_{mld}/2$）までのキャンバーの形状を計算式で求めた。

ここではこの式を利用して，図 3-24 に示すように，船体中央部 ⊗ におけるキャンバー形状から，各スクエアステーションでの船体中心線 ℄ から半型幅（$B_{mld(No.\,of\,S.S.)}/2$）の p 点（図 3-24 の○印）までのキャンバー形状を求める方法について示す。

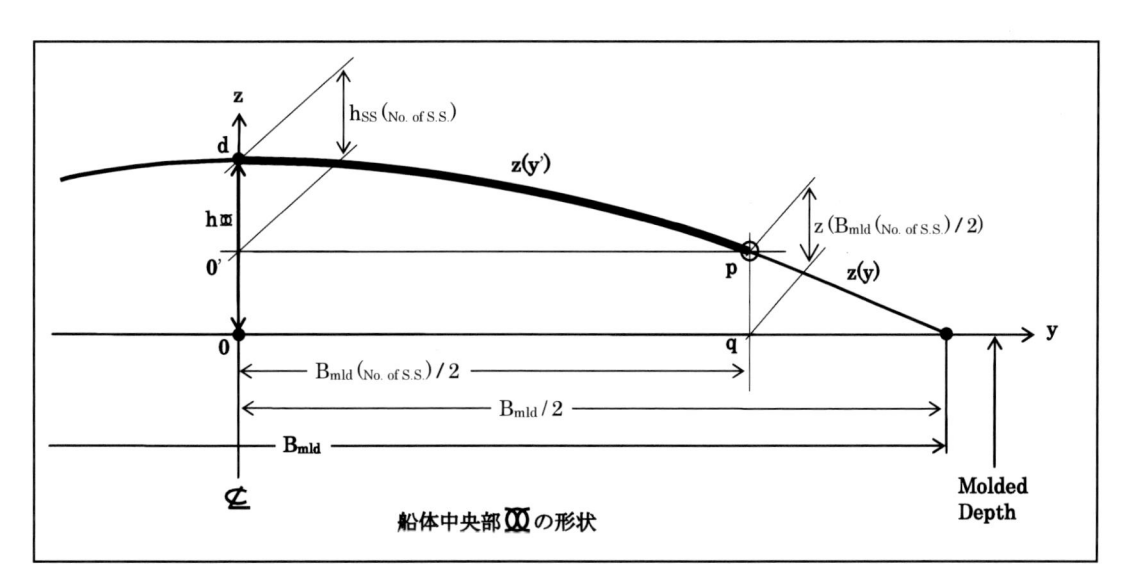

図 3-24 二次曲線による各スクエアステーションのキャンバー形状

① 各スクエアステーションにおける半型幅（B_{mld}(No. of S.S.)$/2$）の位置での舷弧（「第1章 1.5 甲板線」および次節参照）高さ $z(B_{mld}$(No. of S.S.)$/2)$ を求める。

$$z(B_{mld}(\text{No. of S.S.})/2) = h_{\text{œ}}\left\{1-\left(\frac{B_{mld}(\text{No. of S.S.})/2}{B_{mld}/2}\right)^2\right\}$$

② そして、「3.4.3.1 二次曲線を用いたキャンバー形状の描き方」での、船体中央部 ⊗ の原点 0（船体中心線 ℄）から、半型幅（$B_{mld}/2$）までのキャンバー形状を求める計算式から①で求めた値を減じることで、すなわち次式で各スクエアステーションにおけるキャンバー形状を求めることができる。

$$z(y') = h_{\text{œ}}\left\{\left(\frac{B_{mld}(\text{No. of S.S.})/2}{B_{mld}/2}\right)^2-\left(\frac{y'}{B_{mld}/2}\right)^2\right\}$$

但し、$z(y')$ は各スクエアステーションにおけるキャンバー形状
　　　　y' は新しい原点 0' から半型幅方向へ引いた座標の値

従って、原点 0（船体中心線 ℄）でのキャンバー高さ $h_{\text{œ}}$ から各スクエアステーションにおける半型幅（B_{mld}(No. of S.S.)$/2$）の位置での舷弧高さ z（B_{mld}(No. of S.S.)$/2$）を減じると、各スクエアステーションにおける船体中心線 ℄ でのキャンバー高さ h_{SS}(No. of S.S.)を求めることができる。

あるいは、$y' = 0$ のときの $z(y')$、すなわち 0'd が各スクエアステーションにおけるキャンバー高さ h_{SS}(No. of S.S.)となる。

3.4.4 舷弧と上甲板船側線の描き方

舷弧（Sheer）は船が風波浪中でも安全に航行できる凌波性（Sea Kindliness）を保つために設けられており、上甲板が船体縦方向に対して船体中央部 ⊗ よりも船首尾が上向きに反っていることをいう。このことから、舷弧は船側においては上甲板船側線の反りを、船体中心線面においては上甲板中心線の反りを示していることになる。

3.4.4.1 満載喫水線規則による舷弧の描き方

標準舷弧については、満載喫水線規則の第21条に次表のように定められている。

	分長点の位置（L は船の長さ（メートル））	高さ（ミリメートル）	係数
後半部	L の後端点	25 {(L/3)+10}	1
	L の後端から L の 6 分の 1 の点	11.1 {(L/3)+10}	3
	L の後端から L の 3 分の 1 の点	2.8 {(L/3)+10}	3
	L の中央点	0	1
前半部	L の中央点	0	1
	L の前端から L の 3 分の 1 の点	5.6 {(L/3)+10}	3
	L の前端から L の 6 分の 1 の点	22.2 {(L/3)+10}	3
	L の前端点	50 {(L/3)+10}	1

ここで示している船の長さLとは、「第1章 1.3.7 満載喫水線規則による長さ」で示したものである。すなわち、図3-25に示すように、最小型深さの85%の位置における計画喫水線に平行な喫水線でのLの前端（図1-13参照）からLの後端1までの96%の距離かLの前端からLの後端2までの距離のうち長いものを「船の長さL」としている。

舷弧が標準舷弧と異なる場合は、前半部および後半部のそれぞれ4つの分長点高さに、上記表の係数を掛けて求める。

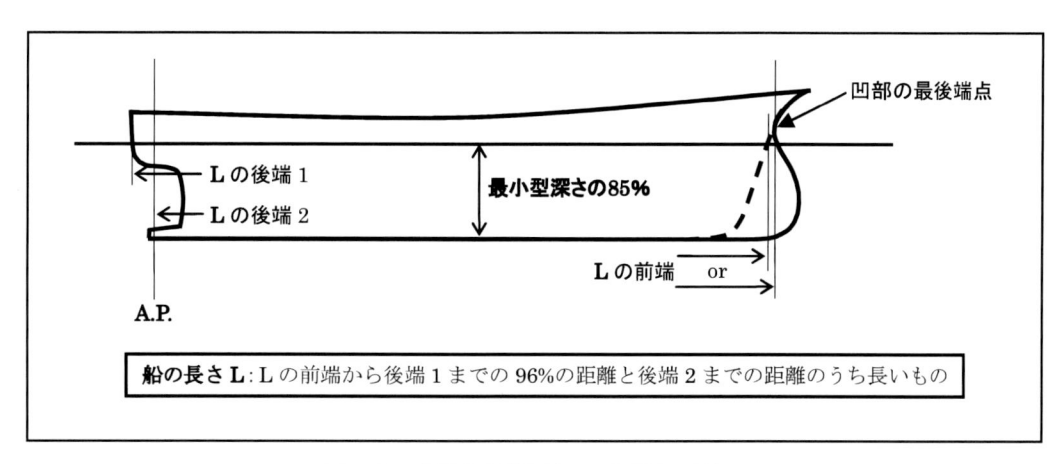

図3-25　満載喫水線規則による「船の長さ」

標準舷弧の描き方については、満載喫水線規則の定めに従うと、次のようになる。
① 満載喫水線規則が定めている「船の長さL」を定める。
② Lを6等分する。
③ 分長点の位置としてLの最後部に後端点、後端点からL／6の点、後端点からL／3の点、真中に中央点、前端点からL／3の点、前端点からL／6の点、最前部に前端点を設ける（図3-26の●印の各点）。
④ 各分長点の位置における舷弧の高さを満載喫水線規則の第21条の表に従って求める。
⑤ 求めた舷弧の高さを各分長点の位置に立てる。
⑥ 各分長点の位置での高さの頂点（図3-26の○印の各点）を結ぶと舷弧を表す曲線となる。

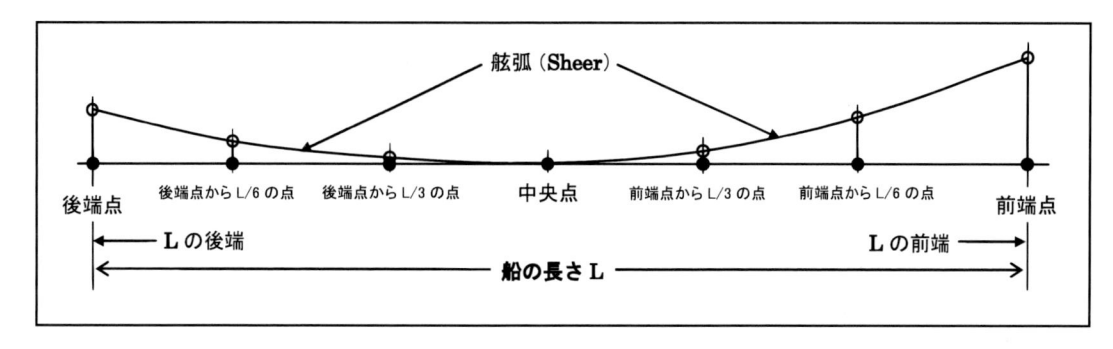

図3-26　標準舷弧

3.4.4.2 二次曲線を用いた舷弧の描き方

図 3-27 に示すように，型深さ線（Molded Depth Line）を表す水平線を x 軸，満載喫水線規則が定めている「船の長さ L」の中央点を原点 0 として，上向きに z 軸をとる。

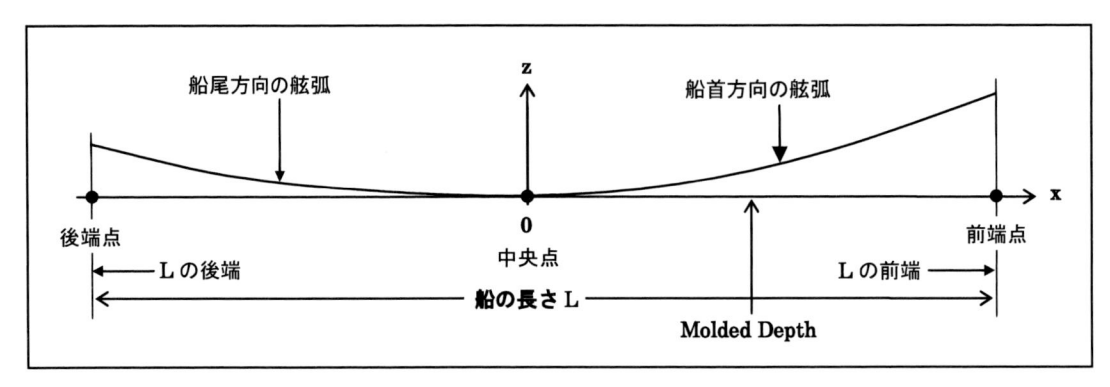

図 3-27 二次曲線を用いた舷弧

この座標軸を利用し，満載喫水線規則の第 21 条の表に定められている各分長点の位置における標準舷弧の高さを用いれば，次式を導くことができる。

但し，中央点から船首方向への舷弧を z_f とし，船尾方向への舷弧を z_a とすると，z_f と z_a は次式のようになる。

$$z_f = 50 \times \left(\frac{L}{3} + 10\right) \times \left(\frac{2x}{L}\right)^2$$

$$z_a = 25 \times \left(\frac{L}{3} + 10\right) \times \left(\frac{2x}{L}\right)^2$$

但し，L は満載喫水線規則が定めている「船の長さ L」
　　　x は中央点（原点）0 から船首尾方向へ L／2 までの任意の長さ

ここで，L と x の単位は m（メートル），計算結果から得られる z_f と z_a の単位は mm（ミリメートル）であることに注意を要する。

3.4.4.3 放物線舷弧の描き方

船首舷弧高さ（F.P.での舷弧高さ FS_f）および船尾舷弧高さ（A.P.での舷弧高さ FS_a）が与えられた時は，図 3-28 に示すように，次のような手順で舷弧を求めることができる。

① 型深さ線（**Molded Depth Line**）を表す水平線 ab を引く。
② A.P.との交点 A から船尾舷弧高さの点 S_a と F.P.との交点 F から船首舷弧高さの点 S_f をとる。
③ 船尾舷弧高さ AS_a と船首舷弧高さ FS_f を五等分する。この五等分は，図 3-28 の例示が示すように，A.P.から船体中央部 ⊗ の間と船体中央部 ⊗ から F.P.の間が五等分（スクエアステーション番号通り）されているのを利用しているためである。
④ 船尾舷弧高さ AS_a の等分点 e'，f'，g' および h' から船体中央部 ⊗ の点 M へ直線を引く。

⑤ 同じく，船首舷弧高さ FS_f の等分点 e, f, g および h から船体中央部 ⊠ の点 M へ直線を引く。

⑥ 垂線間長さ L_{pp} を等分した点（図 3-28 の場合，スクエアステーションの位置）から垂線を立て，④で求めた直線との交点を求める。交点は複数あるが，図 3-28 に示すように交点 S_1 から S_9 までを求める。

⑦ 船首尾垂線間の舷弧は，A.P.での船尾舷弧高さの点 S_a から始まって，S_1 から S_9 の各点を通り，F.P.での船首舷弧高さの点 S_f までを曲線で結ぶことにより得られる。

得られた舷弧は，満載喫水線規則が定めた標準舷弧を満足するものでなければならない。

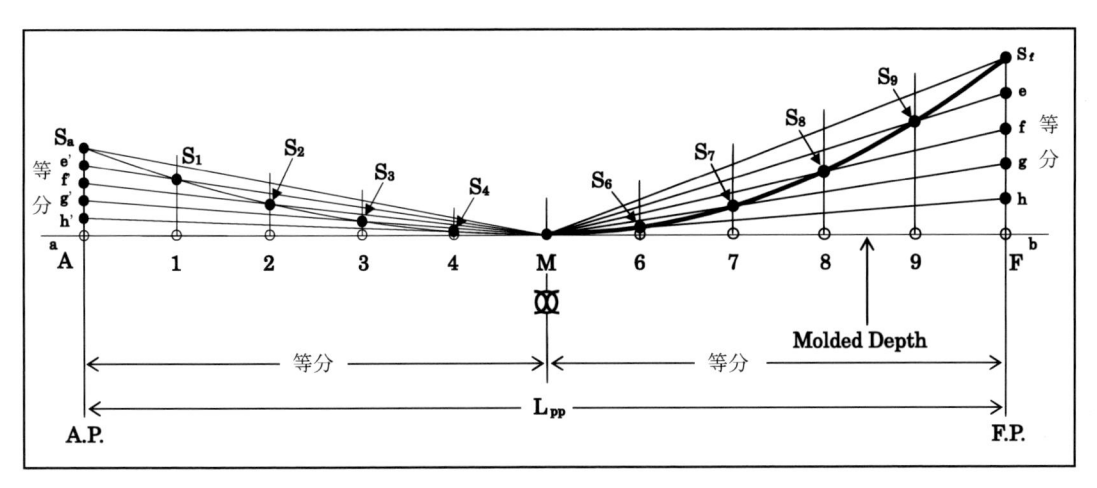

図 3-28 放物線舷弧

3.4.4.4 舷弧高さと上甲板船側線の関係

各スクエアステーションにおける舷弧の高さが求まると，これに基線からの型深さ（D_{mld}：図 3-29 の破線の高さ）を加える。こうして得られた基線からの高さの点を結ぶと，図 3-29 のような，満載喫水線規則が定める船の長さ L 間あるいは船首尾垂線間の上甲板船側線が得られる。当然であるが，満載喫水線規則が定める「船の長さ L」と垂線間長さ L_{pp} とは異なることに注意を要する。

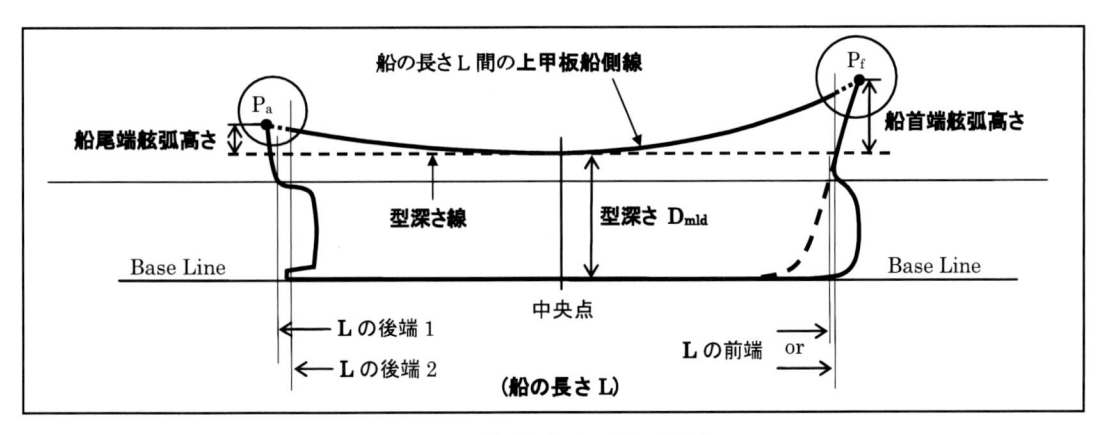

図 3-29 舷弧高さと上甲板船側線

この上甲板船側線を滑らかに延長し（図 3-29 の船首尾部の○の中の点線），船首材の前端との交点 P_f および船尾部の後端との交点 P_a を求める。ここで，型深さを示す線（図 3-29 の破線）から船首端における点 P_f までの垂直距離が**船首端舷弧高さ**（Height of Sheer at Stem）であり，船尾端における点 P_a までの垂直距離が**船尾端舷弧高さ**（Height of Sheer at Counter）である。

また，船首尾端での舷弧高さと区別するため，F.P.における舷弧の高さを**船首舷弧高さ**（Height of Sheer Forward），A.P.における舷弧の高さを**船尾舷弧高さ**（Height of Sheer Aft）と称する。

3.4.5 上甲板船側線，ブルワークトップライン，船首尾楼甲板船側線とバウチョックの描き方

舷弧高さを基にした上甲板船側線が，図 3-30 に示すように側面線図に描かれると，検討済みの船首尾楼甲板やブルワーク高さあるいはバウチョック高さを用いて，船首尾楼甲板船側線やブルワークトップライン，そしてバウチョックラインを側面線図に描き入れる。それと平行して，半幅線図にもフェアリング前の設計初期のこれらの線を描き入れる。

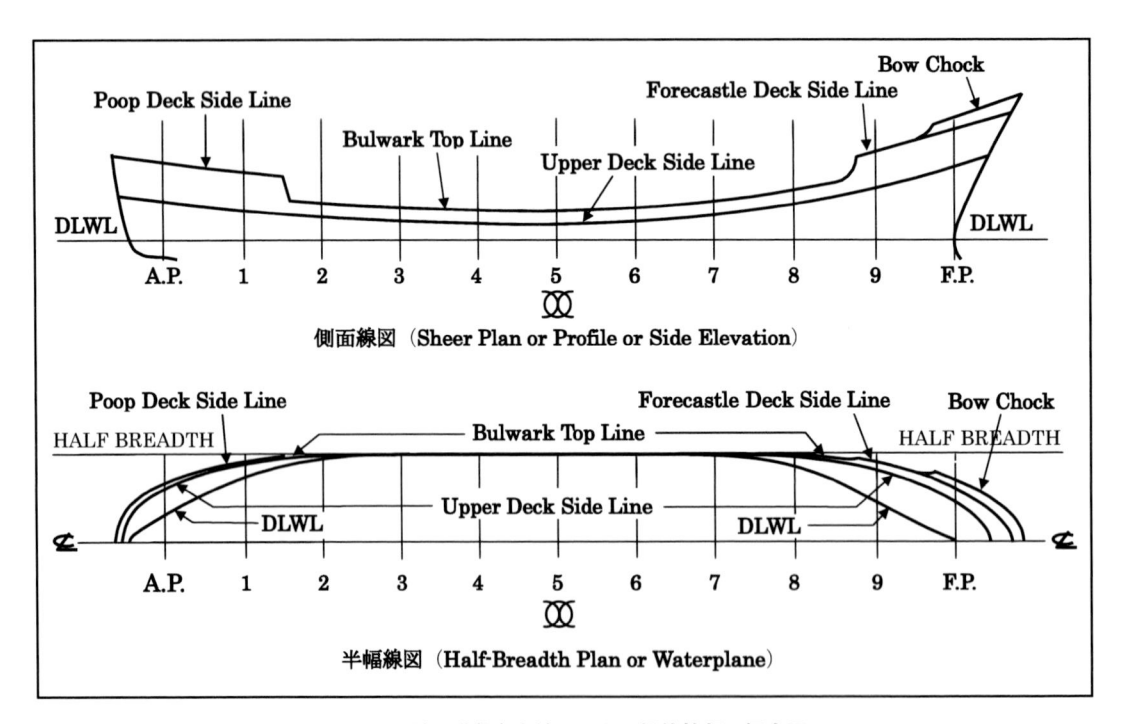

図 3-30 計画満載喫水線より上の船体輪郭の概念図

3.4.6 正面線図の輪郭の描き方

計画満載喫水線（DLWL）以下の横断面形状は，「3.4.2 計画満載喫水線以下の中央横断面形状」で示した方法に従って船底勾配高さあるいは湾曲部半径を求めてその輪郭を描くと，上甲板船側線やブルワークトップラインの形状が得られるので，これらを用いて正面線図の輪郭を求める。

正面線図での上甲板船側線は，図 3-31 に示すように，以下の手順で描くことができる。

① 半幅線図に描いた設計初期の上甲板船側線の各スクエアステーションでの幅①，②，③，④・・・を求める。すなわち，図 3-31 の半幅線図で各スクエアステーションにおける①，②といった両矢印の距離を求める。
② 正面線図に船体中心線 ℄ からこれらの幅をとって垂直線を立てる。
③ 側面線図において，上甲板船側線と各スクエアステーションにおける縦線（Ordinate）との交点（図 3-31 の側面線図の〇印）を通る水平線を引き，正面線図での上甲板船側線の幅を表す垂直線との交点（図 3-31 の正面線図の〇印）を求める。
④ 正面線図でこれらの交点を結ぶと，上甲板船側線が得られる。

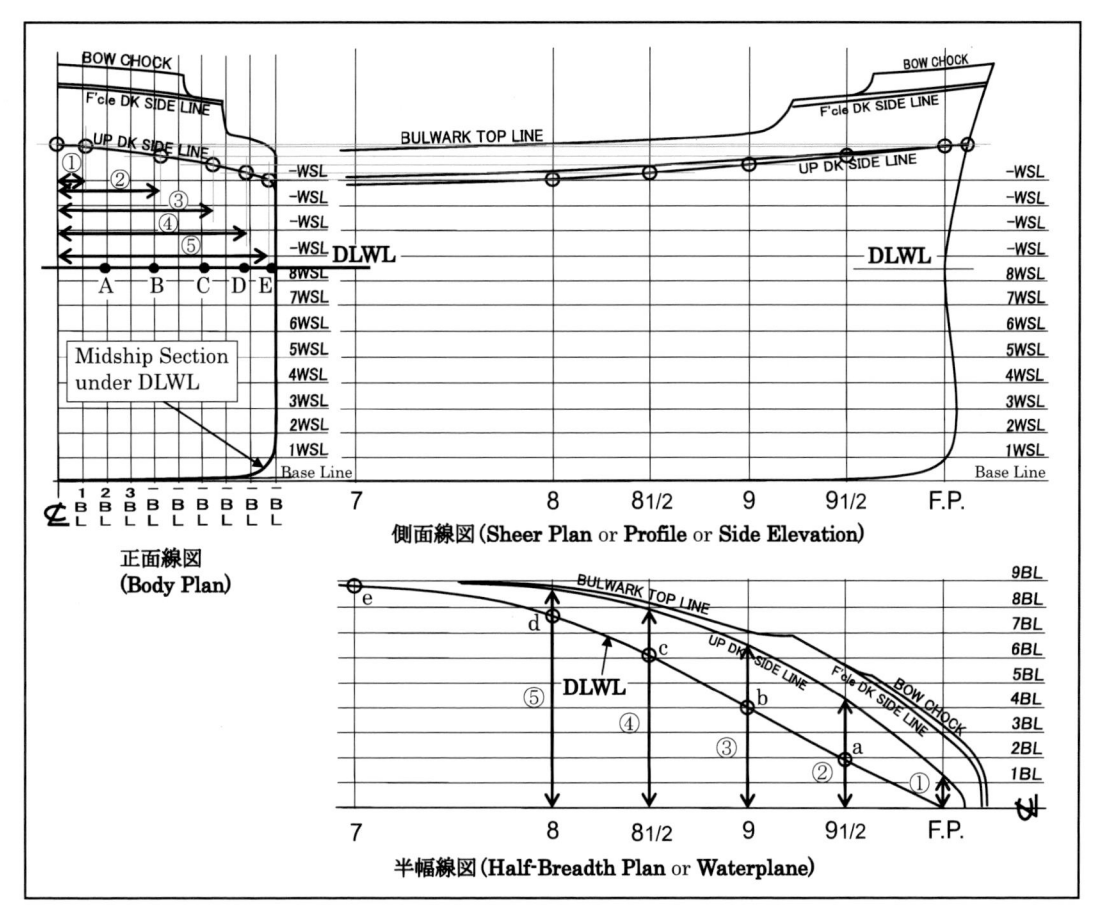

図 3-31　正面線図の輪郭の描き方の概念図

得られる上甲板船側線は最初から滑らかになることはほとんどないので，その都度フェアリングが必要である。

同様な方法で，船首尾楼甲板船側線やブルワークトップライン，そしてバウチョックラインを正面線図に描き入れる。

船尾部の正面線図の輪郭も，同様な方法で求める。

また，これらの上甲板船側線，船首尾楼甲板船側線，ブルワークトップライン，そしてバウチョックラインを描くために，側面線図と半幅線図から正面線図で得られた交点は，正面線図での各スクエアステーションの横断面曲線を描く初期段階で参照される点でもあるので留意する必要がある。

3.4.7　上甲板中心線の描き方

船体の上甲板は，水はけをよくする目的で船側よりも船体中心線の所を上向きに反らしているキャンバーを成している。各スクエアステーションのキャンバー形状において，船体中心線上のキャンバー高さの点を船体の前後方向に結んで側面線図上に描いた曲線が**上甲板中心線**（Upper Deck Center Line）である。

3.4.7.1　計算による上甲板中心線の求め方

「3.4.3.1　二次曲線を用いたキャンバー形状の描き方」では，船体中央部⊗の原点 0（船体中心線℄）から半型幅（$B_{mld}/2$）までのキャンバーの形状を計算式で求めた。

また，「3.4.3.7　各スクエアステーションにおけるキャンバー形状の描き方」では，この式を利用して，図 3-24 に示すように，船体中央部⊗におけるキャンバー形状を基に，各スクエアステーションでの船体中心線℄から半幅（$B_{mld\,(No.\,of\,S.S.)}/2$）までのキャンバー形状を求めた。そのとき，$y' = 0$ の場合の $z(y')$ が各スクエアステーションにおけるキャンバー高さ，すなわち，上甲板中心線上の $h_{SS\,(No.\,of\,S.S.)}$ であることを示したので，これを数式で示すと次式のようになる。

$$h_{SS(No.\,of\,S.S.)} = h_\otimes \left(\frac{B_{mld\,(No.\,of\,S.S.)}/2}{B_{mld}/2}\right)^2$$

この値は，図 3-24 における船体中心線℄上の 0'd の高さを示している。

従って，各スクエアステーションにおける上甲板船側線から上甲板中心線の高さ，すなわち，キャンバー高さ $h_{SS\,(No.\,of\,S.S.)}$ が求まれば，これらの高さの位置を曲線で結ぶことによって上甲板中心線が得られる。

3.4.7.2　図による上甲板中心線の描き方

「3.4.6　正面線図の輪郭の描き方」において，側面線図の上甲板船側線を利用して正面線図での上甲板船側線の描き方を示したが，これと船体中央部⊗のキャンバー形状を用いて，図面上で上甲板中心線を求める方法を示す。

図 3-32 は，図による上甲板中心線の描き方を図示するために，キャンバー高さを非常に大きくとった概念図である。

図 3-32 の概念図には，側面線図と正面線図の型深さ線（Molded Depth Line）を表す水平線より上部を示している。

ここでは上甲板中心線を求めるために，各スクエアステーションにおける上甲板船側線から上甲板中心線までの高さを，スクエアステーション番号 9 を例にとって，その求め方を以下に示す。

① 正面線図の型深さ線（Molded Depth Line）を表す水平線上に船体中央部⊗のキャンバー形状

（Camber Curve）を描き入れる。

② 側面線図において，スクエアステーション番号9の縦線と上甲板船側線の交点aから正面線図へ水平線を引き，そこの上甲板船側線との交点bを求める。

③ 正面線図の上甲板船側線の点bから垂直線を引き，キャンバー形状との交点cを求める。

④ キャンバー形状上の点cから船体中心線 ℄ へ水平線を引き，交点dを求める。

⑤ 船体中心線 ℄ 上の交点dからキャンバー高さを示す点d'までの高さが上甲板船側線から上甲板中心線までの高さとなるので，この高さdd'を側面線図のスクエアステーション番号9の縦線の点aに移すと，点a'（（図3-32のa'の所の●）が得られる。

⑥ 同様な方法で，各スクエアステーションにおける上甲板船側線から上甲板中心線高さを示す点（図3-32の各●）を求める。

⑦ これらの●印の点を結ぶと，上甲板中心線が得られる。

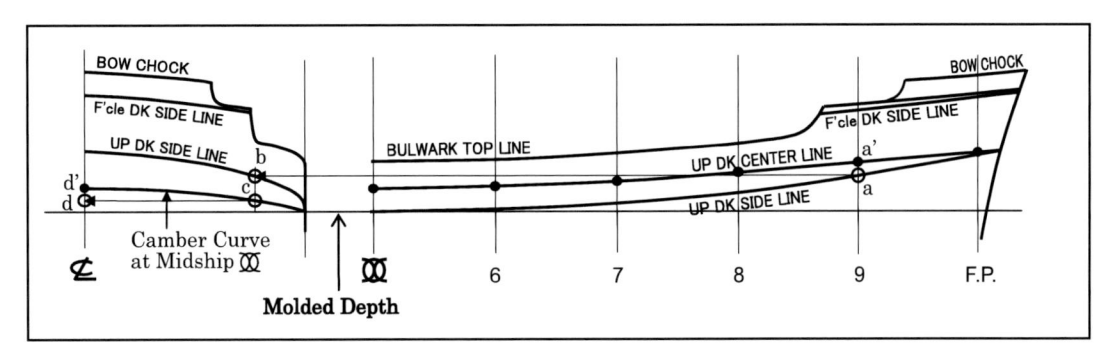

図3-32 図による上甲板中心線の描き方の概念図

また，求まった各スクエアステーションにおける上甲板船側線から上甲板中心線までの高さは，「3.4.3.7 各スクエアステーションにおけるキャンバー形状の描き方 1）図式による求め方」で得られた $h_{SS(No. of S.S.)}$ と等しくなければならない。しかし，このことは，側面線図と半幅線図に描かれた上甲板船側線と側面線図での舷弧を示す曲線等が共に整合性のとれた曲線として与えられた場合に限られる。しかも，このようにして得られた各スクエアステーションにおける船体中心線上のキャンバー高さを示す点を結び，上甲板中心線を描いても，予想したようなきれいな舷弧を示す曲線にならない場合もある。このときは，側面線図と半幅線図に描かれた上甲板船側線と側面線図での舷弧あるいはキャンバー形状の曲線間で整合性をとりながらフェアリングを繰り返し，整合性のとれた曲線に仕上げなければならない。

3.4.8 計画満載状態での水線面形状

船は**計画状態**（Designed Condition），すなわち計画時の**満載状態**（Full Load Condition）で静水面に自由に浮いて，ある一定の速度で航行することから，計画満載喫水状態での船体の水線面形状は船体抵抗との関係から慎重に検討される。

まず，柱形係数 C_p から船体中央平行部の長さを決定する。

次に，船首部における水線面形状の**水切り角**（みずきりかく：**Angle of Entrance**）を含む船首形状を決定する。

そして，**水線長さ**（Length on Load Waterline：Lw）を長くとるか否か，**楕円型船尾**（**Elliptical Stern**）か**トランサムスターン**（**Transom Stern**：**角型船尾**）か等の船尾形状を決定する。

以上のような決定に基づいて，計画満載喫水状態での水線面形状が決定される。

決定された水線面形状は，図 3-30 あるいは図 3-31 の半幅線図に描き入れる。

図 3-31 に示すように，半幅線図に計画満載喫水線による水線（DLWL）と各スクエアステーションにおける縦線（Ordinate）との交点 a，b，c，d および e 等を求める。この各点の船体中心線 ℄ からの距離を測り，正面線図に移した点が図 3-31 の正面線図における点 A，B，C，D および E である。

この水線面形状を表す点 A，B，C，D および E は，正面線図での各スクエアステーションの横断面曲線を求めるときに重要な役割を果たすことになる。

3.4.9　船体線図の輪郭

図 3-33 に示すように，まず，正面線図を描くための基線（Base Line）とこれに直角な船体中心線 ℄ を引く。

次に，側面線図（Sheer Plan or Profile or Side Elevation）を描くために，基線と各スクエアステーションの所でこれに直角に縦線（ordinate）を立てる。

更に，半幅線図（Half-Breadth Plan or Waterplane）を描くために，船体中心線 ℄ と各スクエアステーションの所でこれに直角に縦線を立てる。

「3.4.1　前準備の検討事項」で示した，船体線図を描き始める前に準備しておくべき必要事項の内で前節までに詳細な説明をしていない④船首形状と船尾骨材（Stern Frame）の形状を含む船尾形状，⑤プロペラ軸の中心線高さ，⑪その他，舵やプロペラ形状および⑫概略の一般配置図等については，すでに決定されているものとする。

そして，前節までの方法で得られた計画満載喫水線（DLWL）以下の中央横断面形状と満載状態での水線面形状等が定まれば，図 3-33 に示すような船体の基本的な輪郭と船体の必要な寸法等を記入することによって，船体線図の基本的な形が定まる。

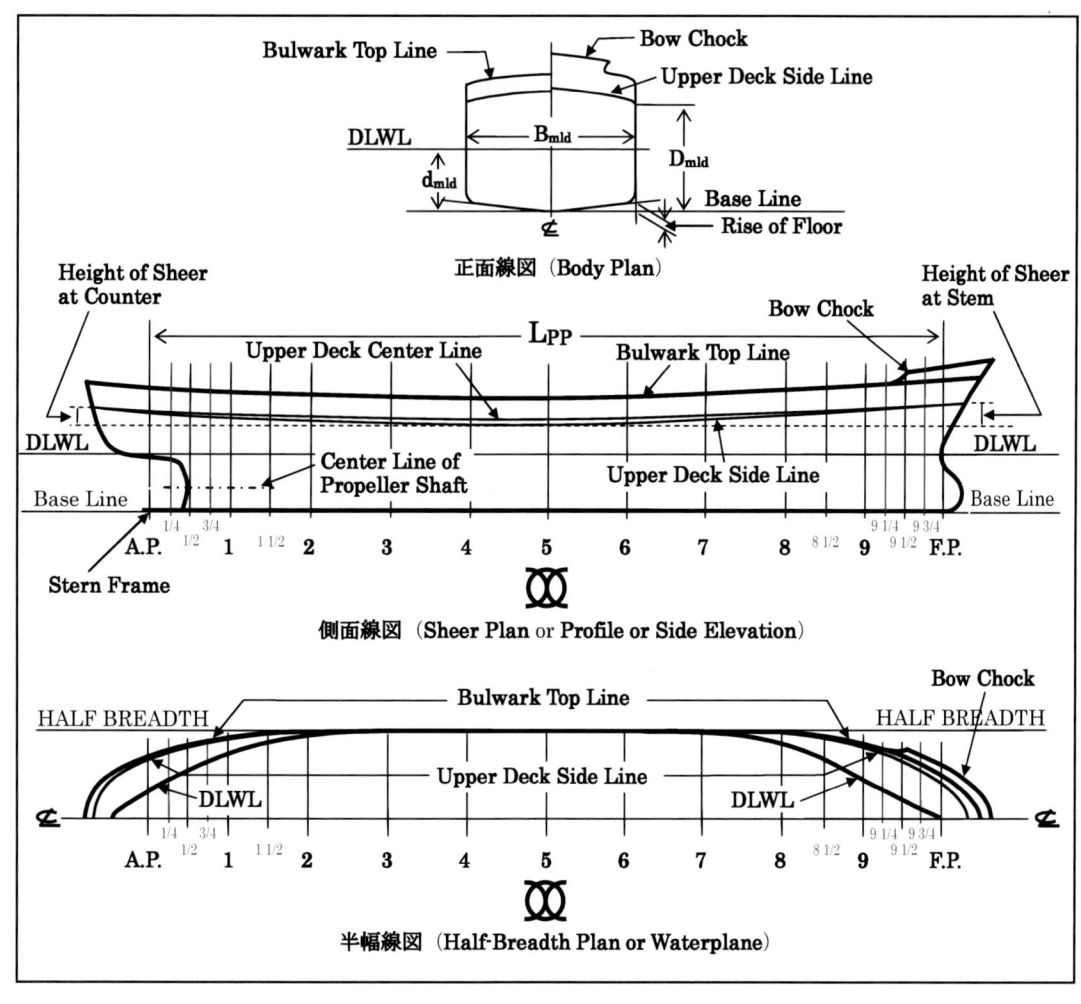

図 3-33 船体の基本的な輪郭の概念図

3.4.10 プリズマティック曲線と各スクエアステーションにおける横断面形状の関係

　図 3-1 のプリズマティック曲線は，左側の縦軸に横断面積をとって示しているので，船体中央部 ⦻ での B × d で得られる長方形の面積を最大値とし，そこでの船体の中央横断面積を A_m，各スクエアステーションにおける横断面積 A_m の大きさを各スクエアステーション番号の所の縦軸に表した曲線となっている。

　船は一般的に左右対称であるから，便宜上，船幅 B の代わりに半幅 B/2 をとることにすると，図 3-1 のプリズマティック曲線の左側の縦軸は，図 3-34 のように表すことができる。

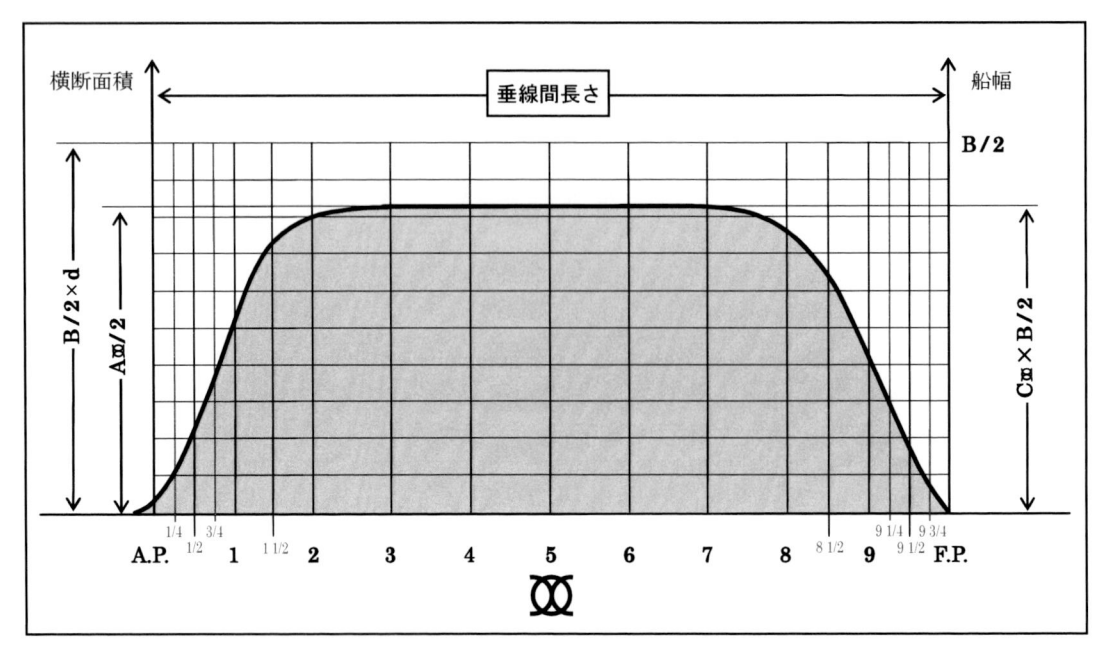

図3-34 船体線図を製図するためのプリズマティック曲線

　図3-34で，左側縦軸で示した$B/2 \times d$と$A_m/2$のそれぞれをdで除し，図の右側縦軸として船体の半幅$B/2$を図の左側縦軸の$B/2 \times d$と同じ高さにとって示すと，左側縦軸の$A_m/2$に相当する値が右側縦軸の$C_m \times B/2$，すなわち，半幅のC_m倍になることを示している。

　今，図3-34の船体中央部㊥について，右側縦軸をとって考えてみることにする。

　船体の中央横断面積A_mは，

$$A_m = C_m \times B \times d$$

の関係式より与えられることから，次式のように表すことができる。

$$\frac{A_m/2}{d} = C_m \times B/2$$

この式は，図3-34の右側縦軸に表示されている値に他ならない。

　ここで，図3-35で示すような中央横断面について考えてみると，長方形efghの面積が$A_m/2$に等しくなるようにその幅を求めてみると，喫水をdと定めた場合の長方形efghの幅は$C_m \times B/2$となる。

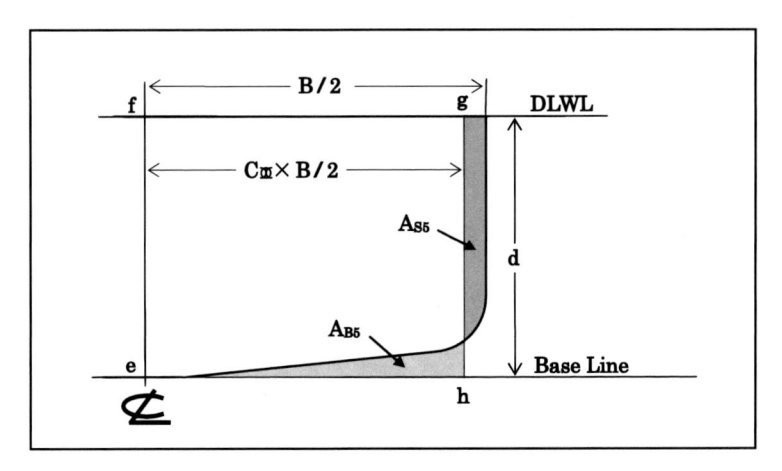

図 3-35 中央横断面での等価幅の概念図

すなわち，図 3-34 のプリズマティック曲線が示す $C_m \times B/2$ は，船体中央部 ⊗ で中央横断面積の半分の面積 $A_m/2$ と等面積の長方形 efgh の幅となっている。このことから，図 3-35 において面積 A_{S5} と面積 A_{B5} とは等しい関係にあることも明らかである。

従って，各スクエアステーションにおける横断面積は A_m であるので，図 3-34 の右側の縦軸は次式のように $C_m \times B/2$ を表す軸となっている。

$$\frac{A_m/2}{d} = C_m \times B/2$$

但し，C_m は各スクエアステーションの位置 m での横断面積係数

すなわち，図 3-34 の右側縦軸は，喫水を d とした場合の各スクエアステーションにおける半分の横断面積 $A_m/2$ と等面積になる長方形の幅を表していることになる。この幅を各スクエアステーションにおける**等価幅（Equivalent Breadth）**と称する。

言い換えれば，図 3-34 において，各スクエアステーションでの縦軸とプリズマティック曲線の交点の値は，図 3-36 に示すように，喫水を d とした場合の各スクエアステーションにおける半分の横断面積 $A_m/2$ と等面積になる破直線で示した長方形の等価幅を表していることになる。

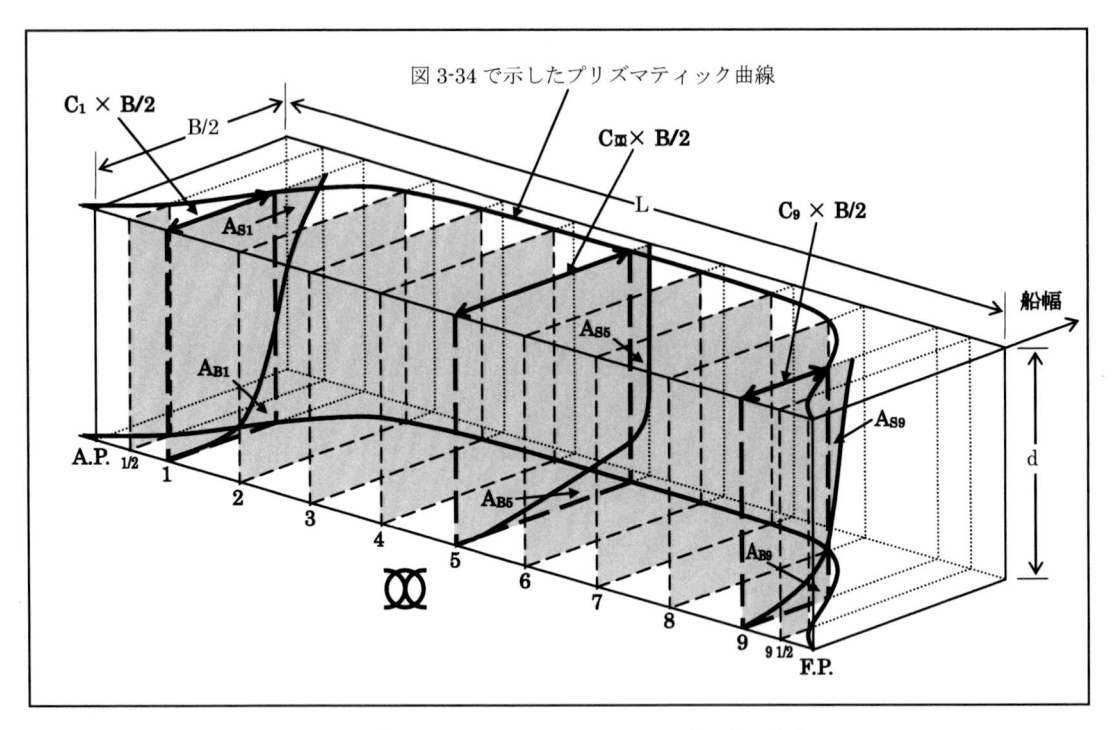

図 3-36 各スクエアステーションにおける等価幅の概念図

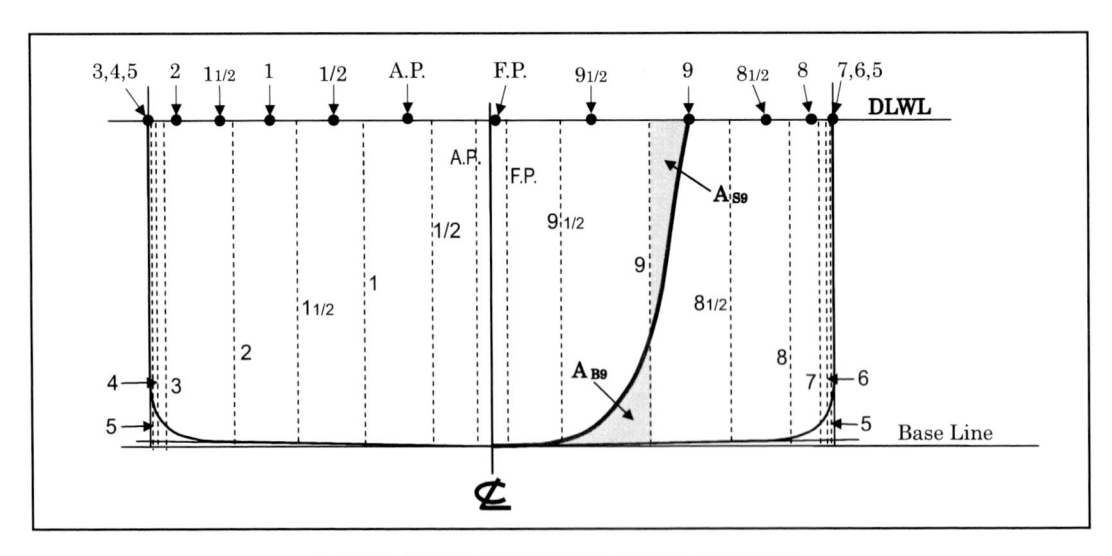

図 3-37 等価幅の長方形を用いて得られた正面線図

この等価幅の長方形を用いて正面線図を表すと，図 3-37 のように，計画満載喫水線（DLWL）以下が破直線で示したようになる。また，図 3-37 で計画満載喫水線（DLWL）上の●印は，「3.4.8 計画満載状態での水線面形状」で示したような計画満載喫水状態での水線面形状，すなわち各スクエアステーションにおける水線面の半幅を示している。従って，各スクエアステーションの横断面曲線はこの点を通る形状になるように，しかも，その横断面積の半分 $A_m/2$ が喫水 d と等価幅からなる船体中心線と破

直線で囲まれた長方形の面積（= $A_m/2$）に等しくなる形状に描かなければならない。その一例を，図3-37のスクエアステーション番号9の横断面曲線で示す。当然のことながら，面積A_{S9}と面積A_{B9}とは等しくならなければならない。

3.4.11 各スクエアステーションにおける横断面曲線の描き方
3.4.11.1 等価幅を用いた横断面曲線の描き方

図3-37で例示したようなスクエアステーション番号9の横断面曲線を描く場合，近似的な方法で横断面曲線を描いて，最終的に面積A_{S9}と面積A_{B9}とが等しくなるように描いても，面積A_{S9}と面積A_{B9}とが等しくなるような曲線は幾通りも考えられる。

そこで，設計の初期段階においては，最終的に求められる横断面曲線に近い曲線が推定できれば，後の処理（ラインズをフェアリングすること）が楽になる。

図3-38に，近似的な方法で横断面曲線を描く場合の模式図を示す。ここでも，図3-37で例示したスクエアステーション番号9の横断面曲線を例にとる。以下のようにして，初期の横断面曲線を描く。

① スクエアステーション番号9の横断面積A_9（m = 9）を，図3-1あるいは図3-34のような計画船のプリズマティック曲線から求める。

② 前節で示したような方法で，スクエアステーション番号9での横断面積の半分$A_9/2$に船体中心線 ℄ と破直線で囲まれた長方形efghの面積が等しくなるように，喫水dに対する等価幅を求め，長方形efghを確定する。

③ スクエアステーション番号9における横断面の計画満載喫水線（DLWL）での水線面の半幅，すなわち水線半幅（Half-Breadth of Waterline）をb_9と置いて，これを幅とし，横断面積の半分$A_9/2$に等しい長方形mfjkを描く。この時の深さd'_9は，次式で求めることができる。

$$d'_9 = \frac{A_9/2}{b_9}$$

④ 長方形efghと長方形mfjkは同じ面積$A_9/2$であり，しかも，長方形mfgnを共通な部分としているので，長方形emnhと長方形ngjkは同じ面積となる。従って，長方形emnhの頂点eとnを結ぶ対角線と長方形ngjkの頂点nとjを結ぶ対角線を引いて，それぞれの長方形の面積を二等分する。このことから，$A_9/2$の面積を持つ台形efjnが求まる。

⑤ 図3-30で示したように，スクエアステーション番号9の横断面曲線の起点となるブルワークトッププライン（Bulwark Top Line）や上甲板船側線（Upper Deck Side Line）上での点について，船体中心線 ℄ からの水平距離や基線（Base Line）からの高さを確認し，また，計画満載喫水線（DLWL）での水線半幅を示す点を確認して，図3-38のように印（図3-38の●印）を付ける。更に，船底勾配を有する場合には，傾斜した船底線との接点を確認して（「第1章 1.10.5 平面，側面の平行部曲線」参照），図3-38のように印（図3-38の場合は○印）を付ける。ただし，図3-38の○印場合は，平板キールの端（船底傾斜の出発点）を示している。

⑥ これらの点を結ぶ横断面曲線を，台形efjnを参考にしながら描く。この時，基準船（Type Ship）がある場合は，それの船体線図を参考にする。

⑦ 対角線 jn と対角線 ne を参考に，面積 A_{S9} と面積 A_{B9} が等しくなるように調整しながら，横断面曲線を修正する。以前は，プラニメーターを用いて面積 A_{S9} と面積 A_{B9} が等しくなるように幾度も線を引き直しながら横断面曲線を求めていた。

最終的には，同様な方法で全スクエアステーションにおける横断面曲線を描く。スクエアステーション番号 9 の横断面曲線以外は，破曲線で示している。このようにしてできあがった各スクエアステーションにおける横断面曲線の模式図が，図 3-38 である。

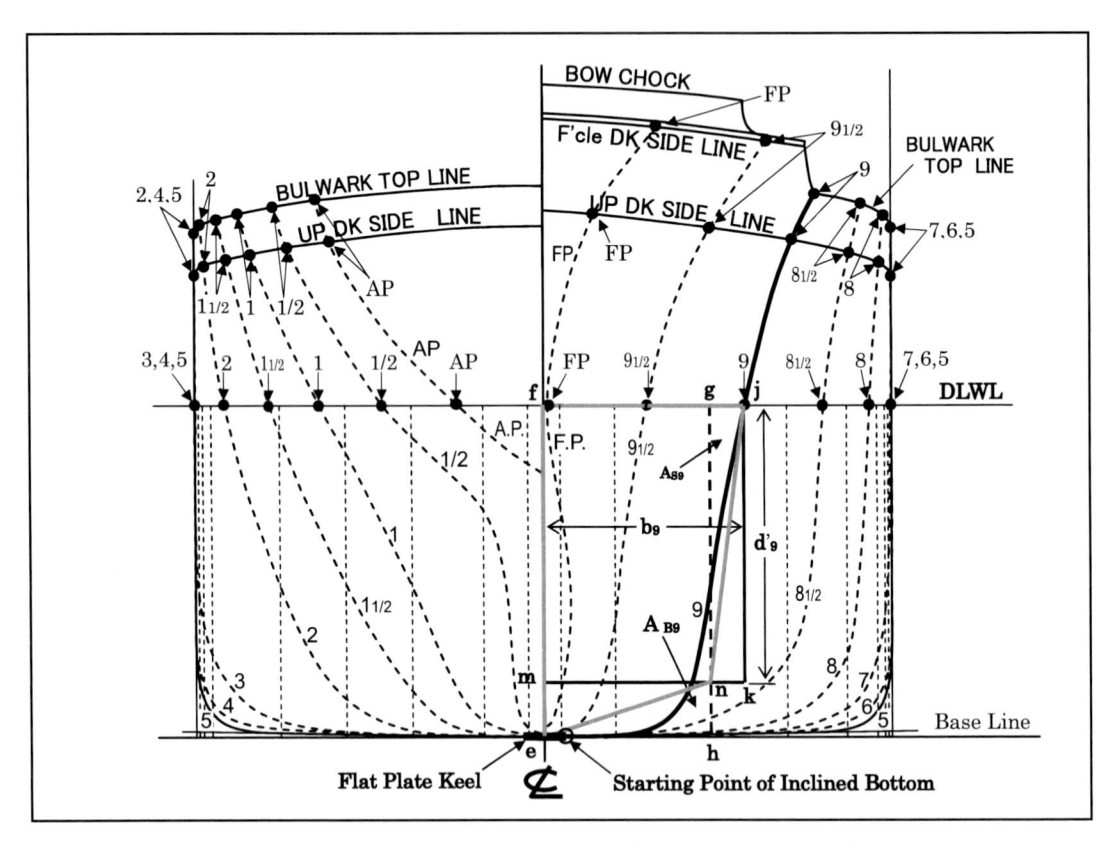

図 3-38 等価幅を利用して近似的な方法で横断面曲線を描く場合の模式図

3.4.11.2 基準船（Type Ship）の横断面曲線を利用した描き方

計画船に類似船がある場合は，これを基準船として参考にすることが一般的である。

最も簡単な場合として，計画船と基準船の中央横断面積係数（Midship Section Area Coefficient）C_m とプリズマティック曲線（Prismatic Curve）が相等しい場合は，基準船の正面線図の横断面曲線を用いて，計画船の横断面曲線を単なる比例により，次のような方法で描き表すことができる。

1) 計画船と基準船の型喫水（Molded Draft）が等しい場合

計画船と基準船の型喫水が等しい場合は，まず，図 3-39 の破曲線で示すような基準船の正面線図に，計画船の水面線 WSL の数とその間隔を相等しくとってみる。

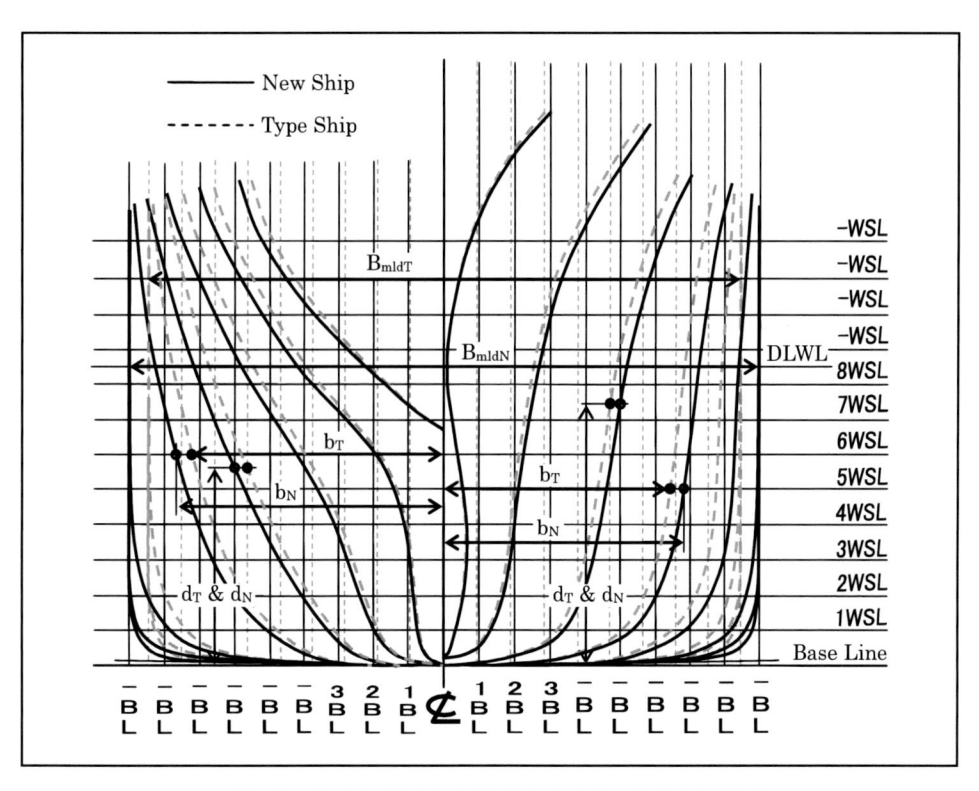

図 3-39 型喫水が等しい基準船の正面線図を利用する場合

両船の型喫水は等しいので，各スクエアステーションにおける各水線面の幅の比は，両船の型幅（Molded Breadth）の比に等しい。すなわち，各スクエアステーションにおける水面線 WSL 毎の計画船の水線半幅を b_N，基準船の水線半幅を b_T とすれば，計画船の任意の水面線 WSL における水線半幅 b_N は次式で求めることができる。

$$b_N = b_T \times \frac{B_{mldN}}{B_{mldT}}$$

但し，b_N は計画船の船体中心線 ℄ から水面線 WSL と横断面曲線との交点までの距離
　　　b_T は基準船の船体中心線 ℄ から水面線 WSL と横断面曲線との交点までの距離
　　　B_{mldN} は計画船の型幅
　　　B_{mldT} は基準船の型幅

この場合，基準船の各スクエアステーションにおける横断面曲線と船体中心線面に平行な縦平面を表す縦切線 BL との交点の高さは変わらないので，この値と上式から得られた各スクエアステーションにおける水面線 WSL 毎の計画船の水線半幅を求め，それらの値を計画船の縦切線 BL と各水面線 WSL 上に印して，その点を結ぶと，図 3-39 の実曲線で示した横断面曲線を得ることができる。

また，計画船と基準船の船体中央部 ⊗ からの浮心の前後位置である縦方向浮力中心の位置（l_{cb}）の比は，両船の垂線間長さの比に等しい。従って，計画船の縦方向浮力中心の位置（l_{cbN}）は，次式で求めることができる。

$$l_{cbN} = l_{cbT} \times \frac{L_{ppN}}{L_{ppT}}$$

但し，l_{cbN} は計画船の縦方向浮力中心の位置

l_{cbT} は基準船の縦方向浮力中心の位置

L_{ppN} は計画船の垂線間長さ

L_{ppT} は基準船の垂線間長さ

この場合，浮心の上下位置は変わらない。

2) 計画船と基準船の型幅（Molded Breadth）が等しい場合

計画船と基準船の型幅が等しい場合は，まず，図 3-40 の破曲線で示すような基準船の正面線図に基準船の計画満載喫水線（$DLWL_T$）と計画船の計画満載喫水線（$DLWL_N$）を描き入れる。

また，基準船の計画満載喫水線（$DLWL_T$）の上下に計画船の水面線 WSL の数と同数の水面線 WSL を，その間隔を基準船と計画船の型喫水の比をとって，図 3-40 の破直線のように描き入れる。

両船の型幅は等しいので，基準船の各スクエアステーションにおける各水面線 WSL（図 3-40 の破直線で示す水面線）の幅は，計画船の各水面線 WSL における幅とみなすことができる。

更に，基準船の各スクエアステーションにおける横断面曲線と船体中心線面に平行な縦平面を表す縦切線 BL との交点の高さを d_T とすれば，計画船の高さ d_N は次式で求めることができる。

$$d_N = d_T \times \frac{d_{mldN}}{d_{mldT}}$$

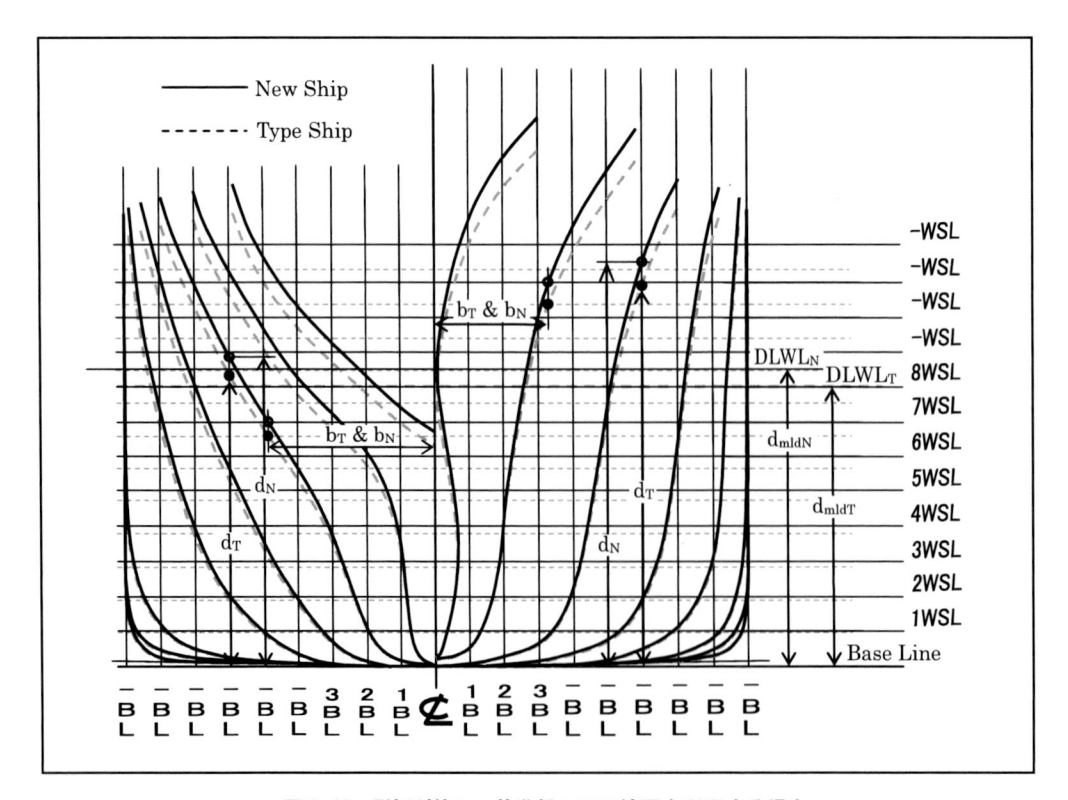

図 3-40 型幅が等しい基準船の正面線図を利用する場合

但し，d_N は計画船の基線から縦切線 BL と横断面曲線との交点までの高さ

d_T は基準船の基線から縦切線 BL と横断面曲線との交点までの高さ

d_{mldN} は計画船の型喫水

d_{mldT} は基準船の型喫水

このようにして得られた各スクエアステーションにおける水面線 WSL 毎の計画船の水線半幅および縦切線 BL での交点の高さを求め，それらの値を各水面線 WSL と縦切線 BL 上に印して，その点を結ぶと，図 3-40 の実曲線で示した横断面曲線を得ることができる。

この場合，縦方向浮力中心の位置（l_{cb}）は変わらず，上下方向の浮心位置は計画船と基準船の型喫水の比だけ変化する。

3) 計画船と基準船の型喫水および型幅の両方が等しくない場合

図 3-41 に示すように，計画船と基準船の型喫水および型幅の両方が等しくない場合は，上記 1），2）で示した方法を応用すれば，計画船の各スクエアステーションにおける横断面曲線の水面線 WSL 毎の水線半幅 b_N および縦切線 BL での高さ d_N を求めることができる。

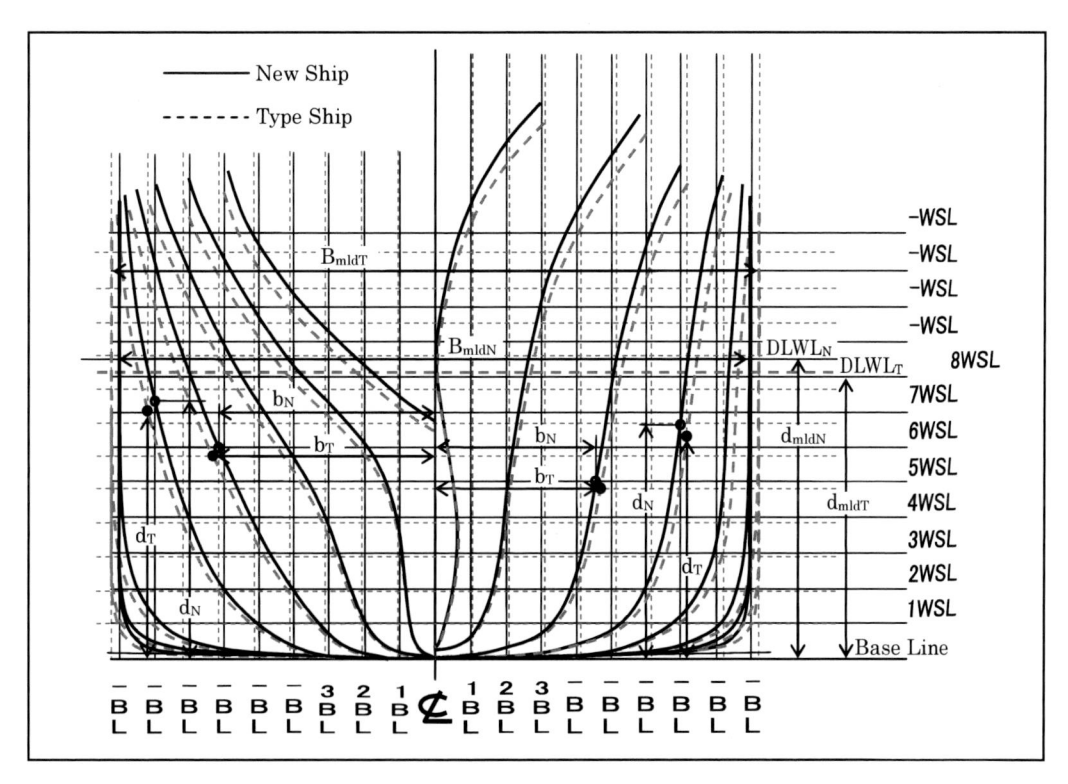

図 3-41 型喫水および型幅の両方が等しくない基準船の正面線図を利用する場合

それらの値を各水面線 WSL と縦切線 BL 上に印して，その点を結ぶと，図 3-41 の実曲線で示した横断面曲線を得ることができる。

また，縦方向浮力中心の位置（l_{cb}）は，計画船と基準船の長さの比だけ，上下方向の浮心位置は型喫水の比だけ変化する。

ここで示した3つの方法は，最近のコピー用機器の拡大コピー機能を用いれば，いずれの場合も比較的簡単に，基準船から計画船の正面線図を得ることができる。しかし，計画船と基準船の中央横断面積係数（Midship Section Area Coefficient）$C_⊞$ とプリズマティック曲線（Prismatic Curve）が相等しい場合は極めて稀で，基準船の正面線図を用いて計画船の各スクエアステーションにおける横断面曲線を求めることは，前述したようには容易ではなく，経験を積み重ねる他に安易な方法はない。

3.4.12 正面線図の描き方

前節までの方法で，正面線図に描き表す各スクエアステーションにおける近似的な横断面曲線が得られると，これに基線からの一定間隔の高さを有する**水面線 WSL** や船体中心線面に平行な幾つかの縦平面を表す**縦切線 BL**，**上甲板船側線（UP DK SIDE LINE）**，**船首楼甲板船側線（F'cle DK SIDE LINE）**，**船尾楼甲板船側線（POOP DECK SIDE LINE）**およびブルワーク（舷墻）・**トップ・ライン（BULWARK TOP LINE）**と，必要に応じて**第2甲板船側線（2nd DECK SIDE LINE）**を描き入れ，そして必要事項等を記入する。

また，船首楼甲板の最前端に位置する波切板である**バウチョック（BOW CHOCK：船首止板）**線も描き入れる。このように必要な曲線と事項の全てを描き入れると，近似的ではあるが，図 3-42 のような**正面線図（Body Plan）**ができあがる。

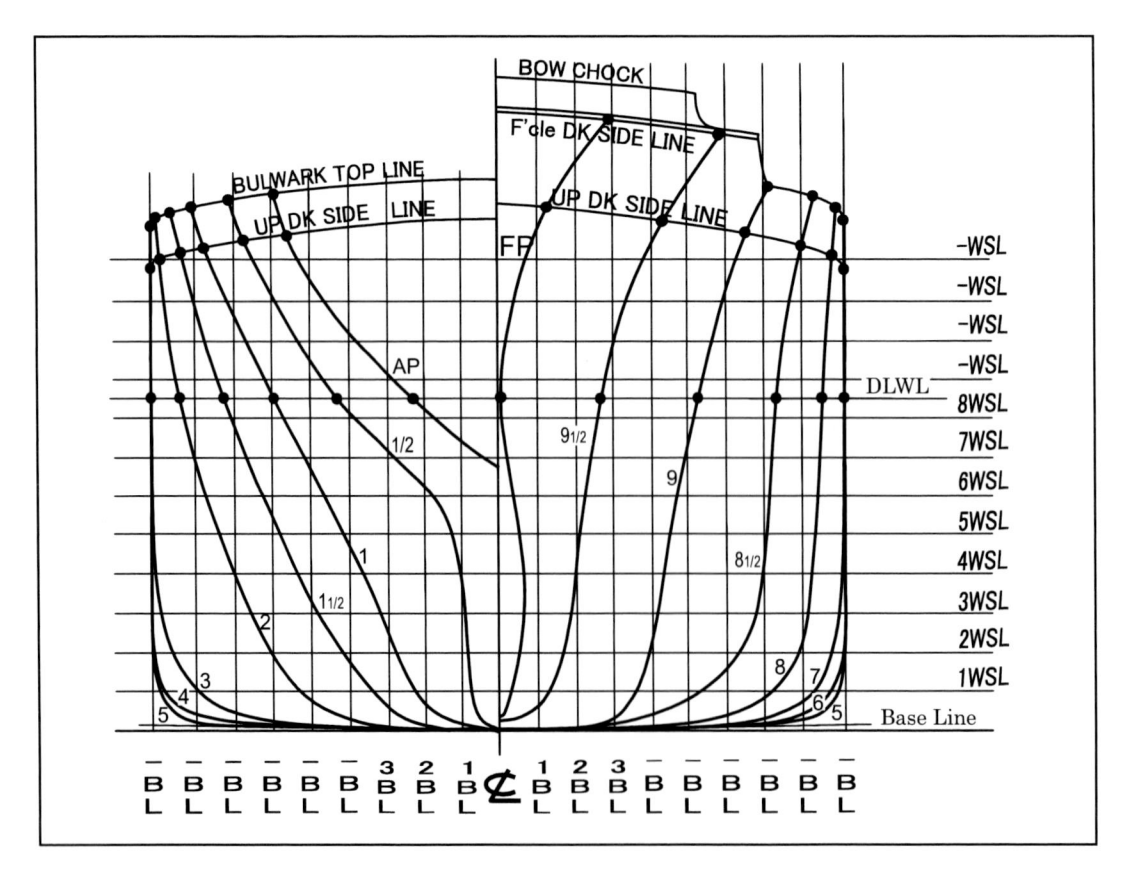

図 3-42　製図初期の近似的に求めた正面線図

図 3-42 の正面線図は，単なる近似的に求めた横断面曲線に他ならないので，本格的な船体線図の製図の前に，概略のフェアリング（Fairing）を行う。これは，各スクエアステーションに対して描いた近似的な横断面曲線が，他のスクエアステーションの横断面曲線と整合性がとれているかどうかを見るためである。

概略フェアリング法の模式図を，図 3-43 に示す。

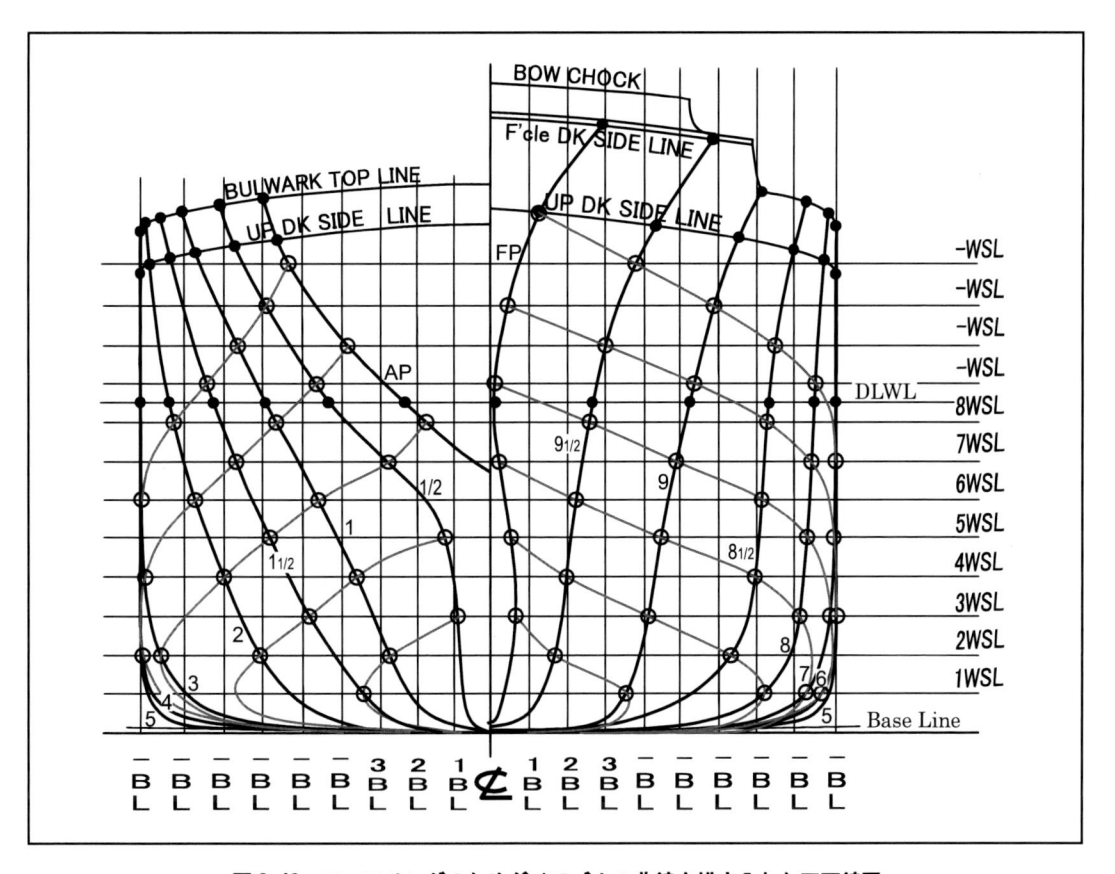

図 3-43 フェアリングのためダイアゴナル曲線を描き入れた正面線図

概略フェアリングの手順

① 各スクエアステーションにおける横断面曲線と水面線 WSL との交点を，図 3-43 の○印のように記入する。但し，○印の交点は，起点となるスクエアステーション番号から番号が 1 つずつ増える毎に水面線 WSL を 1 つずつ変化させていくか，あるいは番号が 1/2 ずつ増える毎に水面線 WSL を 1 つずつ変化させていく。図 3-43 の場合は，スクエアステーション番号が 1/2 ずつ増える毎に水面線 WSL を 1 つずつ変化させる方法をとっているので，スクエアステーション間に 1/2 のスクエアステーションがない場合は，その次の水面線 WSL との交点に○印を付けている。

② ○印の交点を結ぶ曲線を，必要な数だけ描き入れる。この曲線を，図 3-43 ではダイアゴナル曲線として示している。

③ それぞれのダイアゴナル曲線が滑らかであるか否かをチェックする。
④ それぞれのダイアゴナル曲線が，周りの曲線と整合性がとれているか，言い換えれば曲線の流れによる船体表面の凹凸ができているか否かをチェックする。
⑤ ダイアゴナル曲線が滑らかでないか，周りの曲線との整合性がとれていないような場合は，基準船を参考にしながらフェアリングを行う。

概略であるが，フェアリングを行った後の正面線図の模式図を，図 3-44 に示す。

図 3-44 において破曲線で示した横断面曲線は，図 3-43 で示したフェアリング前の横断面曲線の代表例である。

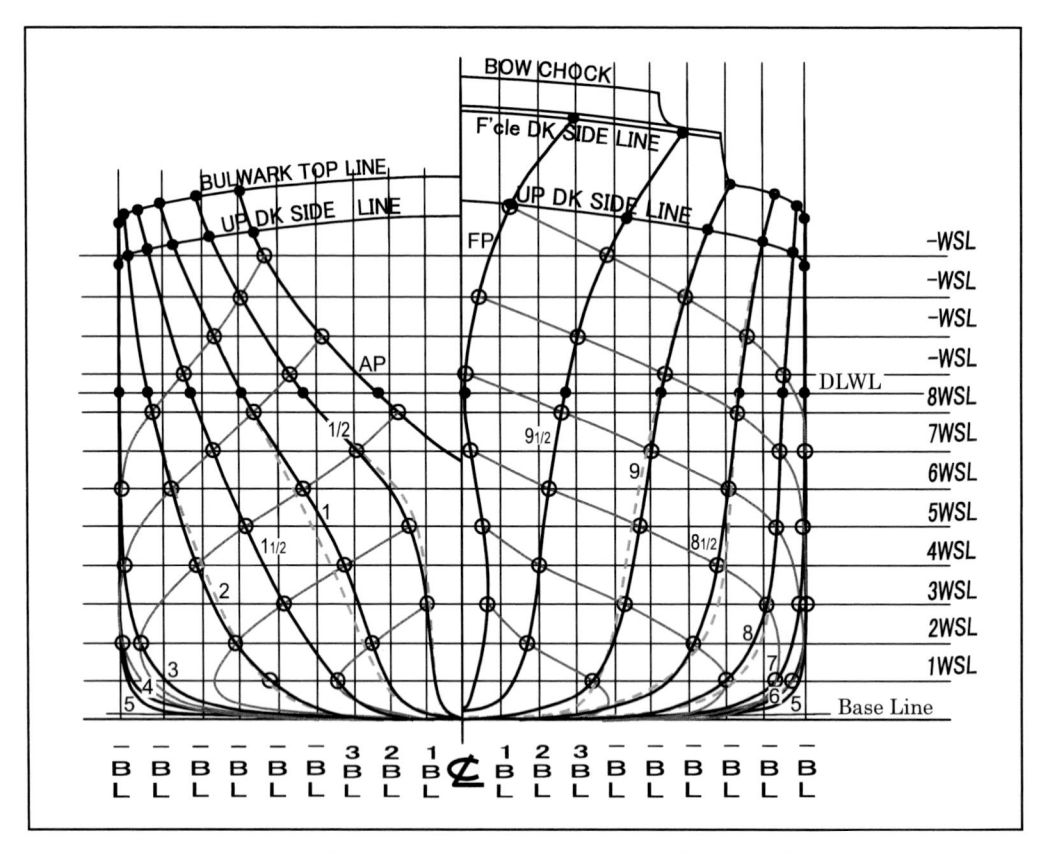

図 3-44 ダイアゴナル曲線を用いたフェアリング後の正面線図

図 3-44 の正面線図は，概略のフェアリングを行っただけなので，この図を基に船体線図の製図を行う。

3.4.13 半幅線図の描き方

図 3-44 の正面線図において，基線からの高さの異なる水平面を表す水面線 WSL と各スクエアステーションの横断面曲線との交点を，船体中心線 ℄ からの水平距離として求め，これを用いて平面図に水線 WL として表すのが半幅線図である。

3.4.13.1　正面線図と半幅線図の関係

ここでは，半幅線図の描き方を理解するために，図 3-45 に示すように，船体中心線からの水平距離を用いるのではなく正面線図を 90°反転させ，それぞれの水面線 WSL と各スクエアステーションの横断面曲線との交点を直接半幅線図に投影させて，半幅線図を描いてみることにする。

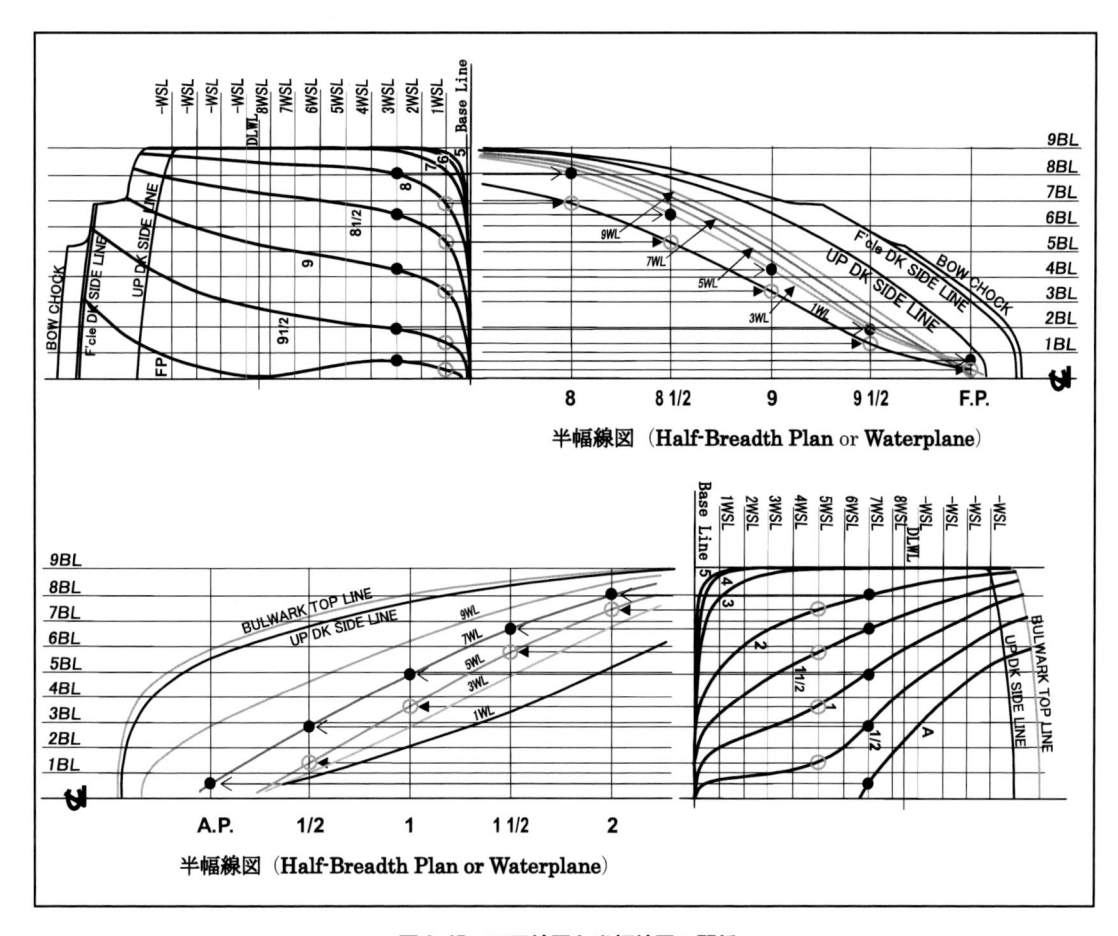

図 3-45　正面線図と半幅線図の関係

まず，図 3-45 に示すように，正面線図の船首部を左側へ 90°反転させ，水面線 WSL 毎に各スクエアステーションの横断面曲線との交点を求める。例えば，ここでは 1 WSL での交点を○印，3 WSL での交点を●印で表している。

次に，半幅線図を描く各スクエアステーションの所の縦線（Ordinate）上に，求めた交点を投影させる。すなわち，正面線図での 1 WSL とスクエアステーション 9 1/2 の横断面曲線との交点は，半幅線図での 9 1/2 における縦線上に投影させ，1 WSL とスクエアステーション 9 の横断面曲線との交点は，半幅線図での 9 における縦線上に投影させる。このような方法で，正面線図において水面線 WSL 毎に各スクエアステーションの横断面曲線との全ての交点を半幅線図の各縦線上に投影させる。

そして，半幅線図の各縦線上に投影された点で，正面線図での同じ水面線 WSL の点を結ぶ滑らかな

曲線を描くと，これが，**水線 WL**（**Waterline**）である。

　船尾部は，正面線図の船尾部を右側へ 90° 反転させ，同様な方法で各水線 WL を描いている。例えば，ここでは 5 WSL での交点を〇印，7 WSL での交点を●印で表している。

3.4.13.2　半幅線図のフェアリング

　実際には，正面線図で任意の水面線 WSL と各スクエアステーションの横断面曲線との交点を船体中心線 ℄ からの水平距離として求め，これを半幅線図の縦線上に船体中心線 ℄ からの高さ（距離）として点を定め，これらの点を結ぶ曲線，すなわち水線 WL を描く。

　半幅線図において水線 WL を描く時，全ての点が滑らかな曲線上にあれば半幅線図の水線 WL として問題はないが，ほとんどの場合，曲線上に乗らない点が出てくる。

　このような場合には，多くの点を通り滑らかな水線 WL を描いた後，水線 WL と各スクエアステーションの所の縦線との交点を定め，この点を正面線図に戻す。そして，正面線図で横断面曲線を修正する。この時，横断面曲線も滑らかな曲線になるようにしなければならない。

　このような作業を全水線 WL について繰り返しながら，正面線図と半幅線図のフェアリングを行う。

　このようにして得られた正面線図と半幅線図のフェアリングは，概略を終えた状態となる。

3.4.14　側面線図の描き方

　図 3-44 の正面線図において，**BL** で示している所の縦切線 BL と各スクエアステーションの横断面曲線との交点を，基線（Base Line）からの高さとして求める。そして，これを用いて側面図として船首尾曲線（Bow and Buttock Line）を表すと，図 3-46 に示すような側面線図が得られる。しかし，このままでは不完全な状態なので，半幅線図を用いてフェアリングした後に，側面線図が得られる。

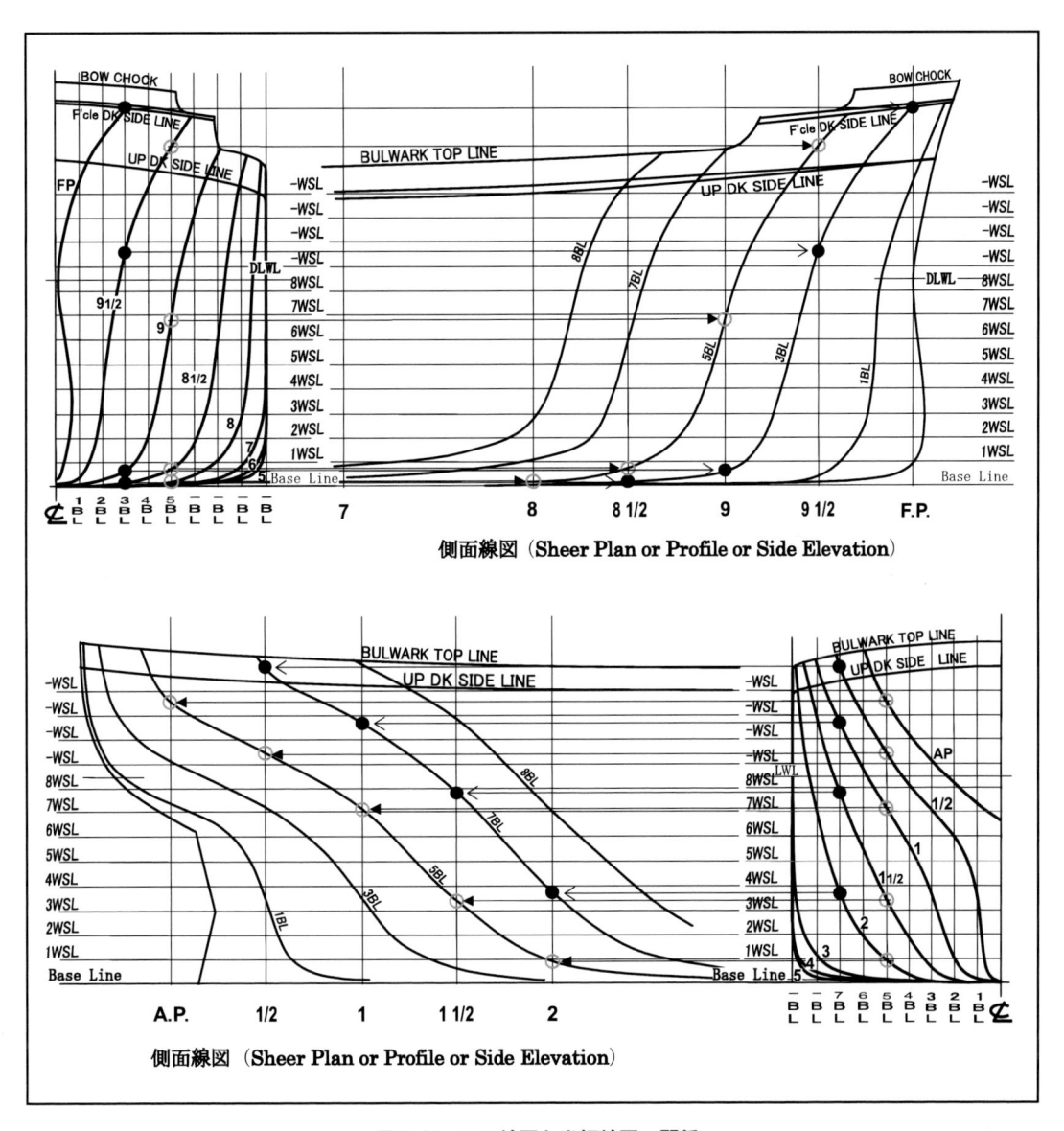

図 3-46　正面線図と半幅線図の関係

3.4.14.1　正面線図と側面線図の関係

　ここでは，側面線図の描き方を理解するために，図 3-46 に示すように，正面線図でそれぞれの縦切線 BL と各スクエアステーションの横断面曲線との交点の基線からの高さを，正面線図から直接，側面線図に投影させて側面線図を描いてみることにする。

　まず，図 3-46 に示すように，船首部を表す正面線図の右側で，縦切線 BL 毎に各スクエアステーションの横断面曲線との交点を求める。例えば，ここでは 3BL での交点を●印，5BL での交点を〇印で表している。

　次に，側面線図を描く各スクエアステーションの所の縦線上に，求めた交点を投影させる。すなわち，

正面線図での 3BL とスクエアステーション 9 1/2 の横断面曲線との交点（●印）は，船側線図での 9 1/2 における縦線上に投影（――→ ●の点）させ，3BL とスクエアステーション FP の横断面曲線との交点（●印）は，側面線図での FP における縦線に投影（――→ ●の点）させるような方法で，縦切線 BL 毎に全ての点を投影させる。

そして，側面線図の各縦線上に投影された点で，正面線図での同じ縦切線 BL の点を結ぶ滑らかな曲線を描くと，これが船首曲線（Bow Line）である。

船尾部については，正面線図の左側で，縦切線 BL 毎に各スクエアステーションの横断面曲線との交点を求める。例えば，ここでは 5BL での交点を○印，7BL での交点を●印で表している。これらの点を，船首部と同じような方法で側面線図の各スクエアステーションの所の縦線上に投影させ，それぞれの縦線上において正面線図での同じ縦切線 BL の点を結ぶ滑らかな曲線を描くと，これが船尾曲線（Buttock Line）である。

3.4.14.2　側面線図のフェアリング

実際には，正面線図の右側の船首部で，任意の縦平面を表す縦切線 BL と各スクエアステーションの横断面曲線との交点を基線（Base Line）からの高さとして求め，これを側面線図の縦線上に基線からの高さとして点を定め，これらの点を結び船首曲線（Bow Line）を描く。その後，次の船首曲線を描く作業に移るということが繰り返される。

船尾部は，正面線図の左側の船尾部を用いて，同様な方法で船尾曲線（Buttock Line）を描いている。例えば，ここでは 5BL での交点を○印，7BL での交点を●印で表している。

しかし，**この方法により船首尾曲線を描くと，正面線図でそれぞれの縦切線 BL と各スクエアステーションの横断面曲線との交点が少ない場合もあり，側面線図で正しい船首尾曲線を描くことができない。**

そこで，正面線図で得られた縦切線 BL と各スクエアステーションの横断面曲線との交点を，側面線図の縦線上に移して定めた図 3-46 のような点の他に，図 3-45 のようにして得られた半幅線図において，各水線 WL と縦切線 BL との交点を，図 3-47 のように側面線図上の水面線 WSL 上に移して，点（――→ が示す水面線 WSL 上の点）を定める。

次に，側面線図において，各船首尾曲線（Bow and Buttock Line：BL）毎に，各スクエアステーションでの縦線上の点（図 3-46 で定めた点）と各水面線 WSL 上の点（図 3-47 で定めた点）を通る曲線を描く。このとき，全ての点が滑らかな曲線上にあれば，側面線図の船首尾曲線として問題はないが，ほとんどの場合，曲線上に乗らない点が出てくる。

このような場合には，多くの点を通る滑らかな船首尾曲線を描いた後，水線 WL と各スクエアステーションの所の縦線との交点を定め，この点を正面線図と半幅線図に戻す。そして，正面線図での横断面曲線と半幅線図での水線 WL を修正する。

このような作業を，全船首尾曲線と全水線 WL について繰り返しながら，正面線図，半幅線図そして船側線図のフェアリングを行う。

第3章 船体線図（ラインズ）の描き方　117

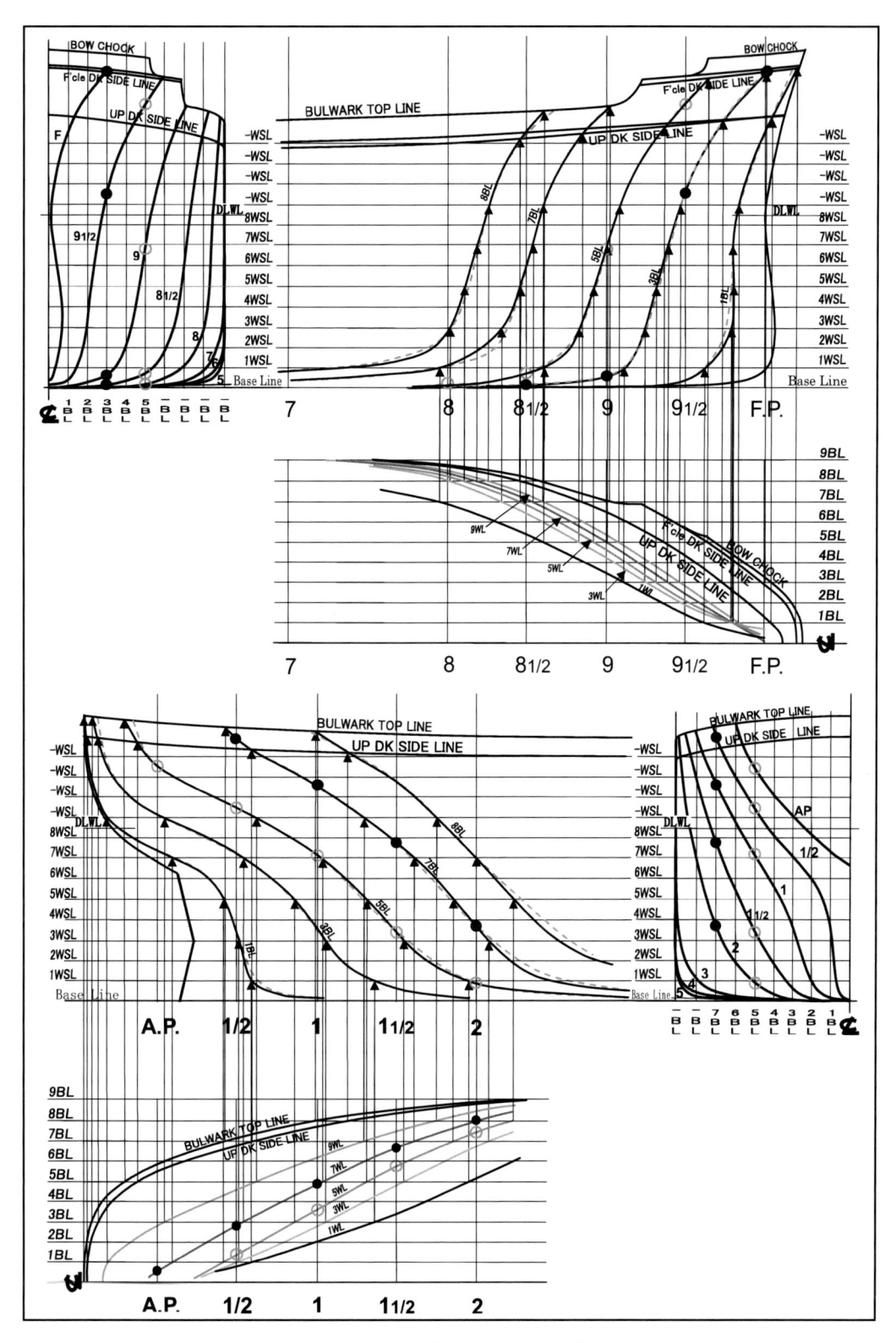

図3-47　側面線図のフェアリング

3.4.15 設計室における船体線図（ラインズ）の仕上げ

図 3-44 に示すような概略のフェアリングを行った正面線図（**Body Plan**）を用いて，半幅線図（**Half-Breadth Plan or Waterplane**）を描き，その後，側面線図（**Sheer Plan or Profile or Side Elevation**）を描いて，概略の船体線図ができあがる。そして，最終的に正面線図，半幅線図および側面線図が互いに整合性のとれた船体線図になるようフェアリングを行う。

フェアリングを行う上で，ある特定の方法でやれば簡単にできるといった方法は存在しない。フェアリングの作業は，あくまでも正面線図，半幅線図および側面線図に描かれた曲線間で，それぞれの曲線が互いに整合性がとれているように修正することなので，慎重の上にも慎重に行わなければならない。

船体線図で表される曲線群は，大小の曲率を有する曲面から形成されている船体の型表面の形状を正確に表しており，従って，船体の型表面上における如何なる点や曲線も，互いに整合性がとれ，相対的な位置関係を決定できる曲線として描かれていなければならない。故に，ある線図での点1つの修正は，その点を通る曲線の修正になり，この曲線修正がその曲線上のその他の点の修正につながる。それらの点や曲線の修正は，他の2つの線図における曲線の修正を余儀なくし，しかも，その2つの線図間でも曲線同士の整合性が要求される。

このようなフェアリング作業を通して，正面線図，半幅線図および側面線図に描かれた曲線が，それぞれの曲線間で互いに整合性がとれたときに，船体線図としては整ったものとみなすことができる。しかし，完成した船体線図とはならない。

船体線図は，フェアリング作業でも分かるように，船体の寸法が与えられれば描けるのではなく，点と曲線及び正面線図，半幅線図，側面線図の図面間で全ての整合性をとりながら，滑らかな曲線群として描かなければならないので，単なる図面上のフェアリングに注力すれば，**フェアリング作業の中で船体の形状寸法が変化する**ことになる。このような場合は，船体線図としては図面間で整合性がとれたものの，船主から与えられた様々な諸条件に必ずしも合致した船型になっているとはいえない。

従って，**フェアリング作業は単なる船体線図の点と曲線及び図面間での整合性をとるだけでなく，計画船の排水量，縦方向浮力中心**（Longitudinal Center of Buoyancy）l_{cb}，**縦横のメタセンター半径，容積，トン数あるいは船体抵抗等の諸条件が，船主要件に満足しているか否かチェックしながら行わなければならない**。もし，船主要件を満たさない項目がある場合には，船主要件が満足するまで，正面線図から始まって半幅線図および側面線図へと，船体線図の全ての修正とフェアリング作業が余儀なくされる。

このような繰り返しによって**船主要件を全て満足し，正面線図，半幅線図および側面線図に描かれた曲線間で完全に整合性がとれた船体線図が描かれた時，設計室における計画船の船体線図は完成する**。言い換えれば，設計段階での船体線図の完成であり，計画船の建造用の船体線図は，設計室での船体線図を基に現尺現図でのフェアリングの後に完成することになる。

3.4.16 初期の船体寸法表（Table of Offsets）の作成

設計室において，計画船の船体線図が完成すると，正面線図において船体中心線 ℄ から各横断面曲

線と各水面線 WSL との交点まで，あるいは，半幅線図において船体中心線 ℄ から各縦線と各水線 WL との交点までの水線半幅の寸法を読み取る。また，正面線図において基線から各横断面曲線と各縦切線 BL との交点まで，あるいは，側面線図において基線から各縦線と各船首尾曲線（Bow and Buttock Line）との交点までの高さの寸法を読み取る。この時，読み取った値を**初期のオフセット**（Offsets），それらをスクエアステーション毎にまとめた表を**初期の船体寸法表またはオフセット表**（Table of Offsets）という。

　船体寸法表を，表 3-1，表 3-2 に例示する。

　表 3-1 は，水線半幅の寸法を示すオフセット表になっている。

　縦の列には各スクエアステーションの位置を示す番号が記入され，横の行には，基線から始まって必要な数だけの水線 WL の半幅寸法を示している。小型船の場合は，0.25m や 0.5m 間隔の水線を示すこともある。

　その他にも，上甲板船側線（Upper Deck Side Line），船首楼甲板船側線（Forecastle Deck Side Line）およびブルワーク（舷墻）・トップ・ライン（Bulwark Top Line）も表示する。また，必要に応じてバウチョック（Bow Chock：船首止板）線，第 2 甲板船側線（Second Deck Side Line）や船尾楼甲板船側線（Poop Deck Side Line）等も表示する。

　表 3-2 は，船首尾曲線の基線からの高さの寸法を示すオフセット表になっている。

　縦の列には船体の横断面の位置を表すスクエアステーションの番号が記入され，横の行には，縦平面の船体中心線 ℄ からの位置を示す必要な数だけの船首尾曲線の基線からの高さの寸法を示している。小型船の場合は，0.25m や 0.5m 間隔の BL 線を示すこともある。

　その他にも，上甲板船側線，上甲板中心線（Upper Deck Center Line），船首楼甲板船側線，船首楼甲板中心線（Forecastle Deck Center Line）およびブルワーク（舷墻）・トップ・ライン（Bulwark Top Line）も表示する。また，必要に応じてバウチョック（Bow Chock：船首止板）線，第 2 甲板船側線，第 2 甲板中心線（Second Deck Center Line）や船尾楼甲板船側線，船尾楼甲板中心線（Poop Deck Center Line）等も表示する。

　こうして，**初期の船体寸法表またはオフセット表**が完成する。

表 3-1 各水線とその他曲線の半幅寸法表

| Station | Half Breadth ||||||||||||| 2nd Deck | Upper Deck | F'cle Deck | Bulwark Top Line |
	Base Line	0.5WL	1WL	2WL	3WL	Water Line 4WL	5WL	6WL	7WL	-WL	-WL	-WL				
B																
A																
A.P.																
1/4																
1/2																
3/4																
1																
1 1/2																
2																
2 1/2																
3																
4																
5																
6																
7																
7 1/2																
8																
8 1/2																
9																
9 1/4																
9 1/2																
9 3/4																
F.P.																

表 3-2 船首尾曲線とその他曲線の基線上高さの寸法表

Station	Bow and Buttock Line							Height above Base Line							
	0.5BL	1BL	2BL	3BL	4BL	-BL	-BL	2nd Deck Side Line	2nd Deck Center Line	Upper Deck Side Line	Upper Deck Center Line	F'cle Deck Side Line	F'cle Deck Center Line	Bulwark Top Line
B														
A														
A.P.														
1/4														
1/2														
3/4														
1														
1 1/2														
2														
2 1/2														
3														
4														
5														
6														
7														
7 1/2														
8														
8 1/2														
9														
9 1/4														
9 1/2														
9 3/4														
F.P.														

3.4.17 船体線図の現尺現図フェアリングと最終の船体寸法表

設計室で完成した船体線図は，おおよそ実船の 1/50～1/100 の縮尺図で製図されるので，いかに正確に描き丁寧にフェアリングを行ったとしても，実物大に展開すると多少の誤差は免れない。従って，設計室における設計時の船体線図および船体寸法表は，まだ多少の誤差が含んでいるといえる。

造船所では，設計室で描きあげた縮尺図の船体線図を，縮尺から生じる誤差を補正するために，現図場という所の床上に実物大に拡大して再度描き表し，そして，船体線図を現尺現図に表すことで現れる誤差を補正するための作業を行うのが一般的であった。この作業を，現図場の**フェアリング（Fairing in Mold Loft）**という。**現尺現図によるフェアリングを行った後，現尺現図での正確なラインズが描きあがると，計画船の実寸法通りのオフセット（Offsets）と船体寸法表（Table of Offsets：オフセット表）が求められ，建造する船の船型が確定する**。これを計画船の**最終の船体寸法表またはオフセット表**という。

この最終寸法表に基づいて，計画船の排水量等計算，復原力計算，重量重心計算，載貨容積計算，トン数計算等の諸計算が行われるが，この計算結果が船主要件を満足していなければならない。

このようなフェアリング作業では，縮尺図のラインズを製図する技術者（設計者）とは別に，縮尺図から現尺現図にするための現図場とフェアリングを行う技術者が必要となる。

現尺現図に代わって 1/10 や 1/5 の縮尺図で現図のフェアリング作業を行っている造船所もあるが，それでも，縮尺図である船体線図の製図とは別に，フェアリングの作業に多大な時間を要している。

従って，従来通りの縮尺図としての船体線図の製図は，現尺現図によるフェアリングという作業と実寸法通りの寸法表を完成させる作業が必要となる。

最近の造船所では，設計部内でコンピュータ・ソフトによる現尺現図のフェアリングが主流となっており，ディスプレイ上で船体線図の製図から現尺現図のフェアリングまで行っている。

3.4.18 船体線図の役割と船舶建造の特徴

計画船の船体線図が完成し，実寸法通りの船体寸法表が求まると，これに基づく計画船の諸計算が行われる。

諸計算の中で最も代表的なものとして，排水量等計算がある。

従来の船体線図の製図で基本となるのが，必ず垂線間長さを等間隔で 10 等分することであり，しかも，船首尾形状において曲率が大きな図形になる所では，10 等分して得られたスクエアステーションの間隔の半分または 4 等分点の所に，新しいスクエアステーションを設けることである。

垂線間長さを等間隔で 10 等分することや，曲率の大きな船首尾部の近傍で，スクエアステーションの間隔の半分または 4 等分のように偶数に分割するのは，ラインズの製図を行う上での幾何学的な制約ではなく，船体寸法表を用いた排水量等計算等に近似積分法を容易に適用することができるためである。

船体寸法表のオフセットの数としては，超大型船でも 1,500 前後であり，小型船では 250 未満である。しかも，排水量等の計算においては，その約半数のオフセットを用いれば十分である。

手作業および手計算による時代には，曲面から成る船体を船体線図という曲線群で描き表し，そこか

ら数少ないオフセット数で実用的に問題の無い諸計算の結果を出すことが，設計能率を上げるための必須条件であった。

　しかも，現在でも，船体線図用ソフトを用いていない造船所では，基本的には従来通りの船体の製図とその後の一連の作業を行っており，船を建造する上で特に技術上の問題とはなっていない。

　一方，最近のコンピュータ・ソフトによる船体線図の製図や，現尺現図のフェアリングが行われている現状においては，垂線間長さを等間隔で 10 等分することや，スクエアステーションの間隔の半分または 4 等分のように偶数に分割することが，従来のラインズ製図のように重要な意味を持たなくなってきている。

　従来の方法であろうが，またはコンピュータ・ソフトによる方法であろうが，フェアリング作業の完了は船体形状の最終決定を意味し，これによって建造する船の外板や内部材の正確な形や寸法が求まっていくことになる。

　新しい船の建造は，船主から要求された諸性能を満たす船の外形が決まった後，その外形を精度良く保つための内部材の形や寸法を決め，しかも，強度や載貨条件等を満足する構造物に組み立てていき，最終的には，大小曲率の曲面から成る船体を造るところに，大きな特徴がある。

3.4.19　ラインズのためのコンピュータ・ソフト

　船の建造では，縮尺図の船体線図を描き，現尺現図によるフェアリング作業を経て，実寸法通りの船体寸法表を求める作業が，長い年月をかけて今まで続いてきた。

　このことは，船体線図そのものが，単に船体形状を表しているだけでなく，水面を航行する上で最も大切な，滑らかな曲面で成っている船体を，設計通りに造るための重要な図面であることを示している。従って，縮尺図の船体線図を従来のように描いていれば，縮尺現図程度までが限度で，何一つ省くことはできない。

　船体線図で表される曲線群が，いかに船の型表面の切断面形状を正確に表し，その型形状においていかなる点や線も図面上から相対的な位置関係を決定できる曲線として描かれているとしても，そこから得られる船体寸法表は，必要最小限の限られた数値データ表に他ならない。

　このような船体線図と船体寸法表は，造船設計では必要不可欠であり，基本設計から生産設計・現図まで，一貫したコンピュータ・システム上で利用できるようなデータベース化が求められている。

　言うまでもなく，船体線図は造船設計の根幹を成すものであるため，コンピュータ・システムを構築し，その機能を活かすためには，船体線図に関わる全ての情報をデータベース化し，各部署で容易に利用できるようにすることである。

　従って，船体線図用ソフトの導入に当たっては，設計の各部署と連携できるシステムの中で利用できるものか，単独のラインズ用ソフトであれば設計の各部署が利用できるデータベースの構築が簡単に行えるものでなければならない。

　従来の現尺現図による船体線図のフェアリングが，縮尺図として描かれた船体線図の誤差を補正するための作業であるならば，縮尺図として描かれる船体線図そのものを現尺現図で製図してしまえば，現尺現図によるフェアリング作業が不必要となる。

一般常識で考えれば，船体線図を現尺現図で製図することは全く実用的ではないが，最近の造船設計用のコンピュータ・ソフトは，コンピュータ・ディスプレイ上で現尺現図での船体線図の製図を実用上可能にしている。

　造船設計用のコンピュータ・ソフトの利点を挙げるとすれば，下記の通りである。

1) タイプシップ（**Type Ship**：基準船あるいは参考船）の参照が簡単である（データベース化が成されている場合）。
2) 引合い時の基本設計と諸性能計算が簡単にできる。
3) 船体線図ができあがれば，諸性能計算が同時にできる。
4) 現尺現図によるフェアリング作業が不必要である。
5) 船体表面の任意の点または任意断面の形状を求めることができる。
6) 船体線図に関わる全てのことをデータベース化できる。

第4章

排水量等計算と曲線図
(CALCULATION OF DISPLACEMENT OF SHIP AND HYDROSTATIC CURVES)

4.1 船の重さと浮力

　船は主として，浮力を利用して人や物を乗せて運ぶことが目的であるため，その大きさは一人乗りの小さな船から数十万トンの巨大船まで多種多様である。

　どのような大きさの船であっても，船が**静水面**（Surface of Still Water）に浮かんでいる時，船体の水面下容積の中心，すなわち，**浮心**（Center of Buoyancy）には船を支えるための一定の**浮力**（Buoyancy）が作用している。言い方を変えれば，静水面に浮かんでいる船は，この一定の浮力によって浮かされていることになる。また，静水面に浮かんでいる船は，ある**重さ**（Weight）を持っており，これが**重力**（Gravity）として船体の**重心**（Center of Gravity）に作用している。

　船が静水面に浮いて静止している状況では，船体の重心（Center of Gravity）と浮心（Center of Buoyancy）は共に静水面と直角な鉛直線上にあり，しかも，船体の重心に作用する重力と浮心に作用する浮力は，等しく正反対向きであることを示している。

　一般に静水面に浮かんでいる船の重さは，水面上へ吊り上げることのできるような小型船を除いて，直接量ることができないが，船の重さと浮力が等しいことから，船に作用する浮力の大きさを求めると，間接的に船の重さを求めることができる。

　船に作用する浮力については，アルキメデスの原理を用いて説明・理解することができ，また，その大きさを求めることができる。従って，アルキメデスの原理を用いれば，直接ではないが，間接的に船の重さを求めることができる。

4.2 アルキメデスの原理

4.2.1 アルキメデスの原理の概念

　水は流動体であるため，それだけである一定の形を整えることができない。従って，地球上の水は，

重力の作用により，常に下方へ流れようとするし，流れる水を受け止めるくぼみがあれば静止水面を作り安定した状態になる。従って，水を器に入れると必ず静止水面を作り，安定した状態になる。ある一定の水の重さを量る場合には，必ず水を入れる器が必要である。

今，ある一定の水の量について考えるために，現実には存在しないが，図4-1に示すように，重さも厚さもなくて形のくずれない「だるま容器」（容器はどのような形でもよい）を想像し，次のように考えてみることにする。

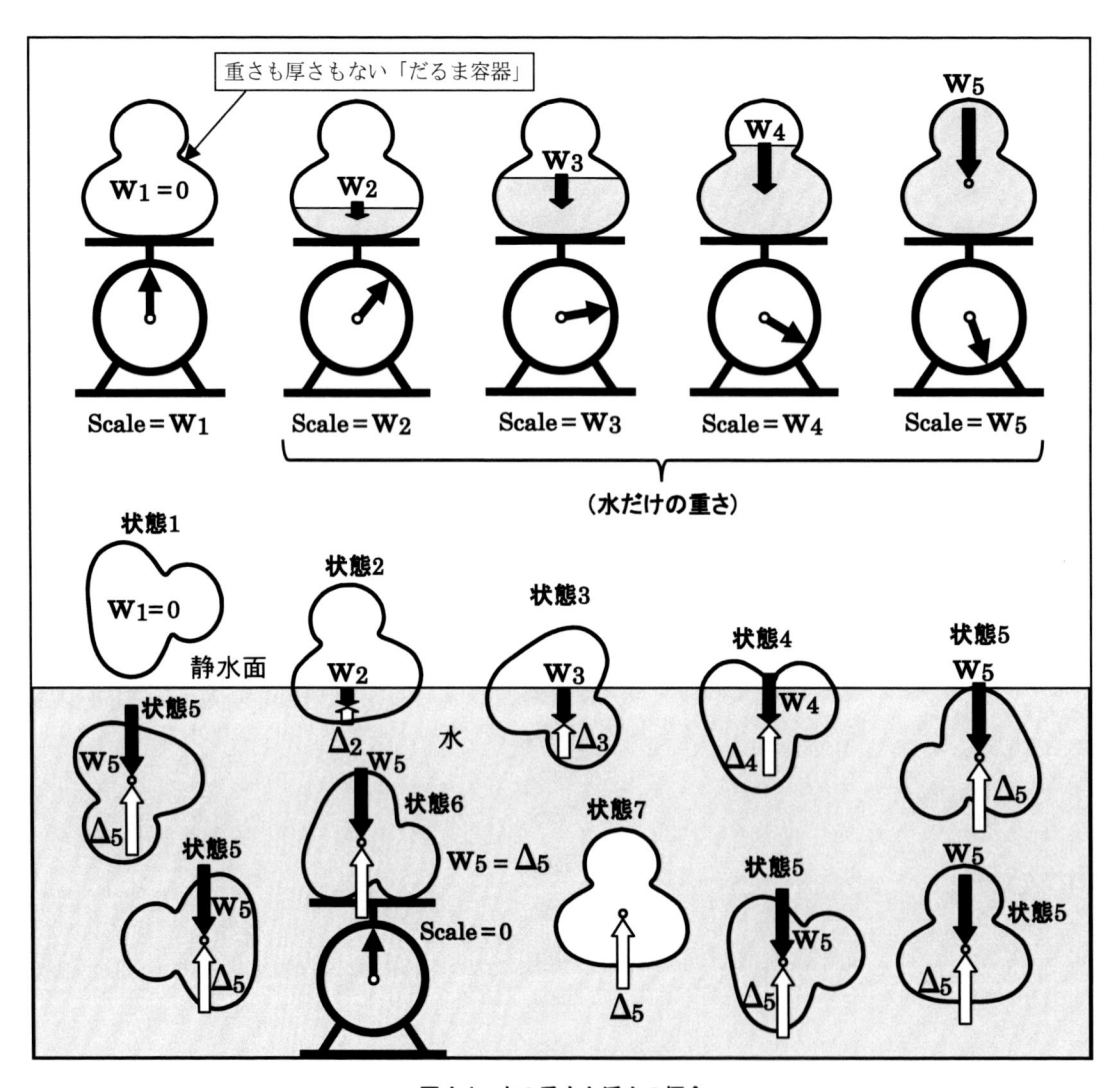

図4-1 水の重さと浮力の概念

① 図4-1のように，「だるま容器」の重さはないと仮定しているので，$w_1 = 0$ とする。そして，「だるま容器」の中に水の重さをそれぞれ w_2，w_3 および w_4 だけ入れた場合と，水をいっぱい入れた場合 w_5 について考えてみる。すなわち，形のくずれない「だるま容器」に，それぞれの量の水が入っている場合は，地上では支えがないと落下する。

第4章　排水量等計算と曲線図　127

② 今，図4·1の秤に乗せた5つの状態の「だるま容器」を，大量の水がある静水面上に落とすと，水を入れていない「だるま容器」は，重さがない（$w_1 = 0$）と仮定しているので，状態1のように，水面より上方に，高さや傾きに関係なく，任意の位置に留まる。「だるま容器」の中は空気だけなので，空気中の任意の位置に静止する。

③ 「だるま容器」に水の重さをそれぞれ w_2，w_3 および w_4 だけ入れた場合は，「だるま容器」の姿勢とは無関係に，状態2，状態3および状態4のように，容器内の水面が大量の水の静水面と一致するように静止する。「だるま容器」の中と外は同じ水なので容器内の水面が大量の水の静水面上に出ることも，静水面下に沈むこともない。

④ 「だるま容器」に水をいっぱい入れた状態の重さは w_5 であるから，大量に水のあるところへ入れると，状態5のように「だるま容器」は，水中に入れた時の水深や姿勢に関係なく，しかも，水上に出ることなく，浮き上がることも沈むこともせず，水中のどこにでも静止する。

⑤ 状態2，状態3および状態4のように，容器内の水の量に無関係にその水面が大量の水の静水面と一致するように静止することや，状態5のように，水をいっぱい入れた状態の重さ w_5 の「だるま容器」が，水上に出ることなく，浮き上がることも沈むこともせず，姿勢とは無関係に水中に静止するのは，「だるま容器」の中と外が全く同じ水であるためである。言い換えれば，大量の水が，「だるま容器」の中の水の分だけ増えただけと，考えることができる。

⑥ 状態2，状態3および状態4の水の重さは，それぞれ w_2，w_3 および w_4 であり，状態5の水の重さは w_5 であるが，それぞれの状態で静止しているのは，これらが同じ大きさの力で支えられているためだといえる。この支えている力を Δ_2，Δ_3，Δ_4 および Δ_5，とすると，$w_2 = \Delta_2$，$w_3 = \Delta_3$，$w_4 = \Delta_4$ および $w_5 = \Delta_5$ の関係にある。

⑦ しかも，水の入った「だるま容器」が水に浸かる深さや姿勢に関係なく，それぞれの静止状態を保つのは，「だるま容器」を支えている力 Δ_2，Δ_3，Δ_4 および Δ_5 が，常に「だるま容器」の水の重心，言い換えれば「だるま容器」の水面下容積中心に作用しているためである。

⑧ このことは，例えば状態6のように，水中にある水の入った「だるま容器」を秤で量ろうとしても，重さを量れないことからも理解できる。すなわち，「だるま容器」の中の水は，大量の水の一部だと考えても差し支えなく，従って，大量の水の中である一部の水だけを測ろうとしても測れないのと同じである。このことからも，水の入った「だるま容器」は，浮いている姿勢に関係なく，その場に静止していることが理解できる。

⑨ 今，状態7のように，「だるま容器」の中から水を抜いたら，「だるま容器」の重さは無くなり（$w_5 = 0$），「だるま容器」を支えていた力 Δ_5 だけが残る。すなわち，「だるま容器」の水を抜いて中空にすれば，支えていた力 Δ_5 だけが，中空の「だるま容器」に作用する。従って，この力 Δ_5 が水中にある中空の「だるま容器」を水面上に浮き上がらせる。そして，状態1と同じ状態になる。

　　状態2，状態3および状態4も同じことがいえる。

⑩ 考え方を変えて，初めから水を入れていない重さも厚さもなくて形のくずれない「だるま容器」を水中に入れていくと，そこには水中に入れた分だけ「だるま容器」を浮き上がらせようとする力 Δ が作用する。その力は，「だるま容器」を水中に入れていくことによって，水面下に入れた容器の大き

さだけ水を押しのけることになるが，その押しのけた水の重さ（「だるま容器」内で外部の静水面に一致する水面になる水の重さ）に等しいといえる。しかも，その力Δは，水面下に入れた容器の容積中心に作用する。

以上のことを一般的にまとめると，次のようになる。

物体を液体の中に入れると，物体が排除した（押しのけた）液体の重さと同じ大きさの力が上向きに作用する。これを**アルキメデスの原理**という。また，このとき，**上向きに作用する力は，液体の中に入れた物体の容積中心に作用し，これを浮力という**。

4.2.2 水中の圧力とアルキメデスの原理

今，水中の一点に作用する圧力について考えてみる。

水中において圧力が作用している一点を，図 4-2 に示すように，単位長さの微小な三角柱 ABC とする。この時，AB の面には圧力 p_1 が，AC の面には圧力 p_2 が，そして BC の面には圧力 p_3 が作用している。また，水の比重量を γ とする。

圧力が作用している点は圧力が作用することによって動くことはないので，あらゆる方向に対して釣り合っているといえる。

水平方向に対する釣り合いは，次式で表すことができる。

p_1・AB 面の面積 ＝ $p_2 \cdot \cos\theta$・AC 面の面積

この水平方向に対する釣り合い式の中で，「AB 面の面積と AC 面の面積・$\cos\theta$ とは等しい」ため，以下の結果が導かれる。

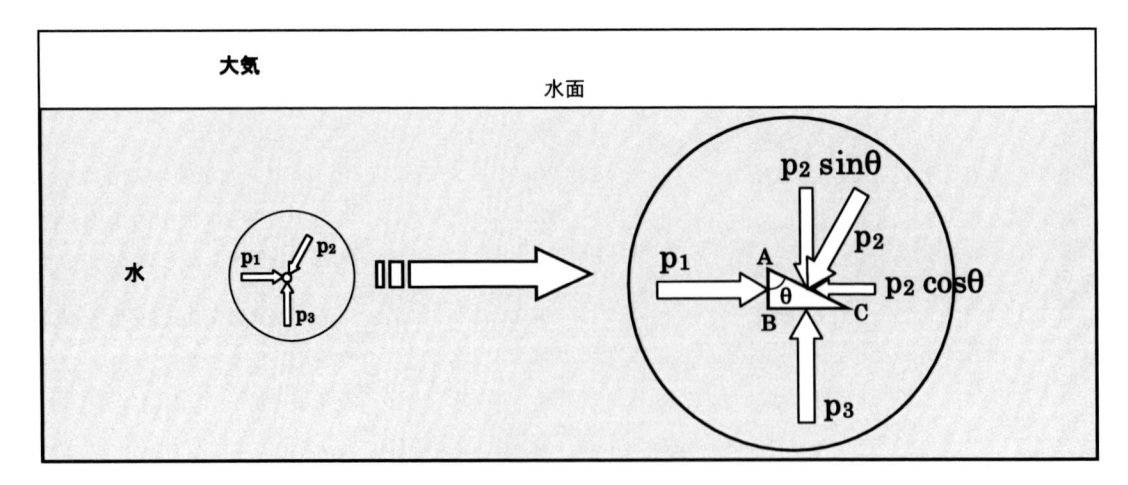

$p_1 = p_2$

図 4-2 水中の一点に作用する圧力

また，鉛直方向に対する釣り合いは，次式で表すことができる。

p_3・BC 面の面積 ＝ $p_2 \cdot \sin\theta$・AC 面の面積 ＋ 単位長さの三角柱 ABC の水の重さ

但し，単位長さの三角柱 ABC の水の重さ ＝ $\frac{1}{2}$・AB・BC・1(単位長さ)・γ

しかし，AB, BC が共に微小であるため，「AB × BC ≒ 0」となることから，単位長さの三角柱 ABC の水の重さを考慮しなくても差し支えない。従って，鉛直方向に対する釣り合いは次式のようになる。

p_3・BC 面の面積 ＝ p_2・sinθ・AC 面の面積

この釣り合い式の中で，「BC 面の面積と AC 面の面積・sinθ とは等しい」ため，以下の結果が導かれる。

$p_3 = p_2$

以上のことから，次のような結果が導かれる。

$p_1 = p_2 = p_3$

この結果はθが任意の角であることから，どのような方向に働く圧力に対しても同じ結果が得られる。従って，**水中の一点に作用している圧力は方向に関係なく一定である**といえる。

静止した水中の任意の深さでの圧力は，そこから水面までの単位面積当たりの水の重さで，一般的に**静水圧**という。従って，ある大きさを持つ物体を水中に入れた場合，物体の周りには水深に比例した静水圧が作用する。しかも，この静水圧は水中の物体の周りの作用面に垂直に作用する。

水中の物体に作用する静水圧の水平方向の成分は，前述の考えに従えば総和が 0（zero）となり，釣り合っている。

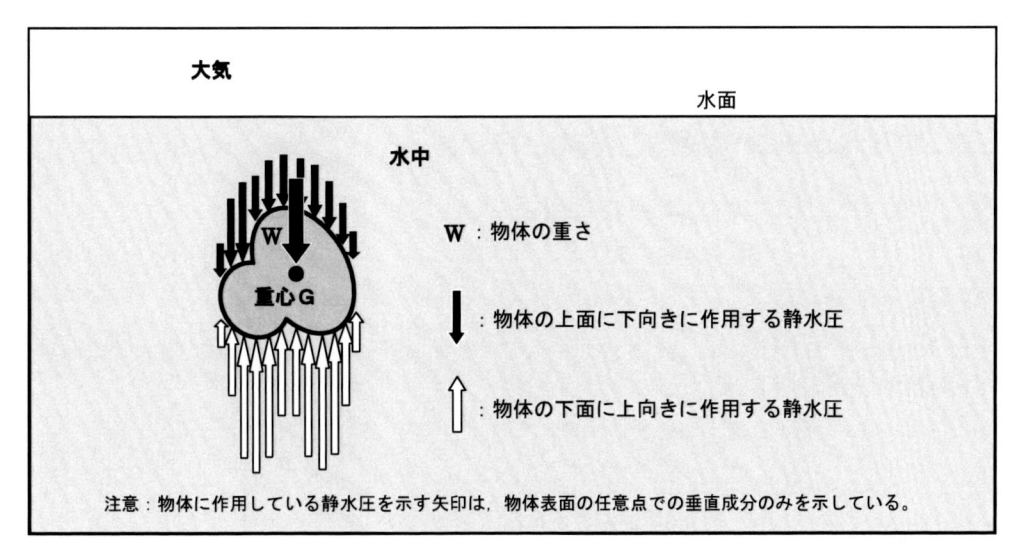

図 4-3　水中物体の上下方向に作用する圧力

水中の物体に作用する静水圧の鉛直方向の成分について考えると，以下のようになる。

物体を水中に入れると，図 4-3 に示すように，物体の下面には静水圧の上向きの成分が作用し，上面には静水圧の下向きの成分が作用する。一般に物体はある大きさを持っているため，下面が上面よりも深い所にあり，下面に作用する静水圧の方が水深に比例した分だけ大きくなる。

この時，鉛直方向には次のような力が作用する。
- 鉛直下向きに作用する力 ＝ 物体の重さ W ＋ 物体の上面に下向きに作用する静水圧の総和による力 F↓
- 鉛直上向きに作用する力 ＝ 物体の下面に上向きに作用する静水圧の総和による力 F↑

ある重さを持つ**物体が水中で静止するような上下方向の釣り合い条件**は，物体に作用する鉛直下向きの力と物体に作用する鉛直上向きに作用する力の総和が 0 (zero) になることで，次のように表すことができる。

  鉛直下向きに作用する力 － 鉛直上向きに作用する力 ＝ 0

この条件を満足するのは，「4.2.1 アルキメデスの原理の概念」で分かるように，水中に置かれた物体の重さ W と物体に働く浮力 Δ が等しい場合だけである。

今，上記の釣り合い条件式に，水中の物体に作用する鉛直方向の力を代入してみると，以下のように表すことができる。

  物体の重さ W ＋ F↓ － F↑ ＝ 0

この式と「水中に置かれた物体の重さ W と物体に働く浮力 Δ が等しい」という条件から，次の結果を導き出すことができる。

  物体の重さ W ＝ F↑ － F↓ ＝ 浮力 Δ （物体の容積 V・γ）

このことは，**浮力**はその物体に作用する静水圧の上下方向の差により生じることを示している。

以上のことをまとめると，**アルキメデスの原理**は，**水中の物体が受ける浮力はその物体に作用する静水圧の上下方向の差により生まれ，その大きさは物体が排除した（押しのけた）水の重さと同じである**ことを示している。

4.2.3 アルキメデスの原理と浮体と排水量

前節までの記述を座標系を用いて数式で表示すると，以下のようになる。

図 4-4 に示すように，水中に置かれた物体が，その上面を $z = F(x, y)$ および下面を $z = G(x, y)$ とする連続な関数として表され，しかも，直線 $x = a$, $x = b$ と xy 平面上の 2 つの曲線 $y = f(x)$, $y = g(x)$ によって囲まれた領域の立体であるとする。但し，曲線 $y = f(x)$ と $y = g(x)$ は $[a,b]$ で連続な関数で，$f(x) \geq g(x)$ とする。

図 4-4 において，x 軸上に原点から x の距離にある K 点をとり，この点を通って yz 平面に平行な平面 KLMN と，K 点から微小幅 dx の所で平面 KLMN に平行な面で水中で釣り合っている物体を切断すると，微小幅 dx を持つ微小容積の $dV(x)$ が得られる。

今，微小容積 $dV(x)$ において上面が $\triangle A_u$，下面が $\triangle A_b$，そして水平面に平行な面が $\triangle A$ の微小柱状体について考えることにする。微小柱状体の上面 $\triangle A_u$ は水深が h_u で下面 $\triangle A_b$ の水深が h_b であることから，上面 $\triangle A_u$ および下面 $\triangle A_b$ には，次のような静水圧が作用する。

  上面 $\triangle A_u$ に作用する静水圧　$\triangle P_u$ ＝ 単位面積あたりの水深 h_u での圧力
            ＝ $h_u \cdot \gamma$

下面△A_bに作用する静水圧　　△P_b ＝ 単位面積あたりの水深 h_b での圧力
$$= h_b \cdot \gamma$$

但し，γ は水の比重量

上面△A_u に作用する静水圧△P_u の作用方向および下面△A_b に作用する静水圧△P_b の作用方向と鉛直方向とのなす角をそれぞれ θ_u および θ_b とすると，鉛直方向に作用する静水圧による力はそれぞれ次のようなる。

上面△A_u に作用する静水圧による鉛直方向の力　　△F_u ＝ △P_u ・△A_u ・$\cos\theta_u$
$$= △P_u \cdot △A$$

下面△A_b に作用する静水圧による鉛直方向の力　　△F_b ＝ △P_b ・△A_b ・$\cos\theta_b$
$$= △P_b \cdot △A$$

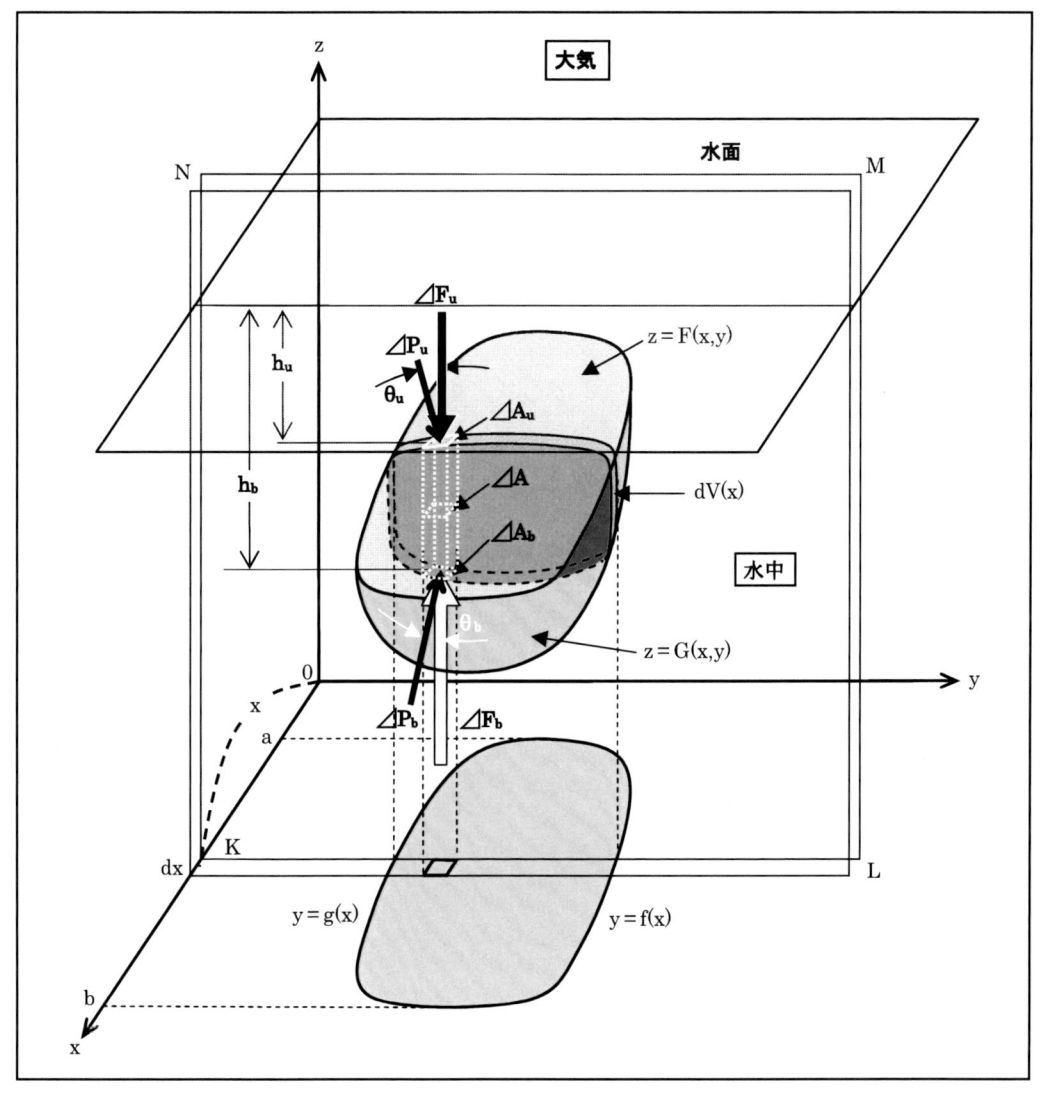

図 4-4　水中物体の座標表示

従って，微小柱状体には次のような静水圧による力が作用していることになる。

$$\text{微小柱状体に作用する静水圧による力} = \triangle F_b - \triangle F_u$$
$$= (h_b - h_u) \cdot \gamma \cdot \triangle A \tag{4.1}$$

(4.1)式で，$(h_b - h_u)$ は水深に無関係に微小柱状体の深さを表していることから，物体表面の任意の位置における深さとして一般化して表すと，次式のようになる。

$$h_b - h_u = F(x,y) - G(x,y) \tag{4.2}$$

(4.2)式を用いれば，水中に置かれた物体の全表面に作用する静水圧による鉛直方向の力を Δ とすれば，次式によって表すことができる。

$$\Delta = \int_a^b \int_{g(x)}^{f(x)} \{F(x,y) - G(x,y)\} \cdot \gamma \cdot \triangle A$$
$$= \int_a^b \int_{g(x)}^{f(x)} \{F(x,y) - G(x,y)\} \cdot \gamma \cdot dx \cdot dy \tag{4.3}$$

(4.3)式は，「4.2.2 水中の圧力とアルキメデスの原理」の，**水中の物体が受ける浮力はその物体に作用する静水圧の上下方向の差により生まれる**ことを示している。

また，(4.3)式において，$\int_{g(x)}^{f(x)} \{F(x,y) - G(x,y)\} \cdot dy$ は，水中にある物体の x 軸に垂直な平面による切断面積 S(x) に他ならない。このことから，前述した微小幅 dx を持つ微小容積の dV(x) は，次式のように表すことができる。

$$dV(x) = S(x) \cdot dx$$

従って，結果的に次式のようになる。

$$\Delta = \gamma \cdot \int_a^b dV(x)$$
$$= \text{水の比重量} \gamma \cdot \text{物体の容積} V \tag{4.4}$$

(4.4)式は，「4.2.1 アルキメデスの原理の概念」で，物体を液体の中に入れると，物体が排除した（押しのけた）液体の重さと同じだけの力が上向きに働くとした**浮力** Δ を意味している。

今，**重量 W** の物体を水中に入れると，この物体に作用する浮力 Δ との間には，次のような3つの状態が考えられる。

① **重量 W ＜ 浮力 Δ**

重量 W の物体を水中に入れた時，その物体の容積 V の大きさによって定まる浮力 Δ が重量 W より大きいと，物体は浮上する。そして，物体の一部が水面上に出始めると，それに伴って水面下の容積が小さくなり浮力 Δ も減少し始めるが，減少していく浮力 Δ が重量 W と等しくなった時，物体の一部が水面上に露出したままで釣り合い状態になり，静止する。船が水面に浮いている状態と同じである。この時，物体を船とみなしてその容積を V とすると，次の関係が成立する。

$$\text{船の重量 } W = \text{船の水面下の容積 } V \times \text{水の比重量} \gamma \tag{4.5}$$

すなわち，水面に浮いている状態の船の重量 W は，水面下の船の形状（容積 V）によって排除された水の重さに等しい浮力 Δ とまったく等しいといえる。このことから，船によって排除された水の重さを**排水重量**（Weight of Displacement）といい，また，一般的に船の重量を**排水量**（Displacement）という。また，上式の船の容積は船の水面下形状によって排除された水の容積 V でもあり，従って，これを**排水容積**（Displaced Volume or Volume of Displacement）という。船の排水量は水面下の容積を計算で求め，それに水の比重量を掛けることで求めることができる。

② **重量 W ＝ 浮力 Δ**

重量 W の物体を水中に入れた時，その物体に作用する浮力 Δ が重量 W と等しい状態を，中性浮量（Neutral Bouyancy）という。

この状態にある水中の物体は，いかなる水深においても浮上あるいは沈下することなく，外力が作用しない限り水中のその場に止まっている。水中に止まっている潜水艇や潜水艦は，バラストの調整によって中性浮量の状態を意図的に作り出した，重量 W ＝ 浮力 Δ の状態である。

③ **重量 W ＞ 浮力 Δ**

重量 W の物体を水中に入れた時，その物体に作用する浮力 Δ よりも重量 W の方が大きいと，当然のことながら物体は沈下する。

しかし，沈下する物体にも水中では常に浮力 Δ が作用しているので，水中での物体の重量 W は空気中よりも浮力 Δ の大きさだけ軽くなる。

4.3 船体線図と幾何学的諸量

建造する船の幾何学的諸量は，現尺現図のフェアリング後に完成した船体線図（Lines）から読み取った実寸法の船体寸法表（Table of Offsets）の値を用いて求められる。その諸量の中で主たるものが排水量であり，その他にも船の設計・建造に必要不可欠ないくつかの幾何学的諸量を求めなければならない。

船体は大小様々な曲率からなる曲面から成っているため，数学的に表示することができず，従って，厳密な幾何学的諸量を求めることはできない。そこで，数学的な近似積分法を容易に適用するために，従来の船体線図は垂線間長さを等間隔で 10 等分し，曲率の大きな船首尾部の近傍でスクエアステーションの間隔を半分または 4 等分のように偶数に分割していた。このことは，手作業及び手計算による時代に，様々な曲率の曲面から成る船体を船体線図という曲線群で描き表し，そこから数少ないオフセット数で実用的に問題の無い諸計算の結果を出すことが，設計能率を上げるための必須条件であったためである。

一方，最近のコンピュータ・ソフトによって船体線図の製図や，現尺現図のフェアリングが行われていれば，垂線間長さを等間隔で 10 等分することや，スクエアステーションの間隔の半分または 4 等分のように偶数に分割することは，重要な意味を持たない。すなわち，コンピュータ・ソフトによる船体線図は，垂線間長さの分割や水線間隔を任意に指定でき，しかも，その間隔を小さく指定することが可能なため，数学的に厳密な値に近づけることも可能である。

従って，この節では，従来の「船舶算法」のような近似計算法の解説よりも，計算目的に沿った数学的な計算法の概要を示すと共に，それを適用してコンピュータ・ソフトの制作に用いることができる近似計算法について記述する。

一般的に排水量等の幾何学的諸量は，キール線（Keel Line：一般商船の場合は基線）から必要とされる任意喫水に応じて計算し，これにキールや外板厚さ等の諸量を付加して求められる。この節では，計算範囲の下限を**計算起点**（Starting Point of Calculation）とし，上限である任意喫水を**最大計算喫水**（Max. Draft of Calculation）と称する。

4.3.1　面積（Area）と関連諸量の計算法

図4-5に示すように，関数f(x)が区間[a,b]において連続で，x = a からx = b までm分割されている場合，区間[a,b]の面積Aは，小さな長方形の総和として次式で求められる。

$$A = \sum_{i=1}^{m} f(\xi_i) \cdot \triangle x$$

但し，区間[a,b]をm分割した点を $x_0 = a, x_1, x_2, \cdots x_{m-1}, x_m = b$ とする。

　小区間を $x_1 - x_0 = x_2 - x_1 = \cdots = x_m - x_{m-1} = (b-a)/m = \triangle x$ とする。

　$\triangle x$ は必ずしも等間隔でなくてもよい。

　$\xi_i (i = 1 \sim m)$ は小区間内の任意の点とする。

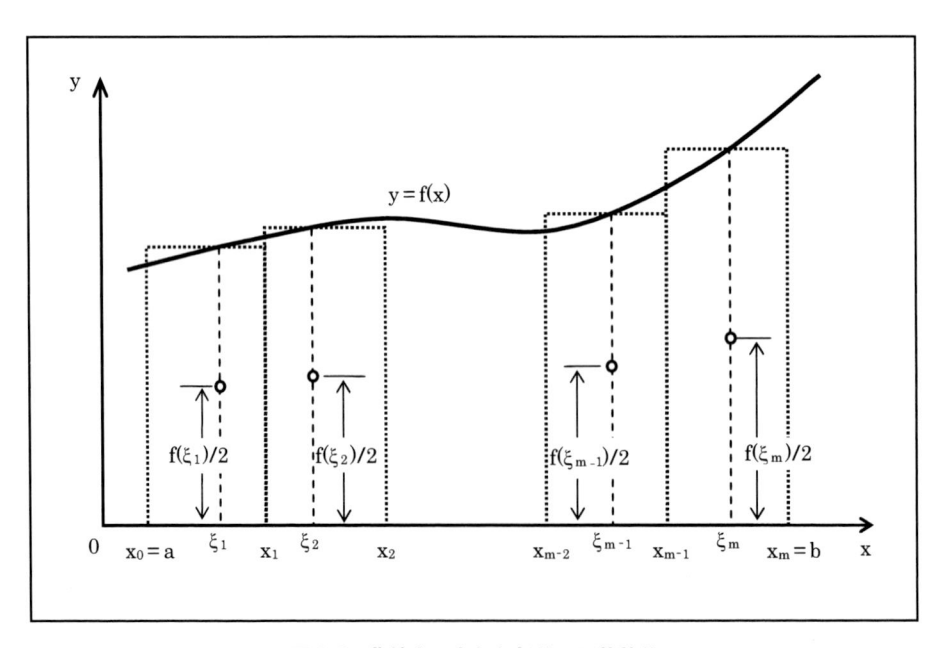

図4-5　曲線表示された部分の面積積分

面積Aは，mを限りなく大きくすることで小区間$\triangle x$を限りなく小さくしていくと，x_iを各$\triangle x$の小区間内でどのように選び出しても一定の値ξ_iに近づいていくことになる。すなわち，面積Aの極限値をとれば，次式のように表すことができる。

$$A = \lim_{m \to \infty} \sum_{i=1}^{m} f(\xi_i) \cdot \triangle x$$

このように極限をとるとき，$\Sigma \to \int$，$\triangle x \to dx$ と置き換えて，次式のように表すことができる。

$$A = \int_a^b f(x) \cdot dx \tag{4.6}$$

これは，関数の点 x における値 f(x) に，その点 x での微小区間の幅 dx を掛けて得られた長方形の面積の和の極限を示している。

また，図 4-6 に示すように，区間 [a,b] で連続な関数 g(x) があって，上記の関数 f(x) との間に f(x) ≧ g(x) である時，恒等的に f(x) = g(x) でない限り，x = a と x = b の直線と f(x) と g(x) の曲線で囲まれた面積 A は，次式で表すことができる。

$$A = \lim_{m \to \infty} \sum_{i=1}^{m} \{f(\xi i) - g(\xi i)\} \cdot \triangle x \tag{4.7}$$

この極限値は，一般的に次式のように表すことができる。

$$A = \int_a^b \{f(x) - g(x)\} \cdot dx \tag{4.8}$$

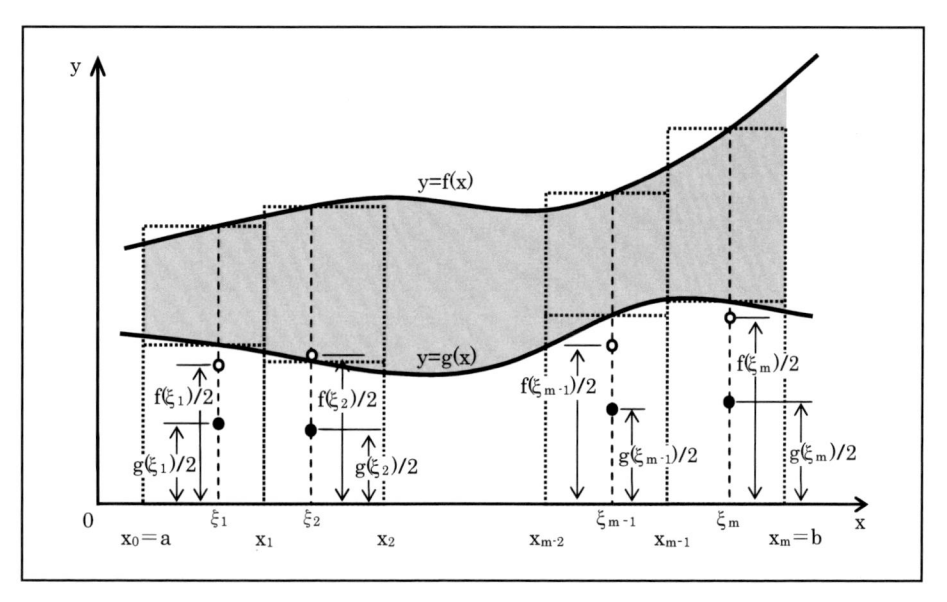

図 4-6　2 つの曲線に囲まれた部分の面積積分

4.3.1.1　船体の横断面積

船体の横断面積を求める方法として，従来は曲率が大きな船底部を付加部とし，その断面積については**プラニメータ（Planimeter：面積計）**を用いて求め，付加部以外を船体主要部あるいは単に主部と称して，その断面積を近似積分法，特にシンプソンの公式を用いて計算で求めるのが一般的であった。従

って，これらの方法による求め方については既に確立されているので，ここでは言及しない．

図 4·7 は，船体線図の正面線図から横断面曲線の 1 つを取り出し，図示すると共に，曲率が大きくなる 1WSL 以下を拡大して示している．

図 4·7 の(a)からも明らかなように，従来のような水面線 WSL 間隔の取り方では，曲率が大きな船底部の断面積を直接近似積分法で求めると誤差が大きくなる．従って，直接近似積分法を用いて誤差をできるだけ小さくなるようにするためには，水面線 WSL の数をできるだけ多くとればよい．

コンピュータ・ソフトによって描かれた船体線図であれば，水面線 WSL の数を任意にとることは可能である．その結果，図 4·7 の(b)のように，ある水面線 WSL まで分割数を増やすことで，その間隔を狭めることができ，近似積分法による台形公式の適用が可能となる．

図 4·7 の(b)の場合は，基線（Base Line）から 1WSL まで n 分割した場合を示している．

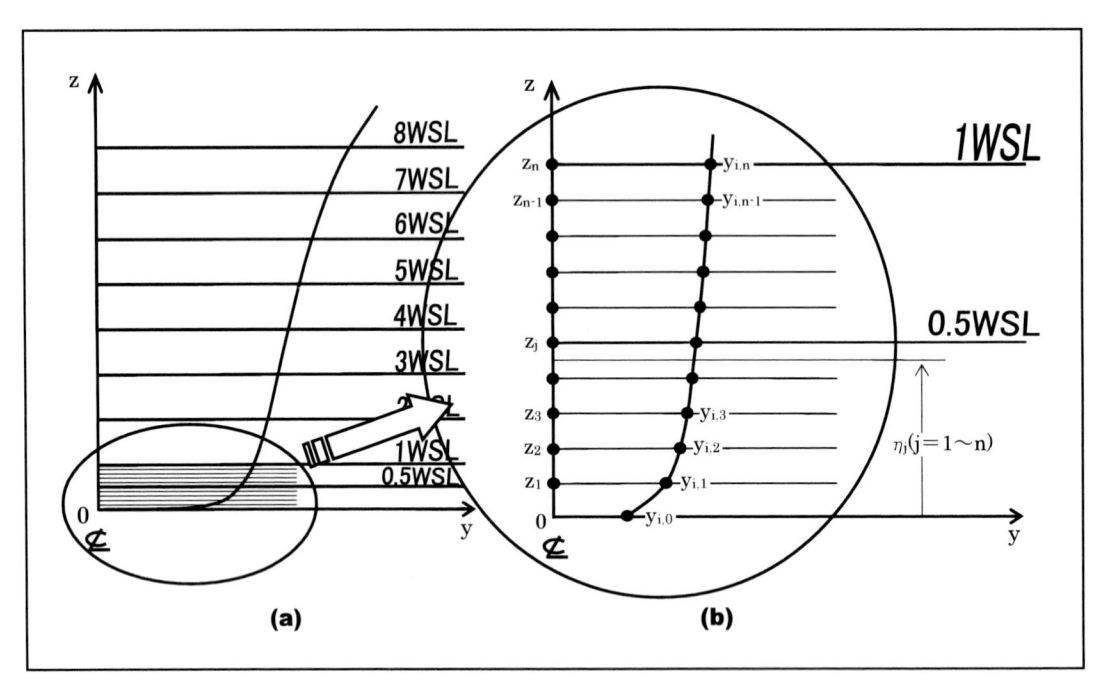

図 4-7 横断面曲線の水面線増による任意分割

また，横断面積を求める場合は，計算起点（一般商船の場合は基線）から最大計算喫水までの分割数を n とし，この n を大きくとることで水面線 WSL 間隔をできるだけ小さくなるようにすれば，同様な近似積分法を適用することができる．

今，垂線間長さ（L_{PP}）を m 分割し，計算起点から最大計算喫水までを n 分割した場合について考えてみることにする．この時，$i(i = 0〜m)$ 番目のスクエアステーションにおける $j(j = 0〜n)$ 番目までの喫水に対する横断面積 $A_S(i,j)$ は，図 4·7 のように正面線図の横断面曲線が船体中心線 ℄ に対して片側のみ描かれていることから，(4.7)式あるいは(4.8)式において $g(x) = -f(x)$ として，船体中心線 ℄ に対して対称な断面として，次式で求めることができる．これは，図 4·7 のような片側横断面積を 2 倍したものに他ならない．

$$A_S(i,j) = 2 \cdot \sum_{j=1}^{n} y_i(\eta_j) \cdot \triangle z$$

但し，$y_i(\eta_j)$ は $i(i = 0 \sim m)$ 番目のスクエアステーションにおける j 番目の小区間 $\triangle z$ 内の任意の点（図4-7の(b)参照）

この式は，(4.7)式を図4-7の(b)に適用して，ξ_i の代わりに η_j，$\triangle x$ の代わりに $\triangle z$ と置いたものであり，$\triangle z$ を限りなく小さくすれば問題ないが，実際の計算上は計算する横断面を n 分割しているので，台形公式を用いると次式のようになる。

$$A_S(i,j) = 2 \cdot \sum_{j=1}^{n} \frac{y_{i,j-1} + y_{i,j}}{2} \cdot \triangle z \tag{4.9}$$

但し，m は垂線間長さ（L_{pp}）を分割した数
　　　n は計算起点（一般商船の場合は基線）から最大計算喫水までを分割した数
　　　i は垂線間長さ（L_{pp}）を m 分割した場合の分割点（スクエアステーション）の位置
　　　j は計算起点から最大計算喫水まで n 分割した場合の分割点の位置
　　　$\triangle z = (z_n - z_0) / n$
　　　$z_j(j = 0 \sim n)$ は計算起点から最大計算喫水まで n 分割した場合に得られる各水面線 WSL の船体中心線 ℄ 上の座標
　　　$y_{i,j}$ は $i(i = 0 \sim m)$ 番目のスクエアステーションにおける横断面曲線と計算起点から最大計算喫水まで n 分割した場合に得られる $j(j = 0 \sim n)$ 番目の水面線 WSL との交点の中心線 ℄ からの距離（図4-7(b)参照）

(4.9)式は，(4.6)式において $f(x) = (y_{i,j-1} + y_{i,j}) / 2$，$dx = z_j - z_{j-1}$ と置き換えたものを2倍したものに他ならない。従って，水面線 WSL の数，すなわち，計算起点から最大計算喫水までの分割数 n を増やすことで，誤差を最小限度にすることが可能である。

4.3.1.2　ボンジャン曲線（Bon-jean Curve）

船体線図の正面線図において，$i(i = 0 \sim m)$ 番目のスクエアステーションにおける横断面曲線上のガンネル（Gunwale or Gunnel）から船体中心線 ℄ までキャンバー（Camber）を描き入れると，図4-8の(a)のような片側横断面形状が得られる。

この i 番目のスクエアステーションの片側横断面形状に対して，計算起点から $j(j = 0 \sim n)$ 番目までの水面線 WSL に対する横断面積 $A_S(i,j)$ を，横軸に面積および縦軸に各水面線 WSL 位置の高さをとって図示すると，図4-8の(b)のような面積曲線が得られる。但し，計画トリム（Designed Trim）を有する小型船の場合は，キール線（Keel Line）から上の水面線 WSL に対する面積曲線を示す。

例えば，図4-8の(a)において，i 番目のスクエアステーションの 4WSL が基線から $j = 4_{WSL}$ 番目の水面線 WSL だとすれば，K点（図の場合は基線上）から $j = 4_{WSL}$ 番目の水面線 WSL までの横断面積は，(4.9)式より $A_S(i,4_{WSL})$ で求めることができる。この面積を A_{4WSL} とする。図4-8の(b)において，縦

軸で 4WSL を示す W_4 点から面積 A_{4WSL} の値をとって L_4 点とする。

また，7WSL が基線から $j = 7_{WSL}$ 番目の水面線 WSL だとすれば，K 点から $j = 7_{WSL}$ 番目の水面線 WSL までの横断面積は $A_S(i, 7_{WSL})$ で，この面積を A_{7WSL} とすれば，L_7 の点が得られる。更に，ガンネルまでの面積として L_G の点が得られる。

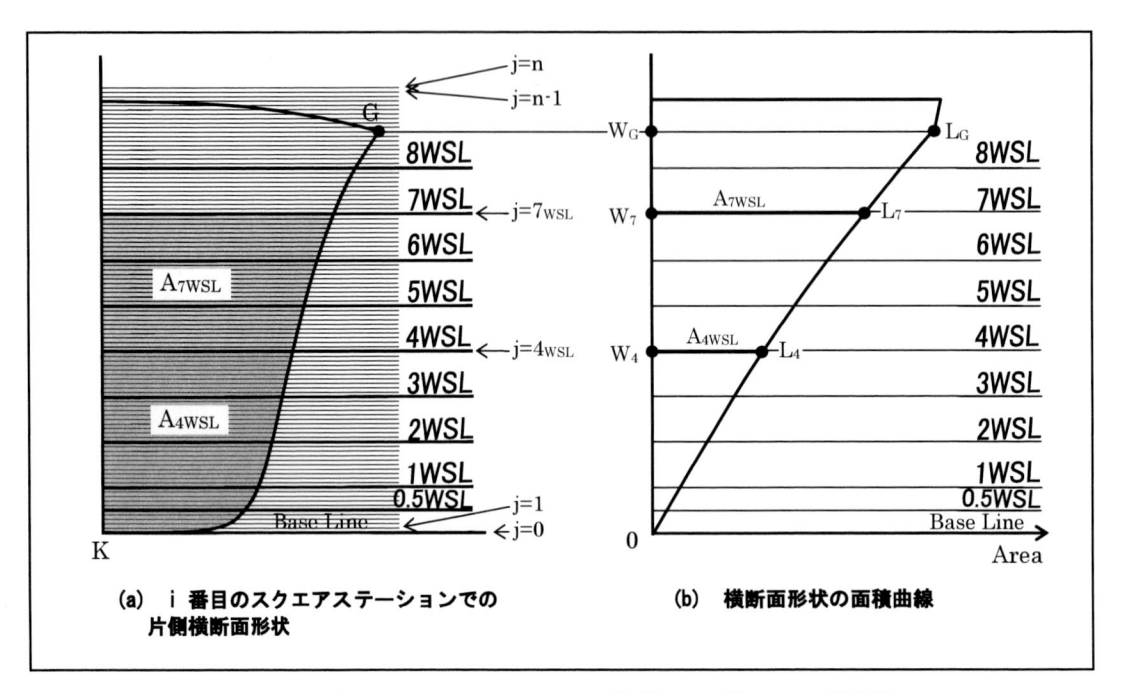

図 4-8　任意スクエアステーションでの片側横断面形状とその面積曲線

例示したような方法で K 点から船体中心線 ℄ 上にある上甲板の最高点まで，すなわち K 点から，j 番目の各水面線までの横断面積 $A_S(i,j)$ を求めて図示したのが，図 4-8 の(b)の横断面形状の面積曲線である。一般的には片側横断面形状に対する面積曲線として与えられるが，ここでは(4.9)式より横断面積として計算されるので，横断面積曲線として表示している。

船体線図の正面線図は，木船や外板の外側を滑らかにしている小型船の場合を除けば型（骨組）形状を示しているため，図 4-8 の(b)が示す横断面形状の面積曲線は船体の型形状に対する横断面積曲線で，外板厚さ等は含まれていないことに注意を要する。

図 4-8 の(b)に示すような横断面積曲線を各スクエアステーションにおける横断面形状に対して求め，船体側面図の当該スクエアステーションの位置に描き入れて図示すると，図 4-9 のようになる。これを，フランス人考案者の名を付けて**ボンジャン曲線**（**Bon-jean curves**）という。

ボンジャン曲線を描いておくと，任意に大きなトリム状態で浮いているときの排水量や**縦方向浮力中心**（第3章では l_{cb} (Longitudinal Center of Buoyancy) で表示）℄ B，あるいは波面上に浮いているときの浮力分布や浮心位置を容易に求めることができる。

ボンジャン曲線 (Beon-jean Curves)

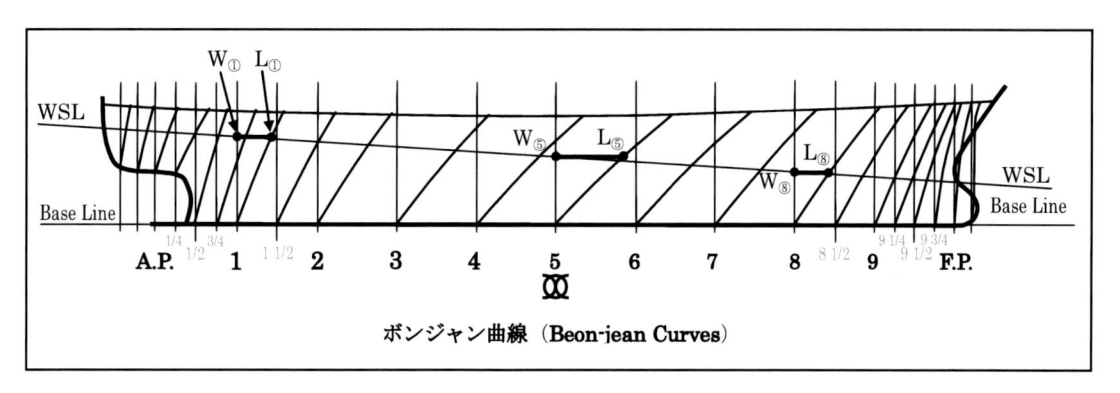

図 4-9 ボンジャン曲線の概念図

　図 4-9 のボンジャン曲線上に，トリム状態の静水面を表す水面線 WSL を描き表すと，図 4-9 のボンジャン曲線上の水面線 WSL となる。この水面線 WSL が各スクエアステーションにおける縦線（Ordinate）と交わる点から水平線を引き，当該スクエアステーションの横断面積曲線との交点を求め，この交点間が示す横断面積を当該スクエアステーションでの面積を表す縦線上に表示した図が，図 4-10 の**横断面積分布曲線**（Distribution Curve of Sectional Area）である。

　例えば，図 4-9 において，水面線 WSL がスクエアステーション 1，5 および 8 の縦線と交わる点を $W_①$，$W_⑤$ および $W_⑧$ とし，そこから水平線を引いてそれぞれの横断面積曲線と交わる点を $L_①$，$L_⑤$ および $L_⑧$ とする。このような点を全てのスクエアステーションで求め，面積を示す $W_①L_①$，$W_⑤L_⑤$ および $W_⑧L_⑧$ のような値を縦軸にとって船体の長さ方向に曲線として表したのが，図 4-10 の横断面積分布曲線である。

　当然のことながら，この横断面積分布曲線を船体の長さ方向に積分すると，トリム状態の排水容積（Volume of Displacement）を求めることができる（「4.3.4.1　横断面積を用いた船体容積の計算」参照）。

　また，横断面積分布曲線の重心位置を求めることから，浮心位置 ⦵ B を求めることができる（「4.3.5.3 任意喫水下船体の船体中央部 ⦵ 回りのモーメントと容積中心（浮心）の前後位置 ⦵ B」参照）。

横断面積分布曲線 (Distribution Curve of Sectional Area)

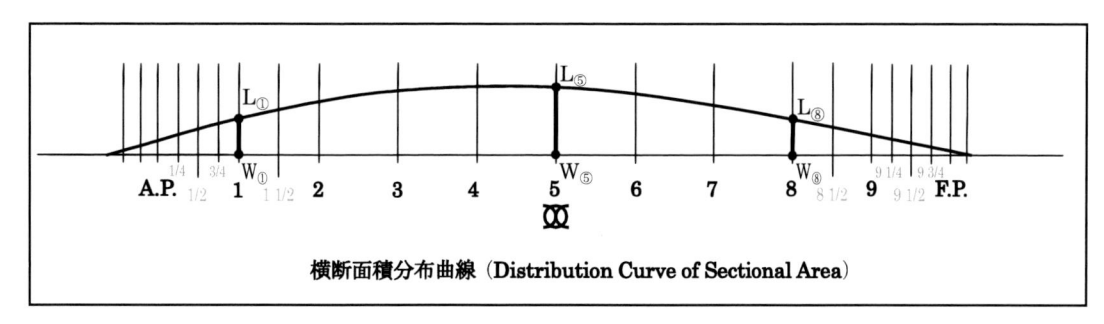

図 4-10 横断面積分布曲線の概念図

4.3.1.3 船体の水線面積

　船体の水線面積は，従来は各水線 WL が船首尾部分で曲率が大きくなることから，図 4-11 の上図のように，スクエアステーションの間隔の 1/2 あるいは 1/4 の所に縦線（Ordinate）を立てオフセット（この場合は各縦線での水線半幅）を求め，この値を用いて近似積分法，特にシンプソンの公式により計算で求めるのが一般的であった。ここでは，確立されているこの方法についての言及はしない。

　コンピュータ・ソフトによって描かれた船体線図であれば，縦線（Ordinate）の数は垂線間長さ（L_{PP}）の分割数 m で決まり，その分割数 m も任意にとることは可能である。その結果，図 4-11 の下図と同様に，分割数 m を増やすことで縦線の間隔を狭めることができ，近似積分法の台形公式の適用が可能となる。また，船首部分の球状船首（Bulbous Bow）部や船尾垂線（**A.P.**）より後部も，縦線を増やすことで台形公式の適用が可能となり，その水線面積を簡単に求めることができる。

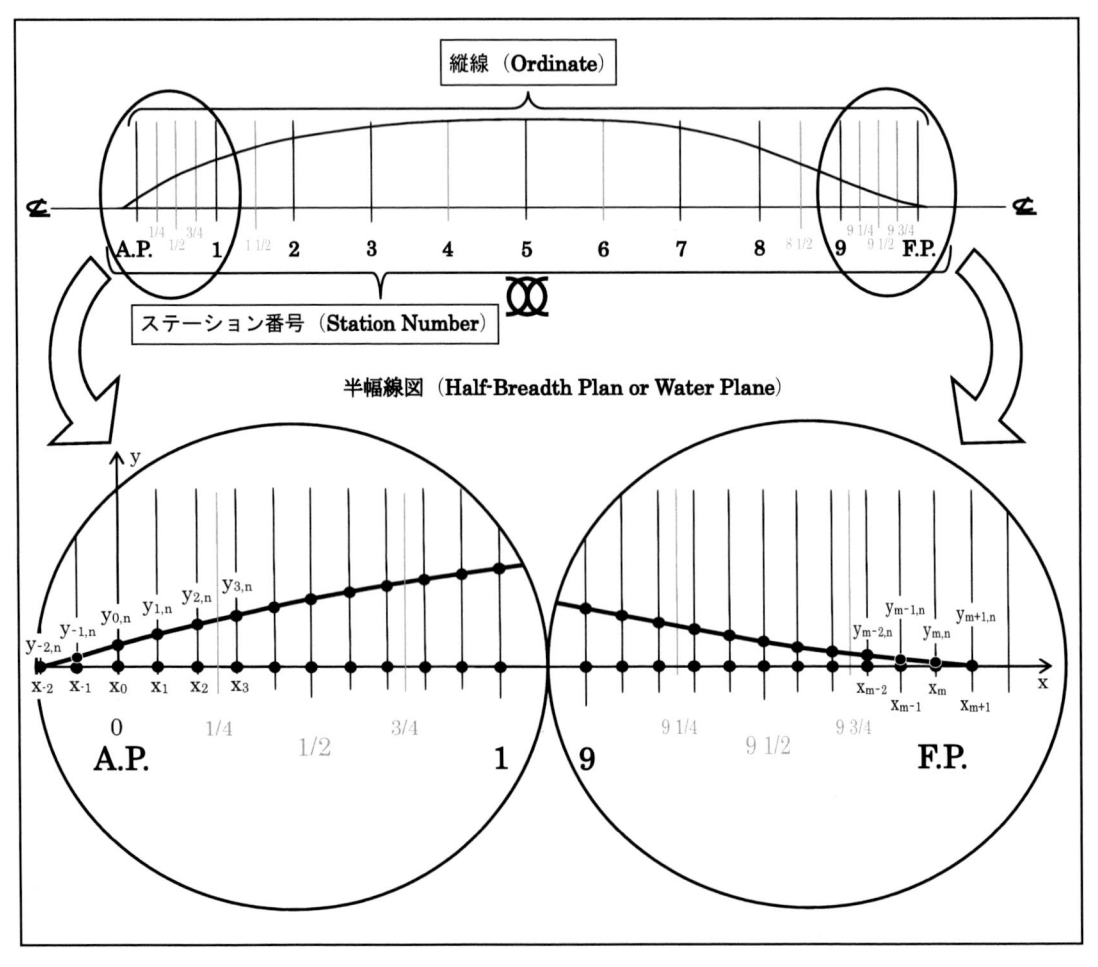

図 4-11　水線の縦線増による任意分割

曲率が大きな船首尾部を含む計算起点から j 番目の位置の水線面積 $A_w(j)$ は，水線面が船体中心線 ℄ に対して対称であるから，(4.7)式あるいは(4.8)式において，$g(x) = -f(x)$ として求めることができる。ここでは，前節で示した(4.9)式と同様な考え方をする。従って，図 4-11 から，$A_w(j)$ は，船の半幅に対して台形公式を用いて求め，これを2倍することで，次式で求めることができる。

$$A_w(j) = 2 \cdot \sum_{i=1}^{m} \frac{y_{i-1,j} + y_{i,j}}{2} \cdot \triangle x \tag{4.10}$$

但し，$\triangle x = (x_m - x_0) / m$

$x_i (i = 0 \sim m)$ は垂線間長さ（L_{PP}）を m 分割した場合の各縦線（Ordinate）の船体中心線 ℄ 上の座標

$y_{i,j}$ は(4.9)式の定義と同じ

(4.10)式は，(4.6)式において $f(x) = (y_{i-1,j} + y_{i,j})/2$，$dx = x_i - x_{i-1}$ と置き換えたものを2倍したものに他ならない。従って，縦線（Ordinate）の数，すなわち，垂線間長さの分割数 m を増やすことで，誤差を最小限度にすることが可能である。また，A.P.より後部やF.P.より前部に水線面がある場合は，A.P.とF.P.を含む垂線間の縦線の他に，A.P.より後部あるいはF.P.より前部に適当な数の縦線を加え，(4.10)式の i の初期値と最終値を変えることで，水線面積を求めることができる。

4.3.1.4　肥脊係数 C_m，C_w の計算

今，船体中央部 ⊗ ($i = m/2$) における $j(j = 0 \sim n)$ 番目の水面線 WSL に対する中央横断面積 $A_s(m/2, j)$ は，(4.9)式を用いて求めることができるので，これを $A_m(j)$ とおけば，$j(j = 0 \sim n)$ 番目の水面線 WSL までの中央横断面積係数 $C_m(j)$ は，次式で求めることができる。

$$C_m(j) = \frac{A_m(j)}{B \cdot d(j)} \tag{4.11}$$

但し，B は船の型幅

$d(j)$ は $j(j = 0 \sim n)$ 番目までの型喫水

また，計算起点から j 番目の位置の水線面積 $A_w(j)$ は，(4.10)式を用いて求めることができるので，$j(j = 0 \sim n)$ 番目の水線面積係数 $C_w(j)$ は，次式で求めることができる。

$$C_w(j) = \frac{A_w(j)}{L \cdot B} \tag{4.12}$$

但し，L：船の垂線間長さ

4.3.1.5　毎 cm 排水トン (Tons per 1 cm immersion)

船は荷役によって沈下あるいは浮上するが，このとき船の排水量（トン）は，荷役する貨物の重さ w（トン）だけ増減する。

船の排水量の増減は喫水の増減をもたらすが，荷役によっても船が傾斜しないで平行に上下移動するものと考えると，貨物の重さ w（トン）が排水量（トン）に比べてあまり大きなものでない限り，喫水の増減も小さいものとなる。このときの喫水の増減量を $\triangle d$ とする。また，喫水の増減が小さいため，

水線面積 A_w も変化しないで一定であると考えて差し支えない。

　船が浮いている水域の水の比重量を γ および船の水線面積を A_w とし，貨物の重さ w（トン）による船の喫水の増減量を $\triangle d$ とすれば，次式のような関係にあることが分かる。

$$w = A_w \cdot \triangle d \cdot \gamma$$

　この式から，荷役する貨物の重さ w（トン）による船の喫水の増減量 $\triangle d$ は，次式で求めることができる。

$$\triangle d = \frac{w}{A_w \cdot \gamma} \tag{4.13}$$

　一般に，喫水の増減量 $\triangle d$ を一様に 1cm（＝1/100m）だけ沈下させるのに必要な貨物の重さ w，言い換えれば，喫水を一様に 1cm だけ増加させるときの排水量の増加量 w を**毎 cm 排水トン**（**Tons per 1 cm immersion**）といい，**TPC** で表示しているが，(4.13)式を書き換えて j(j ＝ 0〜n)番目の水面線 WSL に対する TPC(j)を求めると，次式のようになる。

$$\text{TPC}(j) = \frac{1}{100} A_w(j) \cdot \gamma \tag{4.14}$$

　また，(4.12)式から水線面積係数 $C_w(j)$ を用いると，次式のようになる。

$$\text{TPC}(j) = \frac{1}{100} C_w(j) \cdot L \cdot B \cdot \gamma \tag{4.15}$$

4.3.2　面積モーメント（Moment of an Area）と関連諸量の計算法

　図 4-5 において，x ＝ a と x ＝ b の直線と f(x)の曲線で囲まれた面積の x 軸回りのモーメント M_x は，各小区間 $\triangle x$ の長方形において，x 軸からその中心までの距離が $f(\xi_i)/2$ であることから，これを小区間の長方形に掛けて，その総和として次式で表すことができる。

$$M_x = \lim_{m \to \infty} \sum_{i=1}^{m} f(\xi_i) \cdot \triangle x \cdot f(\xi_i) / 2$$

　この極限値は，一般的に次式のように表すことができる。

$$M_x = \frac{1}{2} \cdot \int_a^b f(x)^2 \cdot dx$$

　また，y 軸回りのモーメント M_y は，ξ_i が小区間 $\triangle x$ 内の任意の点で，各小区間内でどのように選び出しても，$\triangle x$ を限りなく小さくしていけば一定な値に近づいていくことから，これを小区間の長方形に掛けて，その総和として次式で表すことができる。

$$M_y = \lim_{m \to \infty} \sum_{i=1}^{m} f(\xi_i) \cdot \triangle x \cdot \xi_i \tag{4.16}$$

　この極限値は，一般的に次式のように表すことができる。

$$M_y = \int_a^b f(x) \cdot x \cdot dx \qquad (4.17)$$

更に，図 4-6 のように，区間 [a,b] で連続な 2 つの関数 f(x) と g(x) があって，f(x) ≧ g(x) であり，恒等的に f(x) = g(x) でない場合，x = a と x = b の直線と f(x) と g(x) の曲線で囲まれた面積の x 軸回りのモーメント M_x と y 軸回りのモーメント M_y は，次式で表すことができる。

$$M_x = \lim_{m \to \infty} \sum_{i=1}^{m} \{f(\xi_i) \cdot \triangle x \cdot f(\xi_i)/2 - g(\xi_i) \cdot \triangle x \cdot g(\xi_i)/2\}$$

$$M_y = \lim_{m \to \infty} \sum_{i=1}^{m} \{f(\xi_i) - g(\xi_i)\} \cdot \triangle x \cdot \xi_i \qquad (4.18)$$

従って，それぞれ次式のように表すことができる。

$$M_x = \frac{1}{2} \cdot \int_a^b \{f(x)^2 - g(x)^2\} \cdot dx$$

$$M_y = \int_a^b \{f(x) - g(x)\} \cdot x \cdot dx \qquad (4.19)$$

4.3.2.1 横断面の基線回りのモーメントと重心位置

図 4-12 の(a)は，等喫水（Even Keel）船の正面線図から船首部の横断面曲線の 1 つを取り出し図示したものであり，(b)は，計画トリム（Designed Trim）の船の正面線図から船尾部の横断面曲線の 1 つを取り出し図示したものである。

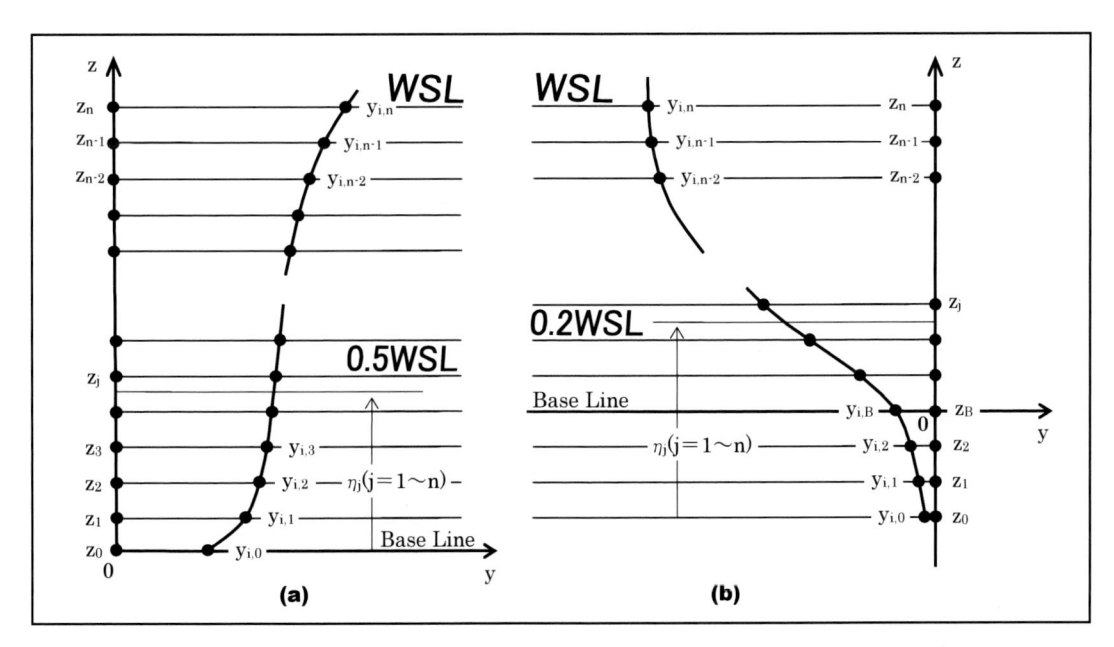

図 4-12　等喫水船あるいは計画トリム船の横断面曲線の水面線 WSL 増による任意分割

船首尾部の横断面曲線と各水面線 WSL との交点の中心線 ℄ からの距離は，座標ではなく長さの絶対値として，オフセット（Offsets）として求められることは周知の通りである。ここでは，図 4-12 の(b)のように横断面曲線が y 軸の負の位置に描かれているとしても，図 4-12 の(a)と同様に y 軸の正の位置に描かれているものとして取り扱う。

また，図 4-12 の(b)のような計画トリム船の船尾部横断面曲線には，船底部が基線（Base Line）より下の部分もあり，基線回りの面積モーメントを計算する場合は，モーメントの腕（Arm or Lever）は基線より上部に対しては正(+)，下部に対しては負(－)をとる。

従って，i(i = 0～m)番目のスクエアステーションにおける船底部から j(j = 0～n)番目の水面線 WSL までの船体横断面の基線回りの面積モーメント $M_{BL}(i,j)$ は，図 4-12 のような正面線図の横断面曲線が船体中心線 ℄ に対して片側のみ描かれていることから，(4.18)式あるいは(4.19)式において，$g(x) = -f(x)$ として，船体中心線 ℄ に対して対称な断面として次式で求めることができる。ただし，基線上で $z_j = z_B$，$y_{i,j} = y_{i,B}$ とすれば，これは，図 4-12 のように片側の断面に対する面積モーメントを 2 倍したものに他ならない。

$$M_{BL}(i,j) = 2 \cdot \sum_{j=1}^{n} y_i(\eta_j - z_B) \cdot (\eta_j - z_B) \cdot \triangle z$$

この式は，(4.16)式と同様な考え方で導いており，$\triangle z$ を限りなく小さくすれば問題ないが，実際の計算上は船底部から計算する水面線 WSL まで n 分割して，台形公式を用いれば次式のようになる。

$$M_{BL}(i,j) = 2 \cdot \sum_{j=1}^{n} \frac{y_{i-1,j} + y_{i,j}}{2} \cdot \frac{z_{j-1} + z_j}{2} \cdot \triangle z \tag{4.20}$$

但し，i, j, n, $\triangle z$, η_j, $y_i(\eta_j)$ および $y_{i,j}$ は(4.9)式の定義と同じ
　　　$z_j(j = 0～n)$ は(4.9)式の定義と同じ

従って，i(i = 0～m)番目のスクエアステーションにおける j(j = 0～n)番目の水面線 WSL に対する船体横断面積 $A_S(i,j)$ を求める(4.9)式と基線回りの面積モーメント $M_{BL}(i,j)$ を求める(4.20)式から，その船体横断面積の重心 $G(i,j)$ は，基線からの高さを $KG(i,j)$ とすれば，次式で求めることができる。

$$KG(i,j) = \frac{\sum_{j=1}^{n}(y_{i,j-1} + y_{i,j}) \cdot (z_{j-1} + z_j) \cdot \triangle z}{2 \cdot \sum_{j=1}^{n}(y_{i,j-1} + y_{i,j}) \cdot \triangle z} \tag{4.21}$$

4.3.2.2　水線面の船体中央部 ℄ 回りのモーメントと重心（浮面心）位置

図 4-13 は，船の半幅線図から水線 WL の 1 つを取り出し図示したものである。

図 4-13 では，A.P.を原点として船首方向に x 軸，左舷の幅方向に y 軸をとって図示している。また，計算起点より j(j = 0～n)番目の水線 WL と i(i = 0～m)番目のスクエアステーションにおける縦線の交点は，船体中心線 ℄ から $y_{i,j}$ として求められる。

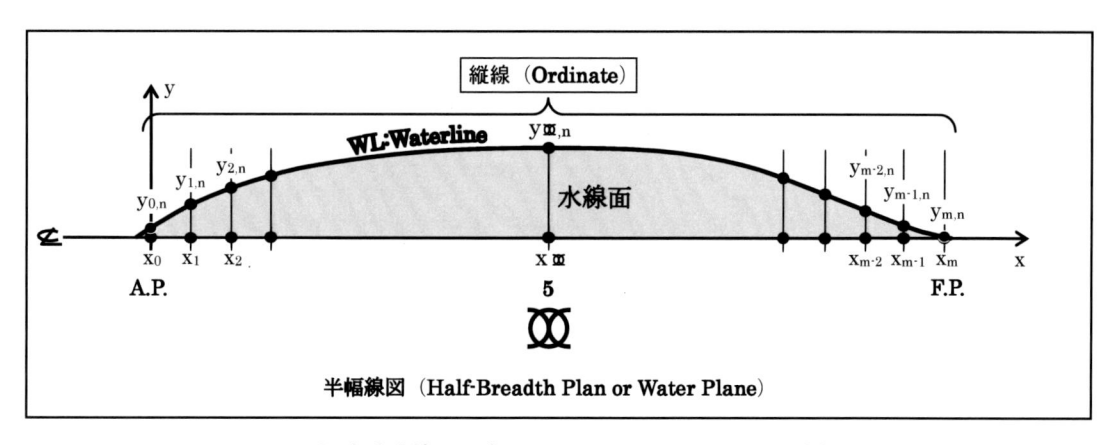

図4-13 任意水線WLの各スクエアステーションにおける座標点

しかし，船体中央部⊠回りの面積モーメントを計算する場合は，モーメントの腕（Arm or Lever）は船体中央部⊠より後部に対しては正(+)，前部に対しては負(-)をとる。

従って，計算起点よりj(j = 0〜n)番目における水線面の船体中央部⊠回りの面積モーメント $M_⊠(j)$ は，図4-13のように船の半幅に対して(4.16)式あるいは(4.17)式を用いて求め，これを2倍することで，次式で求めることができる。

$$M_⊠(j) = 2 \cdot \sum_{i=0}^{n} y(\xi_i)_j \cdot (x_⊠ - \xi_i) \cdot \triangle x$$

但し，$y(\xi_i)_j$ はj番目の水線WLのi-1とiとの小区間$\triangle x$内の任意の点ξ_iの中心線⊄からの距離（図4-5参照）

$x_⊠$は船体中央部⊠の船体中心線⊄上の座標

この式は，(4.16)式と同様な考え方で$\triangle x$を限りなく小さくすれば問題ないが，実際の計算上は水線面を長さ方向にm分割するので，台形公式を用いると次式のようになる。

$$M_⊠(j) = 2 \cdot \sum_{i=1}^{m} \frac{y_{i-1,j} + y_{i,j}}{2} \cdot \frac{(x_⊠ - x_{i-1}) + (x_⊠ - x_i)}{2} \cdot \triangle x \tag{4.22}$$

但し，x_iは(4.10)式の定義と同じ

$y_{i,j}$は(4.9)式の定義と同じ

水線面の面積 $A_w(j)$ を求める(4.10)式と船体中央部⊠回りの面積モーメント $M_⊠(j)$ を求める(4.22)式から，j(j = 0〜n)番目の**水線面の重心（浮面心：Center of Flotation）** Fの船体中央部⊠からの距離⊠F(j)は，次式で求めることができる。

$$⊠F(j) = \frac{\sum_{i=1}^{m}(y_{i-1,j} + y_{i,j}) \cdot [(x_⊠ - x_{i-1}) + (x_⊠ - x_i)] \cdot \triangle x}{2 \cdot \sum_{i=1}^{m}(y_{i-1,j} + y_{i,j}) \cdot \triangle x} \tag{4.23}$$

(4.23)式は，j番目の**水線面の重心（浮面心）位置**⊠F(j) が，船体中央部⊠よりも後部にある場合は

正（＋），前部にある場合は負（−）となる。

4.3.3 面積の慣性モーメント（Moment of Inertia of an Area）と関連諸量の計算法

図 4-5 において，$x = a$ と $x = b$ の直線と $f(x)$ の曲線で囲まれた面積の x 軸回りの慣性モーメント I_x は，各小区間 $\triangle x$ の長方形の重心回りの慣性モーメントに，それぞれの長方形の面積に x 軸からその中心までの距離 $f(\xi_i)/2$ の二乗を掛けたものを加えて，その総和として次式で表すことができる。

$$I_x = I_g + \lim_{m \to \infty} \sum_{i=1}^{m} f(\xi_i) \cdot \triangle x \cdot [f(\xi_i)/2]^2$$

但し，I_g：小区間 $\triangle x$ の長方形の重心回りの慣性モーメントの総和

$$I_g = \lim_{m \to \infty} \sum_{i=1}^{m} f(\xi_i)^3 \cdot \triangle x/12$$

以上の式は，次式のようにまとめることができる。

$$I_x = \lim_{m \to \infty} \sum_{i=1}^{m} \{f(\xi_i)^3 \cdot \triangle x/12 + f(\xi_i)^3 \cdot \triangle x/4\}$$

$$= \lim_{m \to \infty} \sum_{i=1}^{m} \frac{1}{3} \cdot f(\xi_i)^3 \cdot \triangle x \tag{4.24}$$

従って，この極限値は一般的に次式のように表すことができる。

$$I_x = \frac{1}{3} \cdot \int_{a}^{b} f(x)^3 \cdot dx \tag{4.25}$$

また，y 軸回りの慣性モーメント I_y は，ξ_i が小区間内の任意の点で，各 $\triangle x$ の小区間内でどのように選び出しても $\triangle x$ を限りなく小さくしていけば一定の値に近づいていくことから，これを用いた小区間の長方形の面積に ξ_i^2 を掛けて，その総和として次式で表すことができる。

$$I_y = \lim_{m \to \infty} \sum_{i=1}^{m} f(\xi_i) \cdot \triangle x \cdot \xi_i^2 \tag{4.26}$$

この極限値は，一般的に次式のように表すことができる。

$$I_y = \int_{a}^{b} f(x) \cdot x^2 \cdot dx \tag{4.27}$$

更に，図 4-6 のように，区間 [a,b] で連続な 2 つの関数 $f(x)$ と $g(x)$ があって，$f(x) \geqq g(x)$ であり，恒等的に $f(x) = g(x)$ でない場合，$x = a$ と $x = b$ の直線と $f(x)$ と $g(x)$ の曲線で囲まれた面積の x 軸回りの慣性モーメント I_x は，(4.24)式と(4.25)式から，次式で表すことができる。

$$I_x = \lim_{m \to \infty} \sum_{i=1}^{m} \frac{1}{3} \{f(\xi_i)^3 - g(\xi_i)^3\} \cdot \triangle x \tag{4.28}$$

$$I_x = \frac{1}{3} \cdot \int_a^b \{f(x)^3 - g(x)^3\} \cdot dx \tag{4.29}$$

そして，この場合のy軸回りの慣性モーメントI_yは，(4.26)式と(4.27)式から，次式で表すことができる。

$$I_y = \lim_{m \to \infty} \sum_{i=1}^m \{f(\xi_i) - g(\xi_i)\} \cdot \xi_i^2 \cdot \triangle x \tag{4.30}$$

$$I_y = \int_a^b \{f(x) - g(x)\} \cdot x^2 \cdot dx \tag{4.31}$$

4.3.3.1 水線面の船体中心線 ₵ 回りの慣性モーメント

図4-13において，基線より$j(j = 0 \sim n)$番目の水線面の船体中心線 ₵ 回りの慣性モーメント$I_₵(j)$は，水線面が船体中心線 ₵ に対して対称であることから，(4.29)式において，$g(x) = -f(x)$とした場合と等しい。

従って，(4.28)式あるいは(4.29)式を適用すると，基線より j 番目の水線面の船体中心線 ₵ 回りの慣性モーメント$I_₵(j)$は，次式で求めることができる。これは，図4-13のように片側の水線面の慣性モーメントを2倍したものに他ならない。

$$I_₵(j) = \sum_{i=1}^m \frac{2}{3} \cdot y(\xi_i)_j^3 \cdot \triangle x$$

但し，i，j および m は(4.9)式の定義と同じ
　　　$\triangle x$ は(4.10)式の定義と同じ
　　　$y(\xi_i)_j$ は4.3.2.2の定義と同じ

この式は，(4.26)式が示すように，$\triangle x$を限りなく小さくすれば問題ないが，実際の計算上は水線面を長さ方向に m 分割するので，台形公式を用いると次式のようになる。

$$I_₵(j) = \frac{2}{3} \cdot \sum_{i=1}^m \left(\frac{y_{i-1,j} + y_{i,j}}{2}\right)^3 \cdot \triangle x \tag{4.32}$$

但し，$y_{i,j}$は(4.9)式の定義と同じ

4.3.3.2 水線面の船体中央部 ⓧ 回りの慣性モーメント

基線より$j(j = 0 \sim n)$番目の水線面の船体中央部 ⓧ 回りの慣性モーメント$I_ⓧ(j)$は，水線面が船体中心線 ₵ に対して対称であることから，(4.31)式において$g(x) = -f(x)$とした場合と等しい。

従って，(4.30)式あるいは(4.31)式を適用すると，基線より j 番目の水線面の船体中央部 ⓧ 回りの慣性モーメント$I_ⓧ(j)$は，次式で求めることができる。これは，図4-13のように片側の水線面の慣性モーメントを2倍したものに他ならない。

$$I_{\text{®}}(j) = 2 \cdot \sum_{i=0}^{m} y(\xi_i)_j \cdot (x_{\text{®}} - \xi_i)^2 \cdot \triangle x$$

但し，$\triangle x$ は(4.10)式の定義と同じ

$x_{\text{®}}$，$y(\xi_i)_j$ は 4.3.2.2 の定義と同じ

この式は，(4.16)式と同様な考え方で $\triangle x$ を限りなく小さくすれば問題ないが，実際の計算上は水線面を長さ方向に m 分割するので，台形公式を用いると次式のようになる。

$$I_{\text{®}}(j) = 2 \cdot \sum_{i=1}^{m} \frac{y_{i-1,j} + y_{i,j}}{2} \cdot \left[\frac{(x_{\text{®}} - x_{i-1}) + (x_{\text{®}} - x_i)}{2}\right]^2 \cdot \triangle x \tag{4.33}$$

但し，x_i および $y_{i,j}$ は(4.10)式の定義と同じ

4.3.3.3 水線面の浮面心回りの慣性モーメント

図 4-14 において，$x = a$ と $x = b$ の直線および x 軸と f(x) 曲線で囲まれた図形の面積が A，重心が g_A，そしてその x 座標を x_g とすれば，y 軸回りの慣性モーメント I_y は，次式で求めることができる。一方，I_x は(4.24)式で直接求めることができる。

$$I_y = I_g + A \cdot x_g^2 \tag{4.34}$$

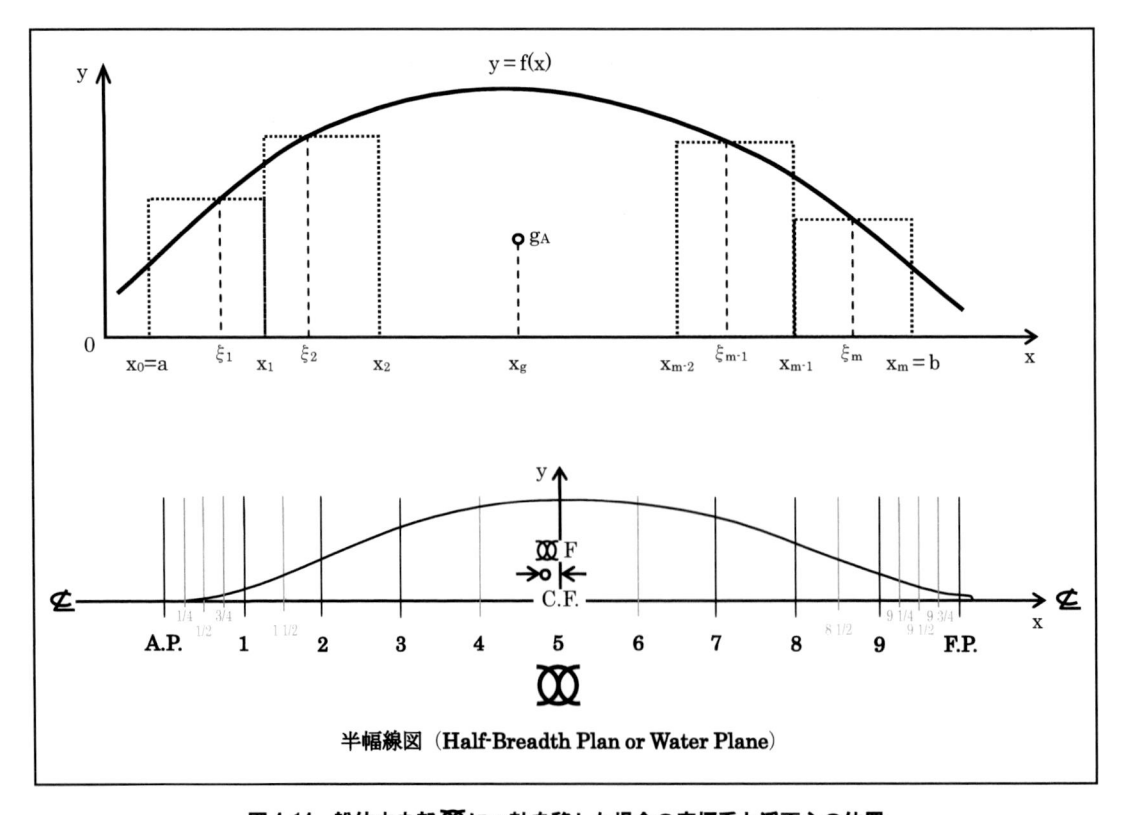

図 4-14　船体中央部 ⊗ に y 軸を移した場合の座標系と浮面心の位置

今，j(j = 0〜n)番目の水線面の重心，すなわち浮面心（C.F.）回りの慣性モーメント $I_F(j)$ は直接求めることが容易でないが，(4.27)式あるいは(4.31)式と(4.34)式を用いて，次のような方法で簡便に求めることができる。

すなわち，(4.34)式において，I_y は j(j = 0〜n)番目の水線面の y 軸回りの慣性モーメントであるから，y 軸を船体中央部❌に移し，船体中央部❌回りの慣性モーメント $I_{❌}(j)$ を(4.27)式あるいは(4.31)式の近似積分式である(4.33)式で求める。また，面積 A は水線面積 $A_w(j)$，x_g は船体中央部❌から浮面心(C.F.)までの距離❌$F(j)$ であることから，$A_w(j)$ を(4.10)式および❌$F(j)$ を(4.23)式で求めることができる。従って，得られた $I_{❌}(j)$，$A_w(j)$ および❌$F(j)$ を(4.31)式に代入すると，浮面心回りの慣性モーメント $I_F(j)$ は，次式から求めることができる。

$$I_F(j) = I_{❌}(j) - A_w(j) \cdot ❌F(j)^2 \tag{4.35}$$

4.3.4 容積（Volume）と関連諸量の計算法

図 4-15 に示すように，任意の物体が直線 x = a, x = b と xz 平面上の 2 つの曲線 z = f(x), z = g(x) および 2 つの曲面 y = F(x,z), y = G(x,z) で囲まれた領域の立体であるとする。但し，曲線 z = f(x) と z = g(x)，曲面 y = F(x,z) と y = G(x,z) は [a,b] で連続な関数で，f(x) ≧ g(x) および F(x,z) ≧ G(x,z) とする。

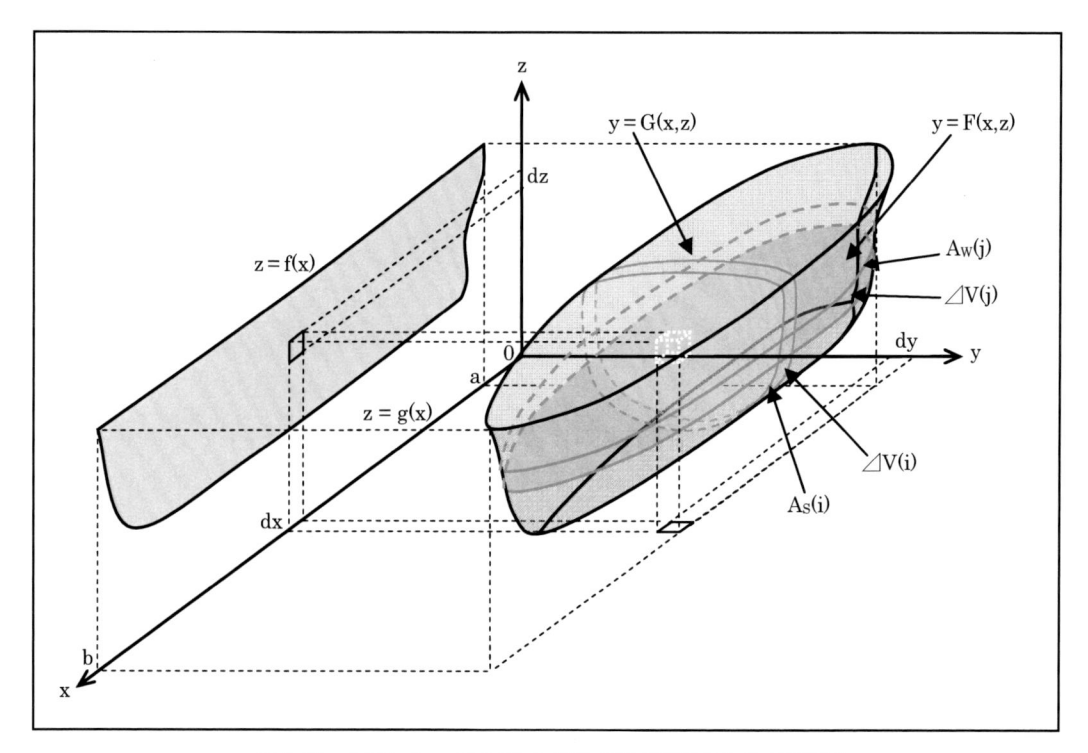

図 4-15 曲面によって囲まれた部分の容積積分のための座標系

この場合，この物体の容積 V は次式で求めることができる。

$$V = \lim_{m \to \infty} \sum_{i=1}^{m} \triangle V(i)$$

$$= \lim_{m \to \infty} \sum_{i=1}^{m} A_S(i) \cdot \triangle x$$

但し，横断面積 $A_S(i) = \lim_{n \to \infty} \sum_{j=1}^{n} \{F(\xi_i, \eta_j) - G(\xi_i, \eta_j)\} \cdot \triangle z$

$\quad$ $A_S(i)$ は垂線間長さを m 分割し，i 番目 (i = 1～m) の分割点の横平面で船体を切断したときの横断面積

$\quad$ $\triangle V(i)$ は $A_S(i)$ に微小区間 $\triangle x$ を掛けて得られる体積要素

$\quad$ ξ_i は(4.6)式を導くときの区間 [a,b] における小区間 $\triangle x$ 内の点

$\quad$ η_j は区間 [g(x),f(x)] における小区間 $\triangle z$ 内の点

$\quad$ $\triangle x$ は(4.10)式の定義と同じ

$\quad$ $\triangle z$ は(4.9)式の定義と同じ

この極限値は，一般的に次式のように表すことができる。

$$V = \int_a^b dx \int_{g(x)}^{f(x)} \{F(x,z) - G(x,z)\} \cdot dz \tag{4.36}$$

あるいは，容積 V は次式で求めることもできる。

$$V = \lim_{n \to \infty} \sum_{j=1}^{n} \triangle V(j)$$

$$= \lim_{n \to \infty} \sum_{j=1}^{n} A_w(j) \cdot \triangle z$$

但し，水線面積 $A_w(j) = \lim_{m \to \infty} \sum_{i=1}^{m} \{F(\xi_i, \eta_j) - G(\xi_i, \eta_j)\} \cdot \triangle x$

$\quad$ $A_w(j)$ は計算起点（一般商船の場合は基線）から最大計算喫水までを n 分割した時，j 番目 (j = 1～n) の水線面積

$\quad$ $\triangle V(j)$ は $A_w(j)$ に微小区間 $\triangle z$ を掛けて得られる体積要素

この極限値は，一般的に次式のように表すことができる。

$$V = \int_{g(x)}^{f(x)} dz \int_a^b \{F(x,z) - G(x,z)\} \cdot dx \tag{4.37}$$

(4.36)式と(4.37)式は，積分の順序を変えただけで同じ結果を得る。

(4.36)式と(4.37)式を船体形状に適用して考えれば，(4.36)式は，垂線間長さを m 分割した場合の各分割点のスクエアステーションにおける横断面積 $A_S(i,j)$ を(4.9)式で求め，これを船の長さ方向に積分して

船体容積を求める式であり，(4.37)式は，計算起点から最大計算喫水までを n 分割した場合の各分割点における水線面積 $A_w(j)$ を(4.10)式で求め，これを船の深さ方向に積分して船体容積を求める式である。従って，いずれの方法で計算しても全く同じ結果が得られることを示している。

4.3.4.1　横断面積を用いた船体容積の計算

(4.36)式を台形公式で近似するために，まず，垂線間長さを m 分割する。そして $i(i = 0 \sim m)$ 番目のスクエアステーションにおける横断面を計算起点から最大計算喫水まで n 分割し，そして計算起点から $j(j = 0 \sim n)$ 番目までのそれぞれの横断面積 $A_S(i, j)$ を(4.9)式で求める。得られた横断面積 $A_S(i,j)$ を船の長さ方向に台形公式を適用して船体容積 $V(j)$ を求めると，次式のようになる。

$$V(j) = \sum_{i=1}^{m} \frac{A_S(i-1,j) + A_S(i,j)}{2} \cdot \triangle x \tag{4.38}$$

4.3.4.2　水線面積を用いた船体容積の計算

(4.37)式を台形公式で近似するために，まず，船体を計算起点から最大計算喫水まで n 分割する。そして各分割点における水線面を垂線間長さを m 分割した点で分割して水線面積 $A_w(j)$ を(4.10)式で求める。n 分割して得られた各分割点の水線面積 $A_w(j)$ を船の深さ方向に台形公式を適用して船体容積 $V(j)$ を求めると，次式のようになる。

$$V(j) = \sum_{j=1}^{n} \frac{A_w(j-1) + A_w(j)}{2} \cdot \triangle z \tag{4.39}$$

4.3.4.3　型形状の排水量の計算

(4.38)式あるいは(4.39)式から求まる船体容積 $V(j)$ を用いれば，船の排水量 $W_{mld}(j)$ は，次式で求めることができる。

$$W_{mld}(j) = V(j) \cdot \gamma \tag{4.40}$$

当然のことではあるが，船体容積が船体の**型形状**（**Molded Form**）に対するものであるから，(4.40)式で得られる排水量 $W_{mld}(j)$ は船体外板を含まない**型形状の排水量**（**Displacement of Molded Form**）である。

4.3.4.4　肥瘠係数 C_b，C_p，C_{vp} の計算

肥瘠係数 C_b，C_p および C_{vp} の計算は第2章で示したように，いずれの場合も船体容積 $V(j)$ を用いる。

計算起点から j 番目の任意喫水までの方形係数（Block Coefficient）$C_b(j)$ は，第2章2.2で示した(2.1)式から，(4.38)式あるいは(4.39)式で得られる船体容積 $V(j)$ を用いれば，次式で求めることができる。

$$C_b(j) = \frac{V(j)}{L \times B \times d(j)} \tag{4.41}$$

但し，$d(j)$ は計算起点から j 番目までの喫水

計算起点から j 番目の任意喫水までの柱形係数（Prismatic Coefficient）$C_p(j)$ は，第 2 章 2.4 で示した(2.3)式から，(4.38)式あるいは(4.39)式で得られる船体容積 $V(j)$ と(4.9)式で表される横断面積 $A_S(m/2, j)$ すなわち $A_ⵎ(j)$ を用いて，次式で求めることができる。

$$C_p(j) = \frac{V(j)}{A_ⵎ(j) \times L} \tag{4.42}$$

但し，$A_ⵎ(j)$ は計算起点から j 番目の水面線 WSL までの中央横断面積

計算起点から j 番目の任意喫水までの竪柱形係数（Vertical Prismatic Coefficient）$C_{vp}(j)$ は，第 2 章 2.6 で示した(2.5)式から，(4.38)式あるいは(4.39)式で得られる船体容積 $V(j)$ と(4.10)式で表される水線面積 $A_W(j)$ を用いれば，次式で求めることができる。

$$C_{vp}(j) = \frac{V(j)}{A_w(j) \times d(j)} \tag{4.43}$$

但し，$A_w(j)$：基線から j 番目の水線面積

4.3.4.5 横メタセンター半径 BM と縦メタセンター半径 BM_L の計算

横メタセンター半径 BM は，一般的に船体中心線 ℄ に対する水線面の慣性モーメントを船体容積で除することで求めることができる。すなわち，基線より j 番目の水線面の船体中心線 ℄ 回りの慣性モーメント $I_℄(j)$ を(4.32)式で求め，j 番目の喫水までの容積 $V(j)$ を(4.38)式あるいは(4.39)式で求めると，任意喫水に対する横メタセンター半径 $BM(j)$ は，次式で求めることができる。

$$BM(j) = \frac{I_℄(j)}{V(j)} \tag{4.44}$$

また，縦メタセンター半径 BM_L は，一般的に浮面心に対する水線面の慣性モーメントを船体容積で除することで求めることができる。すなわち，基線より j 番目の水線面の浮面心回りの慣性モーメント $I_F(j)$ を(4.35)式で求め，j 番目の喫水に対する容積 $V(j)$ を(4.38)式あるいは(4.39)式で求めると，任意喫水に対する縦メタセンター半径 $BM_L(j)$ は，次式で求めることができる。

$$BM_L(j) = \frac{I_F(j)}{V(j)} \tag{4.45}$$

4.3.5 容積モーメントと関連諸量の計算法

図 4·15 において，一辺の小区間を $\triangle x, \triangle y$ および $\triangle z$ から成る体積要素 $\triangle V(= \triangle x \cdot \triangle y \cdot \triangle z)$ を考える。この小区間 $\triangle x, \triangle y$ および $\triangle z$ 内の任意の点は，小区間を限りなく小さくしていくと，小区間内でどのように選び出しても一定な値に近づいていくことになる。このことから，体積要素 $\triangle V$ に小区間 $\triangle x, \triangle y$ および $\triangle z$ 内の任意の点 x, y および z を掛けて極限値をとれば，yz 面，xz 面および xy 面に対する容積モーメントを求めることができる。

yz 面に対する容積モーメント M_{yz} は，次式で表すことができる。

$$M_{yz} = \int_a^b \int_{G(x,z)}^{F(x,z)} \int_{g(x)}^{f(x)} x \cdot dx \cdot dy \cdot dz$$

同様に，xz 面および xy 面に対する容積モーメント M_{xz} と M_{xy} は次式で表すことができる。

$$M_{xz} = \int_a^b \int_{G(x,z)}^{F(x,z)} \int_{g(x)}^{f(x)} y \cdot dx \cdot dy \cdot dz$$

$$M_{xy} = \int_a^b \int_{G(x,z)}^{F(x,z)} \int_{g(x)}^{f(x)} z \cdot dx \cdot dy \cdot dz$$

これを船体に適用するため，図 4-15 において，船体中心線面を xz 面に一致させ，船尾垂線(A.P.)を z 軸，基線を x 軸にとると，図 4-16 のようになる。

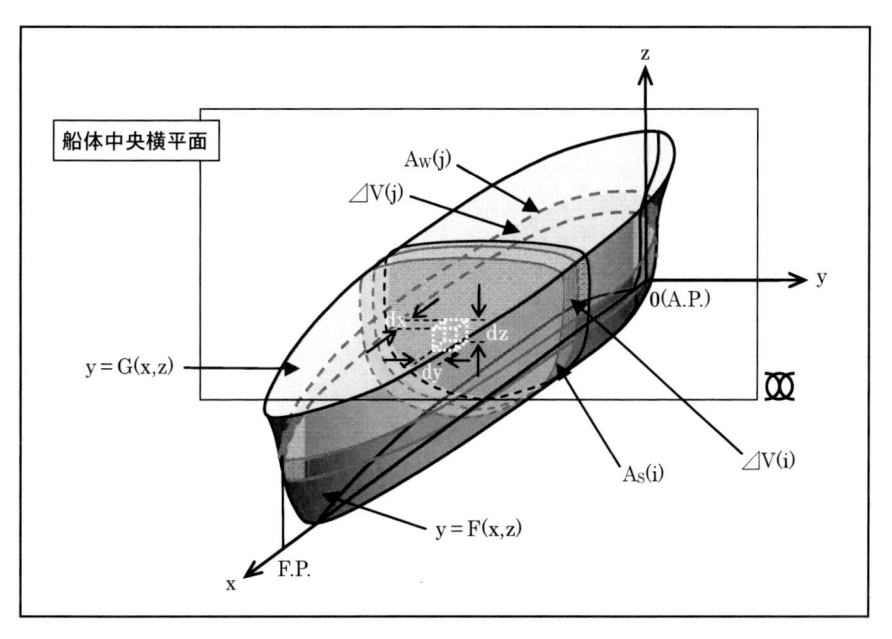

図 4-16 容積モーメント計算のための座標系

船体は左右対称であるため，xz 面に対する容積モーメントは 0(zero)で，yz 面と xy 面に対する容積モーメント M_{yz} と M_{xy} は，次式のように表すことができる。

$$M_{yz} = \int_a^b \left\{ \int_{g(x)}^{f(x)} [F(x,z) - G(x,z)] \cdot dz \right\} \cdot x \cdot dx$$

$$= \int_a^b A_S(x) \cdot x \cdot dx \tag{4.46}$$

$$M_{xy} = \int_{g(x)}^{f(x)} \left\{ \int_a^b [F(x,z) - G(x,z)] \cdot dx \right\} \cdot z \cdot dz$$

$$= \int_{g(x)}^{f(x)} A_w(z) \cdot z \cdot dz \tag{4.47}$$

(4.46)式は A.P.から x の点にある船の横断面積 $A_S(x)$ にそこまでの距離 x を掛けて縦方向（長さ方向）に積分したものであり，(4.47)式は基線から z の点にある船の水線面積 $A_w(z)$ に基線（Base Line）からの距離 z を掛けて深さ方向に積分したものである。

4.3.5.1　任意喫水下船体の基線回りの容積モーメントと基線からの浮心高さ KB

j(j = 0〜n)番目までの喫水下船体の基線回りの容積モーメント $M_{VBL}(j)$ は，(4.47)式を適用すると求めることができる。$A_w(j)$ が(4.10)式で得られているので，この結果を用いて台形公式を適用すれば，(4.47)式は，次式で表すことができる。

$$M_{VBL}(j) = \sum_{j=1}^{n} \frac{A_w(j-1)+A_w(j)}{2} \cdot \frac{Z_{j-1}+z_j}{2} \cdot \triangle z \tag{4.48}$$

また，任意のスクエアステーションにおける船体横断面の基線回りの面積モーメントについては，4.3.2.1に記述した通りである。従って，i(i = 0〜m)番目のスクエアステーションにおける j(j = 0〜n)番目水面線 WSL までの船体横断面の基線回りの面積モーメント $M_{BL}(i,j)$ を(4.20)式で求め，船の縦方向（長さ方向）に積分することにより，j 番目の喫水下船体の基線回りの容積モーメント $M_{VBL}(j)$ を，次式で求めることもできる。

$$M_{VBL}(j) = \sum_{i=1}^{m} \frac{M_{BL}(i-1,j)+M_{BL}(i,j)}{2} \cdot \triangle x \tag{4.49}$$

従って，基線から j 番目の喫水までの船体容積 V(j)は，(4.38)式あるいは(4.39)式で得られているので，(4.48)式あるいは(4.49)式を用いて基線から容積中心，すなわち，浮心 B までの高さ KB(j)は，次式で求めることができる。

$$KB(j) = \frac{M_{VBL}(j)}{V(j)} \tag{4.50}$$

4.3.5.2　基線からの横メタセンター高さ KM と縦メタセンター高さ KM_L

横メタセンター半径 BM(j)が(4.44)式，縦メタセンター半径 $BM_L(j)$ が(4.45)式で得られるので，前節で求まる基線から浮心 B までの高さ KB(j)を用いれば，基線からの横メタセンター高さ KM(j)と縦メタセンター高さ $KM_L(j)$ は，次式で求めることができる。

$$KM(j) = KB(j) + BM(j) \tag{4.51}$$

$$KM_L(j) = KB(j) + BM_L(j) \tag{4.52}$$

4.3.5.3　任意喫水下船体の船体中央部㊥回りの容積モーメントと容積中心（浮心）の前後位置㊥B

j(j = 0〜n)番目までの喫水に対する喫水下船体の船体中央部㊥回りの容積モーメント $M_{V㊥}(j)$ は，

(4.46)式を適用すると求めることができる。$A_S(i,j)$が(4.9)式で得られているので、この結果を用いて台形公式を適用すれば、(4.46)式は、次式で表すことができる。

$$Mv_{\text{®}}(j) = \sum_{i=1}^{m} \frac{A_S(i-1,j) + A_S(i,j)}{2} \cdot \frac{(x_\text{®} - x_{i-1}) + (x_\text{®} - x_i)}{2} \cdot \triangle x \tag{4.53}$$

また、$j(j = 0\sim n)$番目までの各水線面の船体中央部®回りの面積モーメント$M_\text{®}(j)$を(4.22)式で求め、船の深さ方向に台形公式を適用することにより、j番目までの喫水下船体の船体中央部®回りの容積モーメント$MV_\text{®}(j)$を、次式で求めることもできる。

$$Mv_\text{®}(j) = \sum_{j=1}^{n} \frac{M_\text{®}(i-1,j) + M_\text{®}(i,j)}{2} \cdot \triangle z \tag{4.54}$$

従って、基線からj番目の喫水までの船体容積$V(j)$は、(4.38)式あるいは(4.39)式で得られているので、(4.53)式あるいは(4.54)式を用いて船体中央部®から容積中心、すなわち、浮心Bまでの距離®$B(j)$は、次式で求めることができる。

$$\text{®}B(j) = \frac{Mv_\text{®}(j)}{V(j)} \tag{4.55}$$

(4.55)式は、**船体容積の中心すなわち浮心位置®B が、船体中央部®よりも後半部にある場合は正（＋）、前半部にある場合は負（－）となる。**

4.3.6　毎 cm トリムモーメント（Moment to change trim 1cm）

「第 1 章 1.9.11 喫水とトリムの関係」で示したように、船尾喫水が船首喫水より大きい場合を船尾トリム（Trim by Stern）、その逆の小さい場合を船首トリム（Trim by Stem）、そして船尾喫水と船首喫水が等しくトリムしていない場合を等喫水（Even Keel）という。

図 4·17 に示すように、船内にある重さ w（トン）の貨物を船尾方向へ距離 l（m）だけ移動させると、船の重心 G は貨物の重心移動と平行に G' に移動し、縦傾斜状態すなわちトリムした状態となる。この時、船の重心移動 GG' は次式で求めることができる。

$$GG' = \frac{w \times l}{W} \tag{4.56}$$

但し、W：貨物の重さを含む船の排水量

また、船が縦傾斜することで、浮心は B から移動後の重心 G' の鉛直線上の B' に来るまで移動し、釣り合い状態となる。縦傾斜が小さい場合、浮心 B と B' を通る浮力作用線の交点は、定点にあるとしても差し支えなく、この点を**縦メタセンター（Longitudinal Metacenter）M_L**といい、重心 G からの距離を**縦メタセンター高さ（Longitudinal Metacentric Height）GM_L**という。

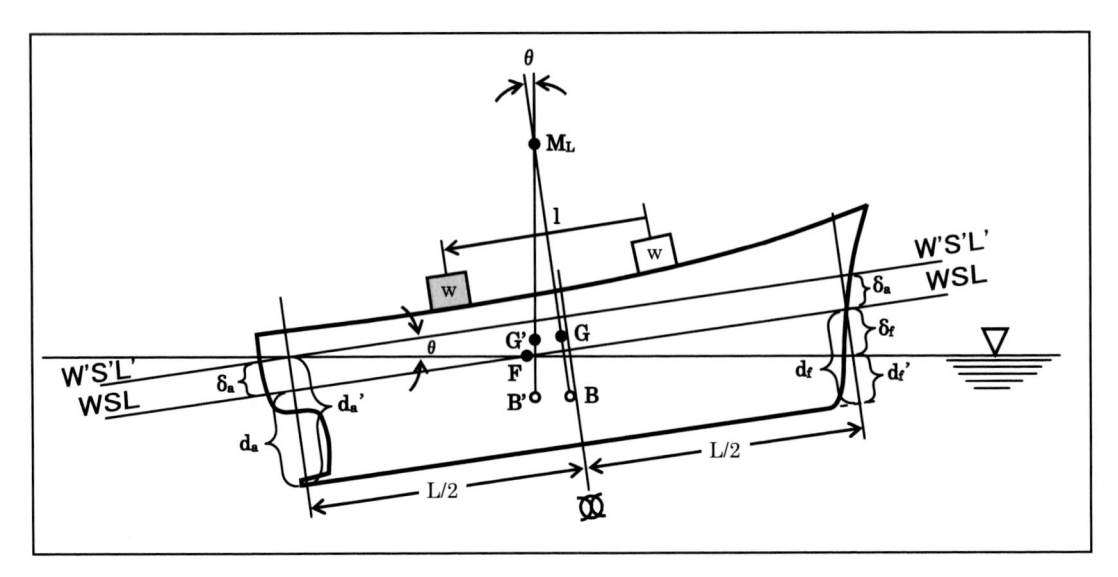

図4-17 積荷の移動によるトリム状態

以上のことから，縦傾斜角を θ とした時，船の重心移動 GG' は，次式で表すこともできる。

$$GG' = GM_L \times \tan\theta \tag{4.57}$$

(4.56)式と(4.57)式から，tanθ は次式で表すことができる。

$$\tan\theta = \frac{w \times l}{W \times GM_L} \tag{4.58}$$

船がトリムすることは船首尾の喫水が変化することであり，図 4-17 の場合は船尾喫水が δ_a だけ増加し，船首喫水が δ_f だけ減少していることを示している。すなわち，トリム後の新しい船首尾の喫水をそれぞれ d_f' および d_a' とすると，次式で求められる。

$$d_f' = d_f - \delta_f \tag{4.59}$$

$$d_a' = d_a + \delta_a \tag{4.60}$$

新しい船首尾の喫水によるトリムの大きさは，(4.59)式と(4.60)式の関係から次式のように表すことができる。

$$\varDelta t = d_a' - d_f' = \delta_a + \delta_f$$

このことは，図 4-17 において，船が縦傾斜した後の船尾喫水点から傾斜前の水面線 WSL に平行に引いた水面線 W'S'L' が示す船首喫水でのトリムの変化量 $\varDelta t$ を示している。

従って，縦傾斜角 θ とトリムの変化量 $\varDelta t$ とは，次式の関係にある。

$$\tan\theta = \frac{\varDelta t}{L} \tag{4.61}$$

(4.58)式と(4.61)式から tanθ を消去してトリムの変化量 $\varDelta t$ を cm 単位で求めると，次式のようになる。

$$\triangle t = \frac{w \times l}{W \times GM_L} \cdot 100L \tag{4.62}$$

トリムの変化量 $\triangle t$ を1cm変化させるのに必要な傾斜モーメント $w \times l$ の値を **MTC** とすれば，この値を**毎 cm トリムモーメント（Moment to change trim 1 cm）**といい，j(j = 0〜n)番目の水面線 WSL に対する MTC(j) は，次式で表すことができる。

$$MTC(j) = \frac{W \times GM_L(j)}{100L} \tag{4.63}$$

ここで，縦メタセンター高さ GM_L は，重心 G の位置(KG)が求まらなければ定めることができない。排水量等の計算時には，近似的に $GM_L(j) ≒ BM_L(j)$ とおいて計算を行う。

4.3.7　毎 cm トリム修正トン (Correction of Displacement for change of trim 1cm)

船がトリム状態の水面線 WSL で釣り合い状態にある場合，その排水量は船首尾喫水を用いて求めることができる。

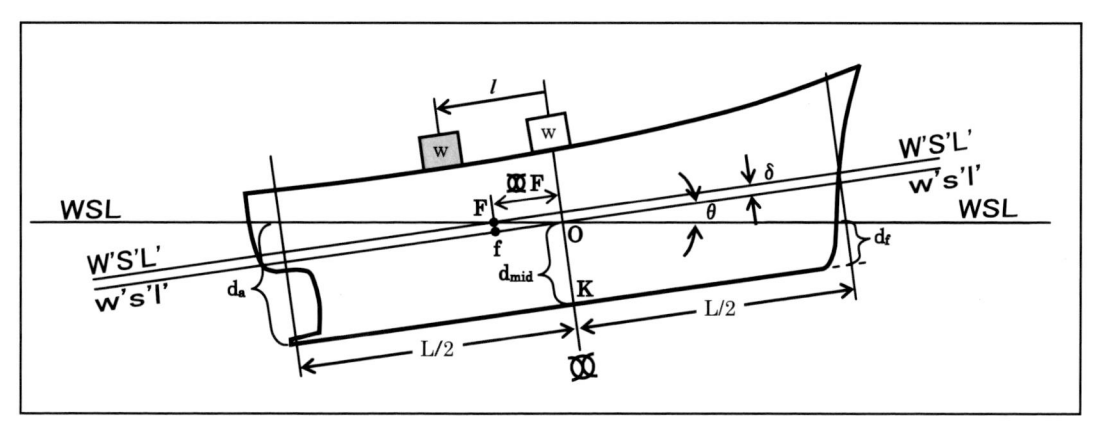

図 4-18　積荷の移動によるトリム状態と一様沈下量

図 4-18 に示すように，水面線 WSL で釣り合い状態にある場合の船首喫水を d_f および船尾喫水を d_a とすれば，平均喫水 d_{mid} およびトリム t は，次式で与えられる。

$d_{mid} = (d_f + d_a)/2$

$t = d_a - d_f$

このとき，平均喫水 d_{mid} に対する排水量は排水量等曲線より読み取ることができるが，図 4-18 からも分かるように，平均喫水 d_{mid} を通る水面線 w's'l' が浮面心 F を通れば問題はない。しかし，θ だけ縦傾斜（トリム）した時の浮面心 F が船体中央部 ⊗ から ⊗ F だけの距離にあれば，トリム状態にある船の排水量と平均喫水 d_{mid} から読み取れる排水量は異なるため，修正が必要である。

今，平均喫水 d_{mid} の等喫水（Even Keel）で釣り合い状態にある船に重さ w（トン）の貨物を船体重心上に搭載すると，船は一様に δ だけ沈下する。一様沈下した時の水面線を W'S'L' とし，貨物 w を船尾方向へ l（m）だけ移動させトリム状態の水面線を WSL とすれば，この水面線 WSL は水面線 W'S'L'

の浮面心 F を通る。また，一様沈下量 δ は一般的に小さいことから，この浮面心 F は水面線 w's'l' の浮面心 f と同じ⌘F であるとして差し支えない。

従って，縦傾斜角 θ とトリムの変化量 $\triangle t$ とは，次式の関係にある。

$$\tan\theta = \frac{\triangle t}{L} = \frac{fF}{Of}$$

すなわち，$fF = \delta$，$Of = ⌘F$ であることから，一様沈下量 δ(m) を求めると，次式のようになる。

$$\delta = \frac{\triangle t}{L} \cdot ⌘F \tag{4.64}$$

また，貨物 w によって船が一様沈下し，喫水が δ だけ増加したので，この w を水面線 w's'l' における毎センチ排水トン TPC をもって示せば，次式のようになる。

$$w = TPC \cdot \delta = TPC \cdot \frac{\triangle t}{L} \cdot ⌘F$$

⌘F は船体中央部⌘よりも船体後部にある場合を正(+)とし，船体前部にある場合を負(−)とする。

よって，j(j = 0〜n) 番目の喫水に対する排水量すなわち水面線 W'S'L' に対する排水量 W(j) は，平均喫水 d_{mid} に対する排水量 $W_{mld}(j)$ に δ だけ喫水を一様沈下させるのに必要な重さ w(j) を加えて，次式で求めることができる。

$$W(j) = W_{mld}(j) + TPC(j) \cdot \frac{\triangle t}{L} \cdot ⌘F(j) \tag{4.65}$$

右辺第 2 項がトリムに対する排水量の修正トンである。(4.65)式の右辺第 2 項において，$\triangle t = 1cm$ の場合の排水量の修正トンを**毎センチメートルトリム修正トン**（**Correction of Displacement for change of trim 1 cm**）といい，次式で表す。

$$w(j) = TPC(j) \cdot \frac{⌘F(j)}{L} \tag{4.66}$$

4.3.8　曲線の長さ (Length of Curve) および曲面の面積 (Area of Curved Surface) と関連諸量の計算法

今，図 4-19 に示すように，関数 f(x) が区間 [a,b] において連続で，x = a から x = b まで m 分割されている場合，区間 [a,b] 間の曲線上の q_0 から q_m までの曲線長さ l は，曲線の各線分 $q_0 q_1$, $q_1 q_2$, $\cdots$ $q_{m-2} q_{m-1}$, $q_{m-1} q_m$ の総和として，次式で求められる。

$$l = \sum_{i=1}^{m} q_{i-1} q_i \tag{4.67}$$

但し，区間 [a,b] を m 分割した点を x_0, x_1, x_2, $\cdots$ x_{m-1}, x_m とする。

　　$q_{i-1} q_i$ は小区間を $x_1 - x_0 = x_2 - x_1 = \cdots = x_m - x_{m-1} = (x_m - x_0)/m = \triangle x$ とした場合の小区間内の曲線上の線分を示す。$\triangle x$ は必ずしも等間隔でなくてもよい。

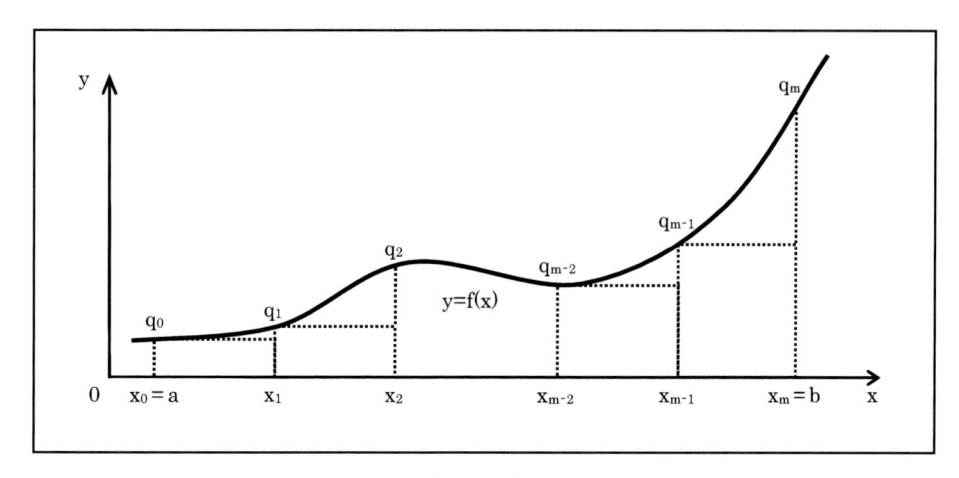

図4-19 曲線の表示

(4.67)式の線分 $q_{i-1}q_i$ は，ピタゴラスの定理を用いれば，次式のように近似することができる。

$$q_{i-1}q_i{}^2 = \triangle x^2 + [f(x_i) - f(x_{i-1})]^2$$

すなわち，

$$q_{i-1}q_i = \sqrt{1 + \frac{[f(x) - f(x_{i-1})]^2}{\triangle x^2}} \cdot \triangle x \tag{4.68}$$

(4.68)式を(4.67)式に代入して，小区間 $\triangle x$ を限りなく小さくしていき，曲線上の q_0 から q_m までの曲線長さ l を極限値で示せば，次式のように表すことができる。

$$l = \lim_{m \to \infty} \sum_{i=1}^{m} \sqrt{1 + \frac{[f(x_i) - f(x_{i-1})]^2}{(x_i - x_{i-1})^2}} \cdot (x_i - x_{i-1}) \tag{4.69}$$

このような極限値は，一般的に次式のように表すことができる。

$$l = \int_a^b \sqrt{1 + f'(x)^2} \cdot dx \tag{4.70}$$

但し，$f'(x)$ は関数 $f(x)$ の導関数，すなわち，関数 $f(x)$ を微分したものである。

一方，曲面の面積は曲面上を小領域で分割し，その小領域の面積の総和として求める。しかし，図4-20に示すように，曲面上の小領域は正方形かあるいは長方形にならず，平行四辺形になる部分もあり，従って，小領域の縦横の辺の長さである小区間曲線の長さを掛け合わせても正確な曲面の面積を求めることができない。

今，図4-20のように，曲面 $y = F(x,z)$ 上で閉曲線によって囲まれた曲面を S とし，これを xz 平面へ正射影した平面を A とする。

平面 A を小区間で細分し得られた小領域を $\triangle A_{i,j}$ とし，この $\triangle A_{i,j}$ 内の一点をとり，これに対応する曲面 $y = F(x,z)$ 上の点を $P_{i,j}(x_{i,j}, y_{i,j}, z_{i,j})$ とする。また，小領域 $\triangle A_{i,j}$ の頂点から y 軸に平行な母線を持つ柱

面が点 $P_{i,j}$ における曲面との接平面から切り取る部分の面積を $\triangle S_{i,j}$ とし，この接平面が xz 平面となす角を $\theta_{i,j}$ とすると，xz 平面内の小領域 $\triangle A_{i,j}$ と接平面内の面積 $\triangle S_{i,j}$ には，次式のような関係が成立する。

$$\triangle A_{i,j} = \triangle S_{i,j} \cdot \cos\theta_{i,j}$$

接平面と xz 平面とのなす角が $\theta_{i,j}$ であるので，$\cos\theta_{i,j}$ は一般的に次式で表される。

$$\cos\theta_{i,j} = \frac{1}{\sqrt{1 + F_x^2 + F_z^2}} \tag{4.71}$$

但し，F_x と F_z：関数 $F(x,z)$ の偏導関数

この式と(4.71)式から，接平面の面積 $\triangle S_{i,j}$ は，次式より求めることができる。

$$\triangle S_{i,j} = \sqrt{1 + F_x^2 + F_z^2} \cdot \triangle A_{i,j}$$
$$= \sqrt{1 + F_x^2 + F_z^2} \cdot dx \cdot dz$$

従って，曲面 $y = F(x,z)$ 上で $x = a$ から $x = b$ までの区間 [a,b] と $z = c$ から $z = d$ までの区間 [c,d] 内で閉曲線によって囲まれた曲面 S の面積を A_S とすれば，次式により求めることができる。

$$A_S = \int_a^b \int_c^d \sqrt{1 + F_x^2 + F_z^2} \cdot dx \cdot dz \tag{4.72}$$

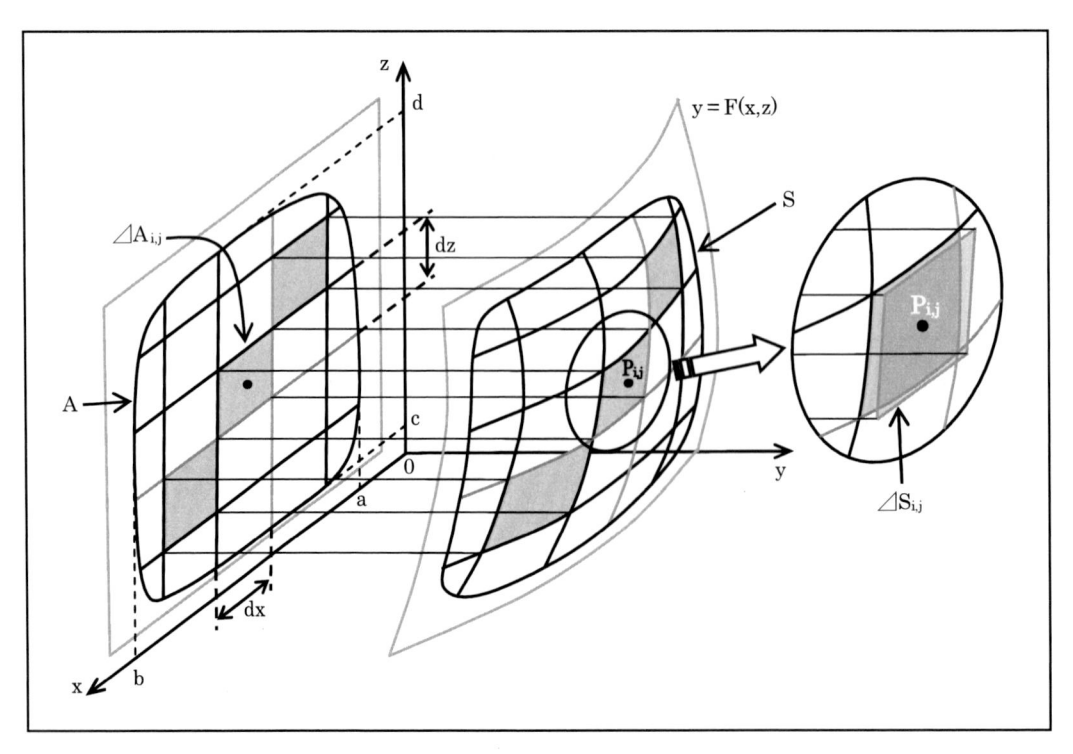

図 4-20 曲面の表示

4.3.8.1 ガース（Girth）の求め方

船体胴回りの一方のガンネル（Gunwale or Gunnel）から船側，ビルジ部，船底および船体中心線 ⊄（キール中心）を通ってもう一方のガンネルまで，横断面曲線に沿って測った曲線の長さを**ガース**（**Girth**）という。

従来はこのガースを，船体線図の正面線図を用いて横断面曲線に沿って様々な方法で測ることで求め，船の長さ方向に積分して船体の浸水表面積を得るために用いた。

ここでは，従来の方法については言及せず，ガースを求める必要がある時は，上記の曲線の長さを求める(4.69)式あるいは(4.70)式を用いることにする。

今，(4.9)式の定義に従って，i(i = 1～m)番目のスクエアステーションにおける横断面曲線と計算起点から最大計算喫水までを n 分割した場合に得られる j(j = 1～n)番目の水面線 WSL との交点の中心線 ⊄ からの距離を $y_{i,j}$ とする。この $y_{i,j}$ を用いると，i(i = 1～m)番目のスクエアステーションにおけるガースの内，j(j = 1～n)番目の水面線 WSL との交点から船底を通ってもう一方の交点までの長さ $L_g(i)$ は，次式で求めることができる。

$$L_g(i) = 2 \sum_{j=1}^{n} \sqrt{1 + \frac{(y_{i,j} - y_{i,j-1})^2}{(z_j - z_{j-1})^2}} \cdot (z_j - z_{j-1}) \tag{4.73}$$

但し，(4.73)式は半幅分のガースを2倍している。

4.3.8.2 浸水表面積（Wetted Surface Area）と外板排水量（Displacement of Sell Plating）等の計算

船体が与えられた喫水線で浮いている時，その喫水線以下の船体表面を**浸水表面**（**Wetted Surface**）という。

船体表面の**浸水表面積**（**Wetted Surface Area**）は，従来，ガースを船体線図の正面線図を用いて横断面曲線に沿って測り，これを船の長さ方向に積分して求めていた。しかし，このようにして求めた浸水表面積は船首から船尾までの水線 WL の曲がりを考慮すると，その曲がりによる修正を必要とする。ガースや浸水表面積を求める方法については，水線 WL の曲がりを考慮した修正方法等がいくとおりも提案されており，従来の方法についてはここでの言及はしない。

浸水表面を正確に推定することは，船体の摩擦抵抗の推定に不可欠であり，建造上では船底塗料の量を推定することにも必要である。

また，木船を含めた小型船を除く一般商船の場合は，第1章で示したように船体線図が**型（骨組）形状**（**Molded Form**）で描かれているため，船体線図より得られるオフセット（Offsets）を用いた排水量等は，外板の板厚さを除いた型形状に対して計算されることになる。従って，外板の板厚さを考慮した外板排水量等は，浸水表面積に平均板厚を乗じて外板容積を求め，これに水(海水)の比重量γを乗じて求めなければならない。

船体表面の浸水表面積 $A_{WS}(j)$ は，(4.72)式を用いれば，次式で求めることができる。

$$A_{WS}(j) = \sum_{i=1}^{m} \sum_{j=1}^{n} \sqrt{1 + \frac{(y_{i,j} - y_{i-1,j})^2}{(x_i - x_{i-1})^2} + \frac{(y_{i,j} - y_{i,j-1})^2}{(z_j - z_{j-1})^2}} \times (x_i - x_{i-1})(z_j - z_{j-1}) \qquad (4.74)$$

但し，x_i : (4.10)式の定義と同じ
　　　$y_{i,j}$: (4.9)式の定義と同じ
　　　z_j : (4.20)式の定義と同じ

従って，外板排水量 $W_{SP}(j)$ は，外板の平均板厚さを t，海水の比重量を γ とすると，(4.74)式を用いて次式で求めることができる。

$$W_{SP}(j) = A_{WS}(j) \times t \times \gamma \qquad (4.75)$$

4.3.8.3 外板を含む排水量の計算

「4.2.3 アルキメデスの原理と浮体と排水量」で記述したように，船が水面に浮いている状態の船体重量は水面下の船体容積によって排除された水の重さに等しいことから，これを排水量と称する。

船が水面に浮いている状態での水面下の船体容積は，船体外板とその他のプロペラや舵等の**付加物**（**Appendage**）を含めたものであるため，(4.5)式が示す船の排水量 W(j) は，これら全てを含んだものでなければならない。従って，船が水面に浮いている状態での**全排水量**（**Total Displacement**）W(j) は，(4.40)式の型形状の排水量 $W_{mld}(j)$ および(4.75)式の外板排水量 $W_{SP}(j)$ を用いて，また，**付加物の排水量**（**Displacement of Appendage**）を W_{app} とすれば，これらの総和として次式で求めることができる。

$$W(j) = W_{mld}(j) + W_{SP}(j) + W_{app} \qquad (4.76)$$

4.4　排水量等曲線図（Hydrostatic Curves）

船が計画満載喫水線（DLWL）で静水面上に浮いている状態を基準として，航行中における喫水の変化も含め，異なる喫水状態での排水量やその他の諸量等の流体静力学的な性質を 1 つの曲線群にまとめて表示した図が，図 4·21 に示すような**排水量等曲線図**（**Hydrostatic Curves**）である。

排水量等曲線図は，次のような定義により表示される。

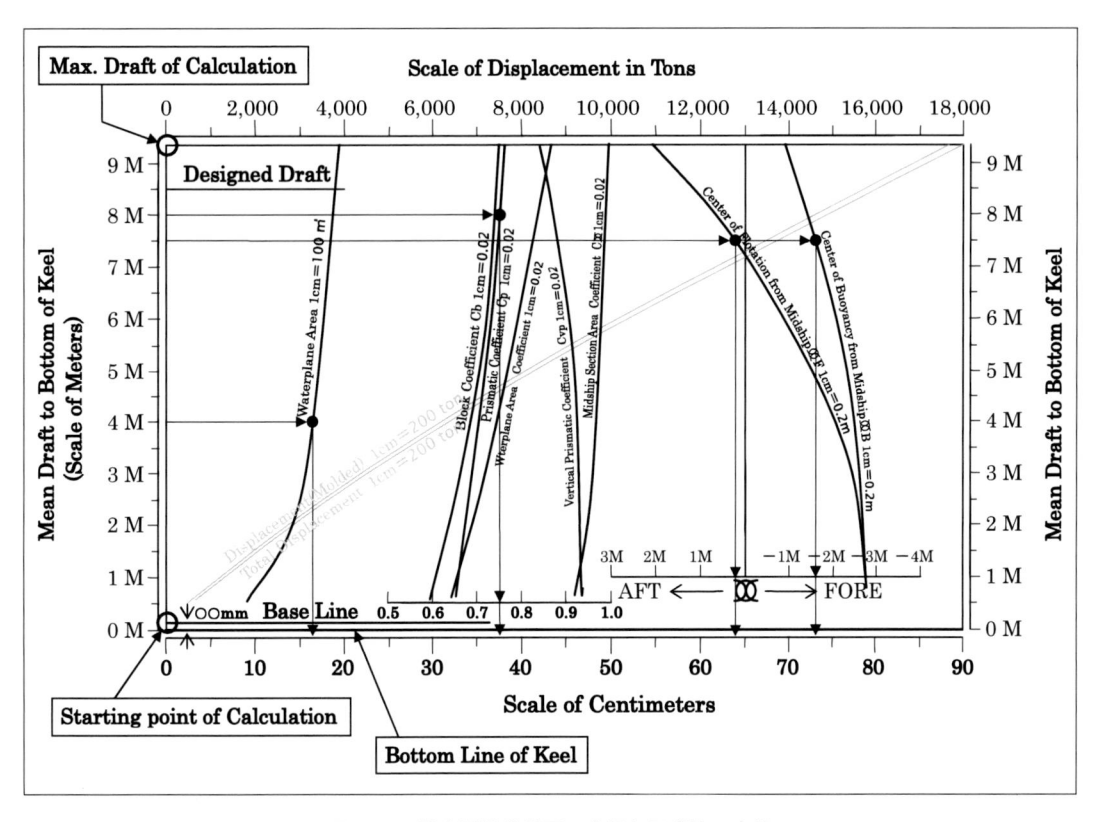

図 4-21 排水量等曲線図－座標と目盛等の定義

4.4.1 排水量等曲線図の座標

　縦軸は，一般的な等喫水（Even Keel）の船に対しては，図 4-21 に示すようにキール下面（Bottom of Keel）からの平均喫水（Mean Draft）をとるが，上限は計画満載喫水（Designed Draft）より若干上の喫水を示す最大計算喫水（Max. Draft of Calculation）までとする。また，計画トリム（Designed Trim）の船に対しては，船体中央部 ⊗ におけるキール下面からの平均喫水をとる。いずれの場合も，基線（Base Line）を，船体最下部を示す線（Bottom Line of Keel）からキールの厚さをとり，横軸と平行に描き入れ，計画トリム船の場合は，縦軸の横に船体中央部 ⊗ におけるキール付近の略図を描き入れる。便宜上，図の右辺側にも同じ平均喫水を書き入れる。

　横軸は，異なる喫水状態での排水量やその他の諸量を示すための目盛が表示されているが，一般的には，図 4-21 に示すように下辺に cm 単位（Scale of Centimeters）の現尺目盛をとることが多い。また，図 4-21 の上辺に示すように，下辺とは異なる測度目盛を表示することもある。これは，1つの測度目盛だけでなく，表示している諸量曲線から正しい値が求められるようにするためであり，諸量曲線名を付けて測度目盛を付けたり，関連するいくつかの曲線群をまとめて曲線群の測度目盛として表示することもある。

　また，図 4-21 の下辺右側には，船体中央部 ⊗ を中心として船体の前後方向を示す測度目盛が描かれている。これは，船体浮面心（Center of Flotation）F と浮心（Center of Buoyancy）B が，喫水によ

って変化する位置を船体中央部⊗からの距離（⊗Fと⊗B）として示されており，任意喫水でのそれぞれの位置を知るための測度目盛である。

更に，下辺中央部に0.5から1.0までの無次元値（単位を持たない数値）の測度目盛が描かれているが，船体の肥瘠係数を分かりやすく示すためのものである。

下辺のcm単位の現尺目盛以外の測度目盛は，一見独立した目盛のように見えるが，下辺のcm単位と密接に連携している。

排水量等曲線図の下辺の目盛について理解を深めるために，図4-21の下辺の現尺目盛の大きさを変えて図示したものを，図4-22に示す。

従って，図4-21と図4-22は，異なる下辺の現尺目盛に対応して表示しているが，当然のことながら，読み取る結果は同じものとなる。

排水量等曲線図に表示する他の諸量曲線の配置等を考慮して，下辺の現尺目盛の大きさや，置き換え係数等を決めると，読み取りやすい曲線図となる。

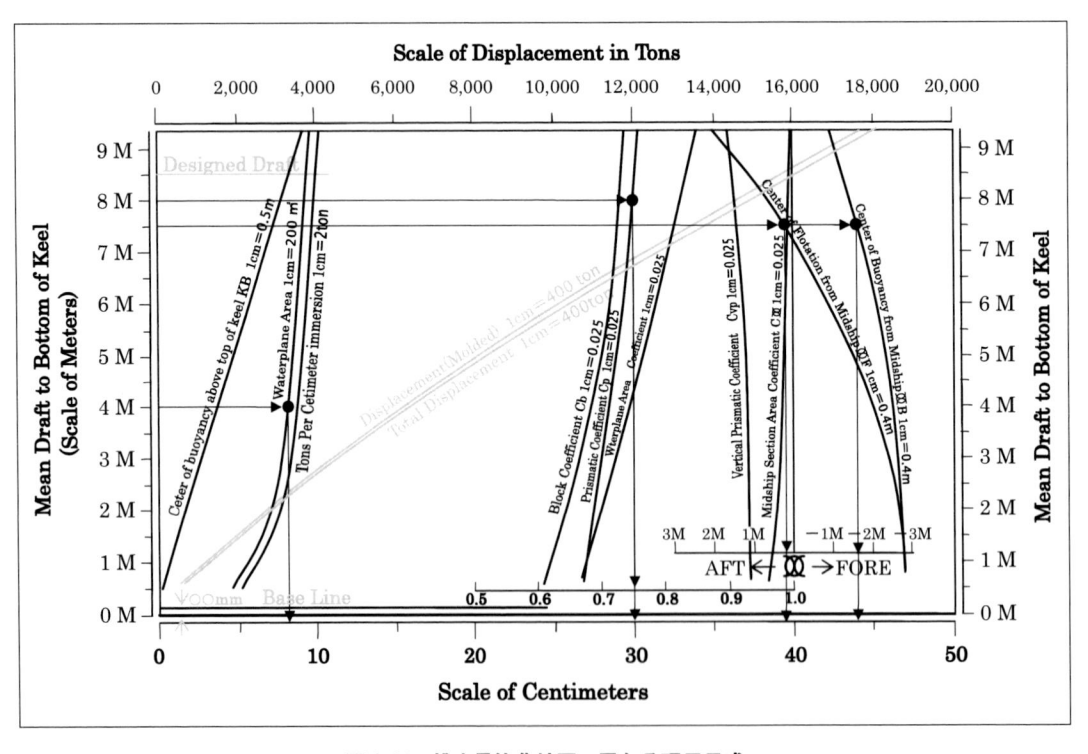

図4-22　排水量等曲線図－異なる現尺目盛

4.4.2　水線面積 $A_w(j)$ の曲線

水線面積 $A_w(j)$ は，喫水の変化に対して(4.10)式で求められる。

求められる水線面積は，小型船，中型船あるいは大型船によって，下辺の現尺目盛1cmを，例えば $10m^2$ から数 $100m^2$ の適当な値に置き換えて曲線として表す。

図4-21の例示は，1cm＝$100m^2$ の場合を示す。図4-21において，任意喫水，例えば4mの時，下

辺の現尺目盛が 16cm だとすれば，水線面積は 100 m²/cm × 16cm = 1,600m² と読み取ることができる。図 4-22 では，下辺の現尺目盛 1cm を 200m² に置き換えた場合なので，喫水 4m の時，下辺の現尺目盛が 8cm となり，水線面積は 200m²/cm × 8cm = 1,600m² と読み取ることができる。

4.4.3 方形係数 $C_b(j)$，中央横断面積係数 $C_m(j)$，柱形係数 $C_p(j)$，水線面積係数 $C_w(j)$ および竪柱形係数 $C_{vp}(j)$ の曲線

方形係数 $C_b(j)$，中央横断面積係数 $C_m(j)$，柱形係数 $C_p(j)$，水線面積係数 $C_w(j)$ および竪柱形係数 $C_{vp}(j)$ は，喫水の変化に対して，それぞれ(4.41)式，(4.11)式，(4.42)式，(4.12)式および(4.43)式で求められる。

求められるこれらの係数は，特殊な船を除いて 1.0 以下の無次元値であるため，小型船あるいは大型船といった区別は無い。従って，一般的に下辺の現尺目盛 1cm を，例えば 0.02 やあるいは 0.05 に置き換えて曲線として表す。あるいは，下辺の現尺目盛の他に，これらの係数のみに対応した目盛を設けて表示する場合もある。

図 4-21 は，1cm を 0.02 に置き換えた目盛を例示したものであり，図 4-22 は，1cm を 0.025 に置き換えた目盛を例示したものである。従って，原点から下辺の現尺目盛を読み取ると，図 4-21 は，25cm で 0.5，30cm で 0.6，そして 50cm で 1.0 となっており，図 4-22 は，20cm で 0.5，30cm で 0.75，そして 40cm で 1.0 となっている。任意喫水，例えば 8m のときの柱形係数 $C_p(j)$ の下辺の現尺目盛は，図 4-21 においては 37.5cm と読み取れるので，柱形係数は 0.02/cm × 37.5cm = 0.75 であることが分かり，図 4-22 においては，下辺の現尺目盛が 30.0cm であるので，柱形係数は 0.025/cm × 30.0cm = 0.75 と読み取ることができ，いずれの場合も表示通りであることが分かる。

その他，方形係数 $C_b(j)$，中央横断面積係数 $C_m(j)$，水線面積係数 $C_w(j)$ および竪柱形係数 $C_{vp}(j)$ も，同じ目盛の範囲内で同様な方法で，それぞれの係数を読み取ることができる。

4.4.4 毎 cm 排水トン TPC(j) の曲線

毎 cm 排水トン TPC(j) は，喫水の変化に対して(4.15)式で求められる。

求められる毎 cm 排水トンは，小型船，中型船あるいは大型船によって，下辺の現尺目盛 1cm を，例えば 0.1ton から 10ton の適当な値に置き換えて曲線として表す。

図 4-22 には，下辺の現尺目盛 1cm を 2ton に置き換えた目盛を例示している。

4.4.5 ㍇F(j) と ㍇B(j) の曲線

水線面積 $A_w(j)$ は喫水の変化に伴って変化するが，その変化する水線面積の中心位置，すなわち，喫水の変化に対する船体中央部 ㍇ から浮面心までの距離 ㍇F(j) は，(4.23)式で求められる。

また，水面下の船体容積 $V(j)$ も喫水の変化に伴って変化し，その変化する船体容積の中心位置，すなわち，船体中央部 ㍇ から浮心までの距離 ㍇B(j) は，(4.55)式で求められる。

求められる ㍇F(j) と ㍇B(j) は，図 4-21，図 4-22 に例示しているように，下辺の現尺目盛の他に，船体中央部 ㍇ を中心として右側に船首方向（Fore），左側に船尾方向（Aft）の目盛を設けて表示する。

この場合，船首方向に負(−)の値，船尾方向に正(+)をとり，目盛 1cm を，例えば 0.1m や 0.5m といった図示しやすい適当な値に置き換えて曲線として表す。

図 4-21 には，下辺の現尺目盛 1cm を 0.2m に置き換えた場合を，図 4-22 には，下辺の現尺目盛 1cm を 0.4m に置き換えた場合の例を示している。

図 4-21 においては，原点から下辺の現尺目盛を読み取ると，50cm で 3M, 55cm で 2M, 60cm で 1M そして 65cm で 0M となっており，65cm より大きくなると，5cm 増える毎に−1m（図では M 表示）ずつ増えるような表示となっている。すなわち，下辺の現尺目盛の 65cm を原点として，大きい方を負(−)，小さい方を正(+)として表示している。また，図 4-22 においては，下辺の現尺目盛 40cm を原点として 2.5cm の増減に対して，1m ずつ減増するような表示となっている。

例えば，任意喫水 7.5m のときの ⓧF(j) と ⓧB(j) の下辺の現尺目盛は，図 4-21 においてはそれぞれ 64cm と 73cm と読み取れるので，ⓧF(j) は 1m/5cm × (65 − 64)cm = 0.2m であり，ⓧB(j) は 1m/5cm × (65 − 73)cm = −1.6m となっている。下辺の現尺目盛が異なる図 4-22 においても，同じ任意喫水 7.5m では，ⓧF(j) と ⓧB(j) の下辺の現尺目盛がそれぞれ 39.5cm と 44cm と読み取れるので，ⓧF(j) は 1m/2.5cm × (40 − 39.5)cm = 0.2m，ⓧB(j) は 1m/2.5cm × (40 − 44)cm = −1.6m となることが分かる。

図 4-21 と図 4-22 は，同じ排水量等曲線を下辺の現尺目盛の大きさを変えて図示したものであるから，当然のことながら読み取る結果は同じものとなっている。

4.4.6　型形状の排水量と全排水量の曲線

船の型形状（Molded Form）の排水量 $W_{mld}(j)$ は喫水の変化に伴って変化するが，その変化する型排水量は，(4.40)式で求められる。

求められる船の型形状の排水量は，小型船，中型船あるいは大型船によって，下辺の現尺目盛 1cm を，例えば数 ton から数百 ton の適当な値に置き換えて曲線として表す。この場合，必ず**型形状の排水量**であることを明示しなければならない。

図 4-23 の例示は，1cm = 400ton とした場合の型排水量曲線を示しており，上辺目盛は 1cm = 400ton の測度目盛を表示している。

また，外板の板厚さおよび付加物を含めた船体の全排水量は，喫水の変化に伴って変化するが，その変化する全排水量は(4.76)式で求められる。図 4-23 には，1cm = 400ton とした場合の全排水量曲線を型排水量曲線と共に示している。

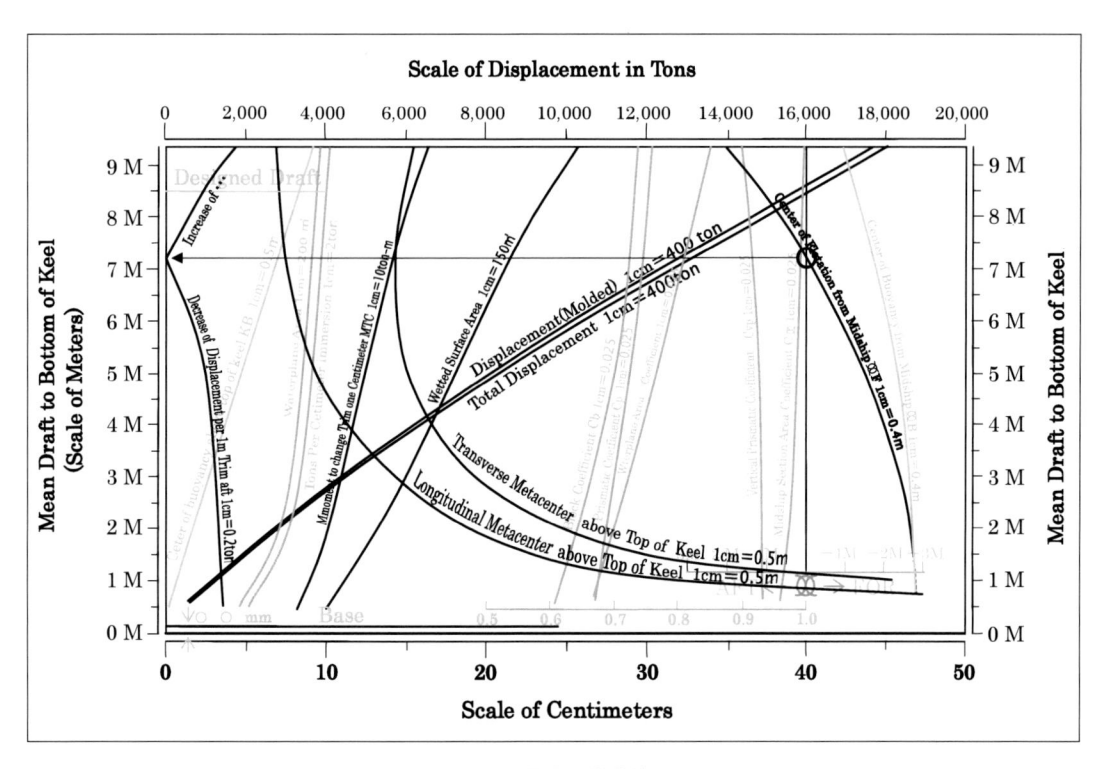

図4-23 排水量等曲線図

4.4.7　基線からの浮心高さKB(j)の曲線

喫水の変化に伴って変化する浮心の基線からの高さKB(j)は，(4.50)式で求められる。

求められる基線からの浮心高さは，小型船から大型船に至るまで，下辺の現尺目盛1cmを，例えば0.1mから0.5mの適当な値に置き換えて図示しやすい曲線として表す。

図4-22には，下辺の現尺目盛1cmを0.5mに置き換えた場合の基線からの浮心高さKB(j)曲線の例を示している。

4.4.8　基線からの横メタセンターの高さKM(j)と縦メタセンター高さKM_L(j)の曲線

喫水の変化に伴って変化する基線からの横メタセンター高さKM(j)と縦メタセンター高さKM_L(j)は，それぞれ(4.51)式と(4.52)式で求められる。

求められる基線からの横メタセンター高さKM(j)と縦メタセンター高さKM_L(j)は，その大きさが大きく異なり，しかも，小型船と大型船でもその大きさが大きく異なるため，縦横のメタセンターあるいは船の大きさに応じて，下辺の現尺目盛1cmを，例えば0.1mから数m等の適当な値に置き換えて，図示しやすい曲線として表す。

図4-23には，下辺の現尺目盛1cmを0.5mに置き換えた場合の，基線からの横メタセンターの高さKM(j)と縦メタセンター高さKM_L(j)の曲線の例を示している。

4.4.9 毎 cm トリムモーメント MTC(j) の曲線

毎 cm トリムモーメント MTC(j) は，縦メタセンター高さ GM_L が重心 G の基線からの高さ KG が求まらなければ定めることができないので，近似的に $GM_L(j) ≒ BM_L(j)$ と置いて(4.63)式で求められる。

求められる毎 cm トリムモーメントは，小型船と大型船では，その大きさが大きく異なるため，下辺の現尺目盛 1cm を，例えば 0.1ton-m から数 10ton-m 等の適当な値に置き換えて曲線として表す。

図 4-23 には，下辺の現尺目盛 1cm を 10ton-m に置き換えた場合の，毎 cm トリムモーメント MTC の曲線の例を示している。

4.4.10 毎 cm トリム修正トンの曲線

喫水の変化に伴って変化する毎 cm トリム修正トンは，(4.66)式で求められる。

(4.66)式は，船体中央部 ⦶ から浮面心までの距離 ⦶F(j) が変数となっているため，これが 0(zero) になる喫水（図 4-23 の ◀────○の喫水）では，毎 cm トリム修正トンも 0(zero) になる。また，図 4-23 のように，任意喫水がこの喫水より小さい場合は，⦶F(j) が負(－)となっているため，修正トンは負となり，この喫水より大きい場合は，逆に修正トンは正となる。従って，毎 cm トリム修正トンを表す曲線は，排水量等曲線図の左側縦線と接し，接点より上が修正トンの増加，下が修正トンの減少を示している。

求められる毎 cm トリム修正トンは，小型船ではその量が小さいため省略することもあるが，中大型船では船型によってその大きさが異なるため，下辺の現尺目盛 1cm を，例えば 0.1ton から数 ton 等の適当な値に置き換えて曲線として表す。

図 4-23 には，下辺の現尺目盛 1cm を 0.2ton に置き換えた場合の，毎 cm トリム修正トンの曲線の例を示している。

4.4.11 浸水表面積 $A_{ws}(j)$ の曲線

喫水の変化に伴って変化する船体表面の浸水表面積 $A_{ws}(j)$ は，(4.74)式で求められる。

求められる浸水表面積は，小型船，中型船あるいは大型船によって，下辺の現尺目盛 1cm を，例えば $10m^2$ から数 $100 m^2$ の適当な値に置き換えて曲線として表す。

図 4-23 には，下辺の現尺目盛 1cm を $200m^2$ に置き換えた場合の，浸水表面積 $A_{ws}(j)$ の曲線の例を示している。

4.5 排水量等曲線図のチェックポイント

図 4-21 から図 4-23 の排水量等曲線図には，17 本の諸量曲線が描かれているが，必ずしもこれら全ての曲線を描かなければならないことはない。水線面積 $A_w(j)$ や竪柱形係数 $C_{vp}(j)$ の曲線は省略する場合もある。

排水量等曲線図に描かれた諸量曲線は，特殊な船型の船でない限り，ほとんどの場合，滑らかな曲線

を成している。

　従って，これらを念頭に，以下のことについてチェックを行う。

① 必要な諸量曲線の数を確認する。
② 排水量等曲線図はキール下面からの平均喫水をとっているので，計画満載喫水線（DLWL）と基線の位置を確認する。
③ 計画満載喫水線（DLWL）での船体型形状の排水量が計画通りか確認する。
④ 計画満載喫水線（DLWL）での船体の全排水量が計画通りか確認する。
⑤ 船体型形状の排水量と全排水量の曲線がわずか上拡がりで同傾向であることを確認する。
⑥ 計画満載喫水線（DLWL）での C_b が計画通りの値か確認する。
⑦ 排水量等曲線図から計画満載喫水線（DLWL）での C_p，C_b および C_m を読み取り，$C_p = C_b / C_m$ になっているか確認する。
⑧ 排水量等曲線図から計画満載喫水線（DLWL）での C_{vp}，C_b および C_w を読み取り，$C_{vp} = C_b / C_w$ になっているか確認する。
⑨ ⊗ F(j) と ⊗ B(j) の曲線は，喫水が大きくなるにつれ，傾きの傾向は同じで上拡がりとなるが，喫水が小さくなるにつれ，同じ値に近づくことを確認する。
⑩ その他の諸量曲線に対しても，できるだけ近似計算法等を用いて確認作業を行う。

あ と が き

　この「造船幾何学」は，造船学の中で船体形状に関する最も基礎的で必要不可欠な事項について記述した書籍である。すなわち，船体形状を表示する主要寸法の定義，「船体線図」の特徴・役割，船体の形状・肥瘠，「船体線図」の描き方および排水量等の計算法と曲線図についてできるだけ図示して詳細に説明し，造船学を学ぶ上で，あるいは造船設計を行う上で知っておくべき基礎的知識を記述している。

　しかも，本書に記述されている内容のほとんどは，長崎総合科学大学（旧長崎造船大学）工学部船舶工学科で開講している「造船幾何」と「設計製図」の講義内容からなっている。

　従って，「造船」に関わる学科という教育・研究の場を与えて頂き，本書をまとめるきっかけとなる両開講科目の担当を与えて頂いた学校法人長崎総合科学大学（平成24年に創立70周年）および船舶工学科に深く感謝申し上げます。

　また，常に造船・船舶・海洋に関する新しい情報を提供して頂いた，日本船舶海洋工学会および各造船所，特に旧西部造船会と現西部造船会性能部会の各位には，「造船」という世界がいかに素晴らしい所か教えて頂き，そして造船に関わる一員として育てて頂いた。ここに，厚く感謝申し上げます。

　著者の妻，康　舜子は38年もの間，小生の影の形に添うようひたすら勤め，家庭を守り，3人の子供たちを立派に育ててくれた。深甚なる謝意を込めて感謝申し上げます。

　本書をまとめる直接のきっかけは，著者と同じ造船界に身を置いている愚息の慎　勝進（博士（工学））から「教授在職中に研究論文だけでなく，学生に教えている内容の教科書の一冊ぐらいまとめるべきではないか」という，一言を聞いたからである。良いきっかけを与えてくれたことに感謝したい。

参 考 文 献

有馬光孝ほか編：船舶安全法の解説－法と船舶検査の制度－（改訂版），成山堂書店（1996）
池田勝：小型船の設計と製図，海文堂出版（1983）
岩切晴二：微分積分学精説，培風館（1965）
上野喜一郎：基本造船学（船体編），成山堂書店（1976）
大串雅信：理論船舶工学（上巻），海文堂出版（1976）
茅誠司：学研物理，学習研究社（1964）
関西造船協会編：造船設計便覧，海文堂出版（1983）
逆井保治：英和海事大辞典，成山堂書店（1981）
全国造船教育研究会編：造船工学，海文堂出版（1981）
造船テキスト研究会：商船設計の基礎（上巻），成山堂書店（1982）
高城清：実用 船舶工学，海文堂出版（1978）
天然社辞典編集部編：船舶辞典，天然社（1963）
日本船舶海洋工学会編：船舶一問一答 これであなたも「船」博士，海事プレス社（2006）
日本造船学会鋼船工作法研究委員会編：鋼船工作法（第Ⅱ巻），産報（1971）
野村省吾：船の線圖を畫く順序，東洋図書（1929）
橋本進ほか：船体関係図面の見方，成山堂書店（1981）
三浦久吉：鋼船現図法，海文堂出版（1966）
森正彦：船型設計，船舶技術協会（1997）
矢野健太郎ほか：微分積分学，裳華房（1976）
山口増人：新版 造船用語辞典，海文堂出版（1966）
山口幸彦編著：三菱長崎技術学校の造船マン 長船の現場を支えた技術者たち，長崎新聞社（2009）

E. L. Attwood："Text-book of Theoretical Naval Architecture", Longmans, Green & Co（1919）
E. L. Attwood, H. S. Pengelly & A. J. Sims："Theoretical Naval Architecture", Longmans, Green & Co（1962）
J. V. Noel："THE VNR Dictionary of Ships & the Sea", Van Nostrand Reinhold Co（1981）
W. S. Owen & J. C. Niedermair："Principles of Naval Architecture Chapter 1", The Society of Naval Architects and Marine Engineers（1967）

総務省行政管理局「法令データ提供システム」
　　http://law.e-gov.go.jp/cgi-bin/idxsearch.cgi
日本海事協会「情報サービス 出版物－規則類－」
　　http://www.classnk.or.jp/hp/ja/publications/pub_rule.aspx
日本財団図書館「通信教育造船科講座 基本設計（日本小型船舶工業会，1996）」
　　http://nippon.zaidan.info/seikabutsu/1996/00275/mokuji.htm

索　引

【A】

Aft Draft　30

After Perpendicular　11

Angle of Entrance　100

Appendage　162

Area of Curved Surface　158

【B】

Base Line　8, 22, 35, 82, 100, 163

Bex　20

Bext　20

Bilge Radius　83

B.L.　39

Block Coefficient　51, 67, 151

B_{mld}　20

Body Plan　1, 17, 34, 110, 118

Bon-jean Curve　137

Bottom Gradient　7

Bottom of Keel　163

Bottom Plating　83

Bow and Buttock Line　114

Bow Chock　40, 82, 110

Bow Line　38, 39, 45, 116

Breadth Extreme　20

Breadth Molded　20, 67

Bridge Deck　19

Bulbous Bow　11, 30, 81

Bulwark　82

Bulwark Top Line　40, 110

Buoyancy　125

Buttock Line　38, 39, 46, 116

【C】

Camber　18, 82, 85

Camber Curve　18, 85

Center Line　6, 36, 37

Center of Buoyancy　72, 125, 163

Center of Flotation　145, 163

Center of Gravity　125

Class　67

Classification　67

Clipper Stem　10

Coefficient of Fineness　51, 64

Correction of Displacement for change of trim 1cm　157

Counter　12

Cruiser Stern　12

Curve of Square Station　17, 35

Curve of the Deck Beam　18, 85

【D】

d_a　30

d_{des}　32

Dead Rise　7, 83

Deadweight　32, 69

Deck Edge　24

Deck Line　18

Depth Molded　23, 67

Design Draft　32, 67

Designed Condition　5, 99

Designed Load Waterline　5, 32

Designed Load Waterplane　36

Designed Max. Load Waterline　32

Designed Trim　9, 22, 31, 34, 82, 163

d_f　30

Diagonal Line   42
Diagonal Plane   42
Displaced Volume   133
Displacement   133
Displacement of Appendage   162
Displacement of Molded Form   151
Displacement of Sell Plating   161
Distribution Curve of Sectional Area   139
DLWL   5, 32, 62
D_{mld} 23
d_{mid} 30
Draft   29, 31
Draft Marks   29, 32
Draught   29
d_{scant} 32
DWL   5

【E】

Elliptical Stern   12, 100
Equivalent Breadth   103
Even Keel   9, 31, 33, 34, 82, 155, 163
Exposed Deck   85
Extreme Draft   31

【F】

Fairing   42, 111
Fashion Stem   11
F'cle Deck   19
Fineness   49
Fine Ship   50
Flat Plate Keel   22
Floor Line   7, 82
Full Load Condition   5, 99
Forecastle   19
Forecastle Deck Side Line   40, 110
Fore Draft   30
Fore Perpendicular   10
Forward   10
F.P.   10
Frame   18, 82, 85

Freeboard   25
Freeboard Deck   24, 26
Freeboard Mark   26, 30
Full Load Displacement   68
Full Ship   50

【G】

Garboard Strake   22
Girth   161
Gravity   125
Gross Tonnage   67
Gunnel   24
Gunwale   24

【H】

Half-Breadth of Waterline   105
Half-Breadth Plan   36, 37, 100, 118
Height of Camber   18
Height of Sheer   19
Height of Sheer Aft   19, 96
Height of Sheer at Counter   19, 96
Height of Sheer at Stem   19, 96
Height of Sheer Forward   19, 96
Horizontal Plane   5, 36
Hydrostatic Curves   162

【I】

Inboard Profile   6, 39
Inclined Bottom   7

【K】

Keel   7, 22, 31
Keel Line   8

【L】

L_{BP} 12
Length Between Perpendiculars   12, 67
Length of Curve   158
Length on Design Waterline   12
Length on Load Waterline   12, 100

Length Overall 10, 67
Length Registered 12
Light Weight 68
Lines 34, 42, 67
L_{OA} 10
Load Waterline 5, 31
Longitudinal Center (Line) Plane 6, 38
Longitudinal Center of Buoyancy 72
Longitudinal Metacenter M_L 155
Longitudinal Metacentric Height GM_L 155
Longitudinal Plane 38
Lowest Boundary Line of Molded Surface 7
L_{pp} 12
L_R 13
L_W 12
LWL 5, 31, 32
L_{WL} 12

【M】
Main Deck 18
Main Engine 69
Max. Draft of Calculation 134
Mean Draft 30, 163
Midship 6, 17
Midship Draft 30
Midship Section 6
Midship Section Area Coefficient 58, 106
Midship Section Coefficient 58
Molded Base Line 8
Molded Breadth 20, 67, 107
Molded Depth 23, 67
Molded Depth Line 18, 23, 85, 94
Molded Draft 31, 67
Molded Form 5, 19, 48, 51
Molded Line 2, 8
Molded Sheer Line 19
Molded Surface 1, 5, 19, 36, 38, 45
Moment of an Area 142
Moment of Inertia of an Area 146
Moment to change trim 1 cm 157

Moulded Surface 1

【N】
Neutral Bouyancy 133
New Ship 67
Number of Ordinate 17

【O】
Offsets 122
Ordinate 17, 36
Ordinate Station 17

【P】
Parallel Body Line 40, 41
Perpendicular 10
Planimeter 135
Poop Deck 19
Poop Deck Side Line 40, 110
Prismatic Coefficient 58, 152
Prismatic Curve 60, 69, 106
Profile 1, 39, 100, 118

【R】
Rabbet 24
Raked Stem 10
Register Length 12
Reserve Buoyancy 26
Restoring Force 26
Rise of Floor 7, 83
Rudder Post 11
Rudder Stock 12
Round Gunwale 24

【S】
Scantling Draft 32, 67
Sea Kindliness 18, 26, 92
Sea Speed 69
Second Deck Side Line 40
Sectional Area Curve 72
Service Speed 69

Sheer   18, 82, 92
Sheer Plan   1, 39, 40, 100, 118
Ship Type   67
Side Elevation   39, 100, 118
side line   19
Square Station   16
Square Station Line   17, 35
Square Station Number   17, 36
Stability   26
Starting Point of Calculation   134
Station Curve   17, 35
Station Number   17, 36
Station Section   17, 34
Structural Member   82
Surface of Still Water   125

【T】

Table of Offsets   122, 133
Tons per 1 cm immersion   142
Total Displacement   162
Transom Stern   12, 100
Transverse Plane   17, 34
Transverse Plane at Midship   6
Transverse Section   17, 34
Trial Speed   69
Trim   33
Trim by Stem   33, 155
Trim by Stern   33, 155
Type of Ship   67
Type Ship   49, 67, 69, 76

【U】

Upper Deck Center Line   18, 40, 98
Upper Deck Side Line   18, 40, 110

【V】

Vertical Prismatic Coefficient   152
Volume of Displacement   133, 139

【W】

Waterline   5, 36, 114
Waterplane   1, 5, 36, 100, 118
Waterplane Area Coefficient   62
Waterplane Coefficient   62
Weight   125
Weight of Displacement   133
Wetted Surface   161
Wetted Surface Area   161

【あ】

アルキメデスの原理   128, 130
安全性   26

【い】

一般商船   3, 27
一般配置図   82, 100
移動性   49

【お】

横断面   17, 34
横断面曲線   17, 35, 45, 105, 110, 112, 114
横断面曲線の模式図   106
横断面積   135, 150, 151
横断面積曲線   72
横断面積の重心   144
横断面積分布曲線   139
横平面   17, 34
オフセット   119, 122
オフセット表   119
重さ   125

【か】

海水の比重量   51
外板排水量   161
夏期淡水満載喫水線   31
夏期満載喫水線   31
角型船尾   12, 100
舵   82, 100
ガース   161

索引　179

型基線　8
型喫水　31, 58, 67, 107, 108
型形状　1, 5, 19, 48
型形状の排水量　151, 166
型舷弧線　14, 19
型幅　20, 58, 67, 107, 108
型表面　1, 5, 19, 34, 36, 38, 45
型深さ　23, 25, 67
型深さ線　18, 23, 85, 94
ガーボード板　22
軽荷重量　68
乾舷　25
乾舷甲板　24, 26
乾舷標　26, 30
乾舷用長さ　13
乾舷用深さ　25
ガンネル　24

【き】

幾何学的諸量　133
基準船　46, 67, 69, 76, 77
基準線　8, 106
基線　8, 22, 35, 82, 100, 163
基線回りの面積モーメント　144
基線回りの容積モーメント　154
喫水　29, 31
喫水標　29, 30, 32
キャンバー　18, 82, 85
キャンバー形状　18, 85
キャンバー高さ　18
球状船首　11, 30, 81
強度部材　82
曲線の長さ　158
曲面の面積　158
漁船　34
キール　7, 22, 31
キール下面　163
キール線　8
近似積分法　136

【く】

クリッパー船首　10
クルーザスターン　12

【け】

計画喫水　32, 67
計画最大満載喫水線　32
計画状態　5, 99
計画水線長さ　12
計画船　67, 76, 77, 106
計画トリム　9, 22, 31, 34, 38, 82
計画満載喫水　163
計画満載喫水線　5, 32, 62, 82
計画満載喫水線面　36
経済出力　69
計算起点　134
傾斜船首　10
舷弧　18, 82, 92
舷弧高さ　19
現尺現図　122
現尺目盛　163
舷墻　82
現図場　122

【こ】

航海速力　69
公試運転　69
鋼船　1, 24
鋼船規則　13, 21, 25, 32, 33
構造喫水　32, 67
甲板縁　24
甲板線　18
肥えた船　50
小型船　4, 9, 28, 51
コンピュータ・システム　123
コンピュータ・ソフト　17, 122, 123, 124

【さ】

載貨限度　32
載貨重量　32, 69

最高区画喫水　33
最大喫水　31
最大計算喫水　134
最大幅　20

【し】

試運転速力　69
実寸法　122, 133
斜平面　42
斜平面線　42
重心　125
重心位置　77, 78
縦切線　36, 45, 46, 107, 108, 110, 114
縦平面　38, 45
重量　132
重力　72, 125
主機　69
縮尺図　1, 49, 122
主甲板　18
主部　135
主要寸法　49, 81
主要目　67
純トン数　68
巡洋艦型船尾　12
上甲板　18, 85
上甲板船側線　18, 40, 82, 95, 96, 110
上甲板中心線　18, 40, 82, 98
仕様書　67
正面線図　1, 17, 34, 44, 45, 110, 118
正面線図の輪郭　96
常用出力　69
肋骨　18, 82, 85
浸水表面　161
浸水表面積　161, 168
浸水面積　50

【す】

推進性能　82
推進抵抗　62
水線　5, 36, 37

垂線　10
垂線間長　12
垂線間長さ　12, 67
水線 WL　114
水線長　12
水線長さ　12, 100
水線面　5, 36
水線面形状　99
水線面係数　62
水線面積　63, 140, 142, 150, 151, 164
水線面積係数　62, 141, 142, 165
水線面の重心　145
水線面の面積　145
水線半幅　105, 107, 109
垂直舷側　53
水平面　5, 36
水面下形状　50
水面線　35, 38, 45, 46, 106, 107, 108, 110, 112
スクエアステーション　16, 17, 37, 40, 45, 110, 112, 114, 122
スクエアステーション番号　17, 36, 45
ステーション　17
ステーション番号　17

【せ】

正円弧キャンバー　86, 87, 88
静水圧　129, 132
静水面　125
積載性　49
積載量　49
接点位置　41
船級　67
船級協会　25, 67
船級原簿　67
船橋甲板　19
船型　67
船首喫水　30, 33
船首曲線　38, 39, 45, 116
船首形状　81, 100
船首舷弧高さ　19, 96

船首垂線　10
船首端舷弧高さ　19, 96
船首止板　40, 110
船首トリム　33, 155
船首尾曲線　40, 114
船首尾形状　40
船首尾楼甲板船側線　96
船首楼甲板　19
船首楼甲板船側線　40, 110
船側線　19, 82
船体強度　32
船体形状　1
船体最下部　29, 31
船体主要部　135
船体寸法表　119, 122, 133
船体線図　1, 34, 42, 44, 49, 67, 81, 82
船体中央横平面　6
船体中央部　6, 17, 85
船体中央部⊗回りの慣性モーメント　147
船体中央部⊗回りの面積モーメント　145
船体中央部⊗回りの容積モーメント　154
船体中央平行部　99
船体中心線　6, 36, 37, 85, 100
船体中心線縦断面（図）　6, 39
船体中心線₵回りの慣性モーメント　147
船体中心線面　6, 38
船体抵抗　99
船体浮面心　163
船体容積　151
全長　10, 67
全通甲板　26
船底外板　83
船底傾斜　7
船底勾配　7, 82
船底勾配高さ　7, 83
船底線　82
船底部　40
船底部境界線　7
全排水量　162
船舶区画規程　21, 32

船舶構造規則　13
船舶法施行細則　12, 21, 24, 29, 30, 32
全幅　20
船尾喫水　30, 33
船尾曲線　38, 39, 46, 116
船尾形状　81, 100
船尾舷弧高さ　19, 96
船尾骨材　81, 100
船尾垂線　11
船尾端舷弧高さ　19, 96
船尾突出部　12
船尾トリム　33, 155
船尾楼甲板　19
船尾楼甲板船側線　40, 110

【そ】

操縦性能　82
総トン数　67, 68
測度目盛　163
側面線図　1, 39, 40, 44, 45, 100, 114, 118
側面平行部　41
速力　49

【た】

ダイアゴナル曲線　43, 111
台形公式　136
第2甲板船側線　40
タイプシップ　69
楕円型船尾　12, 100
舵柱　11
縦線　17, 36, 45, 46
縦線箇所　17
縦線番号　17
竪柱形係数　63, 152, 165
縦方向浮力中心　72, 73
縦方向浮力中心の位置　78, 81
縦メタセンターM_L　155
縦メタセンター高さ　167
縦メタセンター高さGM_L　155
縦メタセンター高さKM_L　154

【ち】

縦メタセンター半径 BM_L　152
舵頭材　12

【ち】

中央横断面形状　58, 82, 82
中央横断面係数　58
中央横断面（図）　6
中央横断面積　58, 59
中央横断面積係数　58, 59, 82, 106, 141, 165
中央喫水　30
柱形係数　58, 72, 152, 165
中小型船　34
中性浮量　133
直線キャンバー　90

【て】

データベース　123

【と】

等価幅　103, 105
冬期北大西洋満載喫水線　31
等喫水　9, 31, 33, 34, 82, 155, 163
冬期満載喫水線　31
登録長　13
登録長さ　12
トランサムスターン　12, 100
トリム　33

【に】

荷役　62

【ね】

熱帯淡水満載喫水線　31
熱帯満載喫水線　31

【は】

排水重量　133
排水容積　51, 58, 133, 139
排水量　51, 133, 151
排水量等曲線図　162

バウチョック　40, 82, 110
バウチョックライン　96
バウライン　40
暴露甲板　85
箱型船型　53
バトックライン　40
波浪中運動性能　82
半幅線図　36, 37, 44, 100, 112, 118

【ひ】

菱型形状　63
肥瘠　49
肥瘠係数　51, 64, 81
標準舷弧　92, 93, 95
ビルジ　82

【ふ】

ファッション船首　11
フェアリング　42, 43, 111, 114, 116, 118, 122
フェアリング作業　118, 122, 123
付加部　135
付加物　162
付加物の排水量　162
復原力　26
浮心　72, 125, 163
浮心位置　109, 139, 155
浮心高さ　167
浮心高さ KB　154
船の長さ　9, 14, 93
浮面心　145
浮面心回りの慣性モーメント　149
浮揚性　49
プラニメータ　135
プリズマティック曲線　60, 69, 106
フリーボードマーク　26, 30
浮力　72, 125, 128, 130, 132
ブルワーク　82
ブルワーク（舷墙）・トップ・ライン　40, 96, 110
フレーム　18, 82, 85
プロペラ形状　82, 100

プロペラ軸　82, 100

【へ】

平均喫水　30, 163
平行部曲線　40, 41
平板キール　22

【ほ】

方形キール　22
方形係数　51, 67, 151, 165
放物線舷弧　94
骨組形状　1, 51
ボンジャン曲線　137

【ま】

毎cmトリム修正トン　157, 168
毎cmトリムモーメント　157
毎cmトリムモーメントMTC　168
毎cm排水トン　142
毎cm排水トンTPC　165
丸型ガンネル　24
満載喫水線　5, 31, 32
満載喫水線規則　13, 21, 24, 26, 31, 92, 94, 95
満載状態　5, 99
満載排水量　68

【み】

水切り角　100
水の比重量　132

【む】

無次元値　164

【め】

面積計　135

面積の慣性モーメント　146
面積モーメント　142

【も】

木船　2, 23, 24
モールデッド・ライン　2

【や】

痩せた船　50

【よ】

横メタセンター高さ　167
横メタセンター高さKM　154
横メタセンター半径BM　152
ヨット　58
予備浮力　26

【ら】

ラインズ　42, 67, 81
ラウンドガンネル　24
ラベット　24

【り】

竜骨　7, 22
流体静力学　162
凌波性　18, 26, 92

【る】

類似船　106

【わ】

湾曲部半径　83

【著者紹介】

慎　燦益（SHIN, Chanik）

長崎総合科学大学名誉教授。有限会社実用技術研究所所長。長崎大学非常勤講師。日本船舶海洋工学会功労員。運動性能研究委員会，海洋工学研究会等の委員。船体復原論，船体運動論および海洋工学が専門。近年，船舶設計論，新船開発に従事。長崎造船大学卒業。九州大学大学院工学研究科修士課程修了。工学博士。

ISBN978-4-303-52820-1

造船幾何学

2013年2月15日　初版発行　　　　　　　Ⓒ C. SHIN 2013
2016年5月10日　2版発行

著　者　慎　燦益　　　　　　　　　　　　　検印省略
発行者　岡田節夫
発行所　海文堂出版株式会社
　　　　本　社　東京都文京区水道2-5-4（〒112-0005）
　　　　　　　　電話 03(3815)3291㈹　FAX 03(3815)3953
　　　　　　　　http://www.kaibundo.jp/
　　　　支　社　神戸市中央区元町通3-5-10（〒650-0022）
日本書籍出版協会会員・工学書協会会員・自然科学書協会会員

PRINTED IN JAPAN　　　　　　　印刷　田口整版／製本　ブロケード

JCOPY ＜(社)出版者著作権管理機構　委託出版物＞
本書の無断複写は著作権法上での例外を除き禁じられています。複写される場合は，そのつど事前に，(社)出版者著作権管理機構（電話 03-3513-6969，FAX 03-3513-6979, e-mail: info@jcopy.or.jp）の許諾を得てください。